国家出版基金项目
NATIONAL PUBLICATION FOUNDATION

地球观测与导航技术丛书

陆表二向反射特性
遥感建模及反照率反演

闻建光　刘　强　柳钦火　等　著
　　　　肖　青　李小文

科学出版社

北　京

内 容 简 介

本书在遥感定量反演陆表二向反射和反照率最新研究成果基础上,全面、系统地介绍陆表二向反射特性遥感建模和反照率反演基本理论,是对目前陆表二向反射和反照率定量遥感研究的系统概括和总结。本书首先概要论述与陆表二向反射特性和反照率相关的物理概念和基础理论,探讨和剖析现有陆表二向反射模型及多角度观测试验方法。然后分章节着重介绍基于真实结构场景的陆表二向反射特性遥感模拟、基于陆表二向反射特性先验知识的反照率反演方法、基于多卫星传感器的陆表二向反射和反照率综合反演方法、山区陆表二向反射特性遥感建模和反照率反演方法。最后给出现有主要的陆表二向反射和反照率遥感产品及真实性检验方法。

本书可作为大专院校遥感和地理信息系统专业本科生、研究生的教材用书,也可以作为从事遥感科学和技术研究的科技工作者、遥感项目的计划和管理工作者,以及遥感应用部门工作人员等的工具参考书。

图书在版编目(CIP)数据

陆表二向反射特性遥感建模及反照率反演/闻建光等著. —北京:科学出版社,2015.5

(地球观测与导航技术丛书)

ISBN 978-7-03-043173-8

Ⅰ.①陆… Ⅱ.①闻… Ⅲ.①遥感技术-系统建模 Ⅳ.①TP7

中国版本图书馆 CIP 数据核字(2015)第 018875 号

责任编辑:苗李莉 唐保军 朱海燕 / 责任校对:张小霞
责任印制:张 倩 / 封面设计:王 浩

科学出版社 出版
北京东黄城根北街 16 号
邮政编码:100717
http://www.sciencep.com
中国科学院印刷厂 印刷
科学出版社发行 各地新华书店经销

＊

2015 年 5 月第 一 版 开本:787×1092 1/16
2015 年 5 月第一次印刷 印张:17 3/4
字数:420 000

定价:149.00 元
(如有印装质量问题,我社负责调换)

《地球观测与导航技术丛书》编委会

顾问专家

徐冠华　龚惠兴　童庆禧　刘经南　王家耀
李小文　叶嘉安

主　编

李德仁

副主编

郭华东　龚健雅　周成虎　周建华

编　委（按姓氏汉语拼音排序）

鲍虎军　陈　戈　陈晓玲　程鹏飞　房建成
龚建华　顾行发　江碧涛　江　凯　景贵飞
景　宁　李传荣　李加洪　李　京　李　明
李增元　李志林　梁顺林　廖小罕　林　珲
林　鹏　刘耀林　卢乃锰　间国年　孟　波
秦其明　单　杰　施　闯　史文中　吴一戎
徐祥德　许健民　尤　政　郁文贤　张继贤
张良培　周国清　周启鸣

《地球观测与导航技术丛书》出版说明

地球空间信息科学与生物科学和纳米技术三者被认为是当今世界上最重要、发展最快的三大领域。地球观测与导航技术是获得地球空间信息的重要手段,而与之相关的理论与技术是地球空间信息科学的基础。

随着遥感、地理信息、导航定位等空间技术的快速发展和航天、通信和信息科学的有力支撑,地球观测与导航技术相关领域的研究在国家科研中的地位不断提高。我国科技发展中长期规划将高分辨率对地观测系统与新一代卫星导航定位系统列入国家重大专项;国家有关部门高度重视这一领域的发展,国家发展和改革委员会设立产业化专项支持卫星导航产业的发展;工业和信息化部、科学技术部也启动了多个项目支持技术标准化和产业示范;国家高技术研究发展计划(863 计划)将早期的信息获取与处理技术(308、103)主题,首次设立为"地球观测与导航技术"领域。

目前,"十一五"计划正在积极向前推进,"地球观测与导航技术领域"作为 863 计划领域的第一个五年计划也将进入科研成果的收获期。在这种情况下,把地球观测与导航技术领域相关的创新成果编著成书,集中发布,以整体面貌推出,当具有重要意义。它既能展示 973 计划和 863 计划主题的丰硕成果,又能促进领域内相关成果传播和交流,并指导未来学科的发展,同时也对地球观测与导航技术领域在我国科学界中地位的提升具有重要的促进作用。

为了适应中国地球观测与导航技术领域的发展,科学出版社依托有关的知名专家支持,凭借科学出版社在学术出版界的品牌启动了《地球观测与导航技术丛书》。

丛书中每一本书的选择标准要求作者具有深厚的科学研究功底、实践经验,主持或参加 863 计划地球观测与导航技术领域的项目、973 计划相关项目以及其他国家重大相关项目,或者所著图书为其在已有科研或教学成果的基础上高水平的原创性总结,或者是相关领域国外经典专著的翻译。

我们相信,通过丛书编委会和全国地球观测与导航技术领域专家、科学出版社的通力合作,将会有一大批反映我国地球观测与导航技术领域最新研究成果和实践水平的著作面世,成为我国地球空间信息科学中的一个亮点,以推动我国地球空间信息科学的健康和快速发展!

李德仁

2009 年 10 月

序

随着遥感对地观测技术的发展，人们认识到地表反射是具有方向性的，所谓"草色遥看近却无"说的就是从不同方向观察草地地表就会得出不同的结论，而这种不同引起的原因关键在于地表结构。因此，为了有效利用多角度遥感观测信息，需要进行地表二向反射特性建模与反演，从机理上描述地表的方向性反射，进而利于植被结构参数和反照率反演。

近几年来，遥感科学国家重点实验室遥感辐射传输研究室的青年团队在科技部和国家自然科学基金相关课题的支持下，重点针对地表方向性反射的遥感模拟和反演、地表二向反射和反照率产品生成，以及多角度遥感观测和产品真实性检验开展了遥感基础性研究。《陆表二向反射特性遥感建模及反照率反演》一书是对研究室在陆表二向性反射和反照率建模、遥感定量反演和试验验证相关研究成果的总结。无论在科普陆表方向性反射和反照率遥感知识基础上，还是在遥感建模和反演方法上，都有一定的理论深度和应用实例，是读者了解和学习陆表方向性反射遥感原理的重要参考书。

遥感由定性评价走向定量研究，关键科学问题是建立遥感观测数据与地表参数关系的模型和地表参数的遥感反演。特别是非均质混合像元的遥感信息建模和多源遥感数据地表参数协同反演仍然是我们研究的重点，需要我们共同努力，继续深入研究，为推动我国定量遥感研究的发展贡献力量。

李小文

北京师范大学

2014 年 11 月

前　言

二向反射是表征陆表特征的重要基础参量,二向反射特性遥感建模和观测一直是定量遥感研究的热点问题之一。随着遥感科学技术的发展,传感器实现对地多角度观测,抓住了地物表面的方向反射特征,并可由二向反射模型模拟和预测,为地表反照率产品的发展提供了重要的间接参数。作者近年来在陆表二向反射特性遥感建模和反照率反演方面,得到了国家重点基础研究发展计划(973计划)项目"复杂地表遥感信息动态分析与建模(2013CB733401)",国家自然科学基金项目"多源遥感数据地表BRDF/反照率联合反演方法及试验验证(41271368)""复杂地形条件的地表反照率遥感反演与尺度效应研究(40901181)"和国家高新技术研究发展计划(863计划)项目"全球陆表特征参量的遥感提取方法研究(2009AA12210)""多尺度遥感数据按需快速处理与定量遥感产品生成关键技术(2012AA12A304)"的支持,围绕陆表二向反射特性遥感观测和建模、基于先验知识和多传感器的陆表二向反射特性反演方法、复杂地形条件下的二向反射建模与反演,以及反照率产品真实性检验等方面开展遥感基础研究。

本书在总结目前方向性反射遥感建模、反演和试验国内外研究基础上,作为以上项目相关研究成果的总结,既可以作为普通高校和科研院所学生学习的教学辅导书,也可以作为广大科研人员开展陆表方向性反射/反照率遥感建模和反演研究的参考材料。

本书共8章,第1章介绍陆表二向反射和反照率的基本概念。第2章描述陆表二向反射特性的辐射传输模型、几何光学模型、经验半经验模型和计算机模拟模型的特点和反演方法。第3章从地基、近地面、航空和卫星等不同尺度介绍陆表二向反射特性的多平台多角度观测方法。第4章阐述基于真实结构场景的陆表植被二向反射特性计算机模拟模型的原理及初步应用。第5章结合GLASS反照率产品算法,介绍陆表二向反射特性先验知识在地表反照率反演中的作用及其算法原理。第6章阐述利用新增传感器数据综合反演陆表二向反射特性和反照率的应用潜力、模型算法发展和初步应用。第7章介绍针对山区异质性地表,如何结合数字高程模型准确估算山区陆表二向反射和反照率。第8章介绍现有陆表反照率产品的特点及产品真实性检验的主要方法。

本书第1章由闻建光、刘强、李小文等编写;第2章由闻建光、游冬琴、柳钦火等编写;第3章由闻建光、彭菁菁、刘强、肖青等编写;第4章由张阳、柳钦火、陈敏等编写;第5章由刘强、彭菁菁、游冬琴等编写;第6章由窦宝成、闻建光、游冬琴、唐勇等编写;第7章由闻建光、赵小杰、刘强等编写;第8章由闻建光、彭菁菁、游冬琴、吴小丹、唐勇等编写。本书由柳钦火研究员主审,闻建光综合定稿。

李小文院士作为老一辈遥感科学家，无论在平时的科学探究，还是在本书的撰写过程中，都给予了大力的支持和帮助，并为本书作序。遥感科学国家重点实验室遥感辐射传输研究室的其他老师也为本书的出版做出了贡献，在此一并表示衷心的感谢。

由于作者水平有限，书中难免有疏漏和不足，敬请读者和同行专家批评指正。

闻建光

2014 年 11 月

目　录

第1章 绪 论

二向反射,是指地物表面的反射不仅与太阳入射方向相关,还与传感器观测的方向相关。人们通过测量发现了自然界表面这种反射现象,并提出了多角度遥感的概念,推动了定量遥感研究的快速发展。地表二向反射作为描述自然界地表反射电磁波特性的重要物理量,是遥感可提取的地表属性信息之一,其建模与反演是光学遥感科学研究的基础。

作为全书的理论基础,本章介绍与遥感相关的基本物理量、二向反射的定义和多角度遥感的概念。全书若不做特别说明,地表二向反射是指自然界地表在可见光近红外波段(0.3~3μm)的二向反射,在这一谱段内,地物表面主要反射来自太阳辐射的电磁波。

1.1 遥感科学与定量遥感中的方向反射特性

20世纪60年代早期,美国海军研究办公室一份未正式出版的论文上最早出现了"遥感"一词。1962年,第一届环境遥感大会(美国密歇根州)上"遥感"术语正式被国际科技界使用,标志着遥感的诞生。遥感,广义上理解是指通过非物理或近距离的接触,由传感器测量获取目标特性信息的过程(Jensen,2006)。而狭义的遥感可表述为从远距离、高空以至外层空间平台上,利用可见光、红外、微波等探测器,通过摄影或扫描、信息感应、传输和处理,从而识别地表物质的性质和运动状态的技术和科学。

依据此定义,最初的遥感可以追溯到1608年,汉斯·李波尔赛发明了第一架望远镜,为观测远距离目标开创了先河,但还不能将观测到的事物记录下来,可称为无记录的地面遥感(1608~1838年)。1826年法国约瑟夫·尼塞福尔·涅普斯在法国勃艮第拍摄了第一张照片(图1.1),该照片被认为是遥感图像的雏形,为有影像记录的遥感出现奠定了基础。1839年,路易·达盖尔发表了他和涅普斯拍摄的照片,标志着有记录的地面遥感的开始(1839~1857年)。随着探空技术的发展,气球、飞机和卫星相继出现,遥感进入了最重要的航空遥感(1858~1956年)和航天遥感(1957年至今)两个发展阶段。观测的地物波段范围从可见光扩展至近红外、红外及微波波段;传感器的成像从摄影扫描的单波段成像发展到多光谱、高光谱传感器成像;遥感的信息提取技术从目视解译到对数字图像处理、自动分类或人机交互判读,再到利用遥感探测的电磁辐射定量提取地球表面多种信息。越来越多的研究表明,遥感研究实现从定性到定量的过渡,需要多学科交叉,加强遥感基础研究工作(李小文,2005)。

20世纪80年代初,美国国家航空航天局(National Aeronautics and Space Administration,NASA)发起了遥感科学计划。所谓遥感科学,是指利用传感器远距离测量地物的电磁辐射,采用数学统计或物理模型反演的方式从数据中提取有价值信息的科学研究。因此,广义上遥感科学是获取、处理和解释电磁波能量和物质相互作用的科学。陈述彭先生认为遥感科学是一门综合性的科学,它借助物理学的基础、数学的方法、计算机的手段,

图 1.1 约瑟夫·尼塞福尔·涅普斯于 1826 年拍摄的照片

以及地学、生物学的分析,解决对地观测的科学理论和实际问题(李小文,2005)。随着地球系统科学的提出,遥感科学的重心转向了以促进地球系统科学发展为目标,以定量遥感为主要标志,注重多学科交叉综合,从整体上观测研究地球(李小文,2006)。

研究地表物体与电磁辐射之间相互作用的物理机理,建立遥感观测的电磁辐射信号与地表参数之间的函数关系,是定量遥感研究的基础,称其为遥感建模。从遥感观测的电磁辐射信息中求解出应用所需的地表和大气属性参数,称为遥感反演。建模与反演是定量遥感科学问题的两个方面,是定量遥感研究的主要内容和支持遥感发展的基础理论,是遥感作为一门科学的标志(宫鹏,2009;柳钦火等,2009)。

电磁波与地物表面的相互作用,表现为任何物质都会反射、吸收和透射电磁波,不同性质和不同结构的物质对不同频率电磁波的反射、吸收和透射能力各不相同。反射作为自然界中物体对电磁波作用的一种基本现象,可以表示为光谱特征、空间特征、时间特征、角度特征和偏振特征的函数:

$$R = f(\lambda, s, t, \Omega, p) \tag{1.1}$$

式中,R 是遥感观测的地表反射率,是波长 λ、空间位置 s、时间 t、观测几何 Ω 和偏振状态 p 的函数。遥感初期,人们所关注的信息主要是空间特征,即依据像元间的灰度差异进行空间特征的处理与分析,达到识别地物的目的。随着多/高光谱成像技术的发展,人们很快从遥感数据中意识到光谱特征和时间特征的重要性,从光谱谱段信息和时间序列信息中分辨和提取地物信息,提升了遥感的应用能力。

遥感观测的地物表面反射还具有方向性特征,可以描述为地物表面对太阳辐射的反射和散射能力的半球空间分布。这种分布不仅与太阳和传感器的角度有关,还与地物表面的粗糙度有密切联系。根据电磁波与目标物相互作用的性质差别,一般可将物体分成镜面反射体、漫反射体和方向反射体(图 1.2)。

镜面反射体,常见于玻璃和平静水体的表面,这种情况下物体的表面粗糙尺度远远低于电磁波的波长。物体表面的反射满足反射定律,对电磁波的反射表现为镜面反射,即入射波和反射波在同一平面内,入射角和反射角相同,可用折射定理、菲涅耳反射来描述。

漫反射体,也称为朗伯体,自然界中很少见理想的漫反射体。硫酸钡和硫酸镁等表面可以近似认为漫反射体,常作为制作实验室定标或野外反射率测量所用的参考板材料。

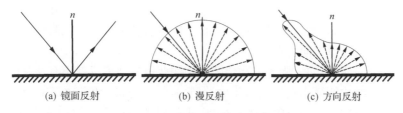

(a) 镜面反射   (b) 漫反射   (c) 方向反射

图 1.2　自然界三种不同的反射特性

漫反射体表现为物体表面足够粗糙,对太阳短波辐射的反射以目标物为中心的半球空间呈现为常数,即物体表面的反射能力不随观测角度变化而改变。

方向反射体,也称为非朗伯体,是自然界的常态,介于镜面反射和漫反射特性之间的物体,对太阳短波辐射的反射随观测方向变化。物体表面将入射的电磁波向四面八方散射,形成散射通量不同的空间分布,具有明显的方向性特征。

除地物表面粗糙外,地物的三维空间结构特征也是影响地物方向反射的一个重要因素。显然,遥感影像仅仅是二维空间的投影,对于具有三维空间结构的自然地物而言,用遥感影像的空间信息不足以表示复杂的三维结构特征。在遥感技术发展的早期,已认识到了角度特征的重要性,提出了"多角度分辨率"的概念。只要能构建出多角度遥感观测的反射率模型,描述地物反射太阳辐射在半球空间的分布规律,便可以利用多角度观测的遥感影像获取更多的地物信息。

1.2　二向反射特性研究的意义

遥感初期,人们假设地表为朗伯体,即地物反射方向的空间分布均匀。利用传感器垂直观测的方式,综合地物的时间特性、空间特性和波谱特性,进行地物信息的人工解译和分类,在当时被认为是非常有效的。步入定量遥感发展阶段后,特别是多角度遥感的出现,地物方向反射特性的重要性逐渐突显。1996 年 9 月,第一届国际多角度测量与模型专题研讨会(The First International Workshop on Multiangular Measurements and Models,IWMMM-1)在北京举行,强调测量与模型结合,将二向反射特性的理论研究推上了日程。受地表二向反射特性的影响,同一传感器观测地表同一目标物,一天中不同时刻或不同角度观测,地表将有不同的反射特征。图 1.3 显示了中国科学院遥感应用研究所(现为中国科学院遥感与数字地球研究所)2001 年在北京顺义地区利用机载多角度多

图 1.3　机载多角度多光谱成像仪获取的北京顺义地区多角度遥感图像

光谱成像仪获取的多角度遥感图像,可以看出,影像上对应的传感器在前向散射观测方向上色调偏暗(影像南部区域),而对应传感器在后向散射观测方向上色调较亮(影像北部区域),显示了较强的反射方向特性。

大量的研究表明,不同太阳入射和传感器观测获取的地表反射率有显著的区别,特别是对于地表三维结构特征比较明显的地物类型,常见于植被、城市和裸土,甚至是非光滑的水面。为了能够准确全面反映地表特征,要求传感器需要有足够的能力获取这种反射特性,因此,推动了多角度传感器的研制以及多角度观测试验的发展。

地表二向性反射具有重要的理论研究和应用价值。一方面,可通过地表二向反射特性来反映地物目标的三维结构特征和提取不同地表类型的生物和物理属性。例如,植被的二向反射特性与植被冠层结构(如冠层高度、冠层叶倾角分布、叶的形态结构和空间分布)、植被冠层构成要素的光谱特性和植被下垫面特性之间有密切的联系。通过进行植被冠层反射率多角度观测和二向反射模型构建,由模型反演来获取植被冠层结构信息。再比如,反照率的估算,早前利用垂直观测的方式,假设地表为朗伯体,利用单一方向观测的反射率来计算,该方法已被证明存在较大的误差。较为精确的地表反照率估算,需要充分考虑地物目标的方向反射特性。利用地表二向反射模型,通过对其进行半球积分可精确地获取地表反照率。目前在轨卫星业务化运行的陆表反照率产品基本都是基于地表二向反射特性来估算的。

另一方面,通过地表二向反射特性的研究,期望能减少同一影像上由于角度不同带来的反射率差异,即需要利用二向反射模型进行入射角和观测角的归一化,才能进一步进行地表参数的准确估算。大量研究表明,太阳角度和观测角度的不同,对比值植被指数和归一化植被指数的计算有显著影响。减少角度对植被指数影响的方法之一就是用二向反射模型将不同角度观测的反射率拟合到标准几何角度下观测的反射率,在此基础上计算植被指数,即进行植被指数角度归一化。常见的还有期望通过多角度归一化的反射率来提高地表类型的分类精度,减少由不同角度观测的反射率差异引起的错判、误判。

二向反射特性研究是光学遥感研究的基础,不仅在反映地表结构特性上有重要的意义,还在地气能量传输中占据重要的位置,是多种陆表参数计算的必要条件。从 20 世纪 70 年代以来,二向反射特性的研究主要集中于二向反射特性的定义、二向反射特性建模与反演,以及二向反射特性测量,并已取得了系列研究成果。

1.3 基 本 术 语

1. 立体角

立体角指三维空间中某一表面对某一点所张开的角度,可用符号 Ω 表示。定义为一个半径为 r 的球面,从球心向球面作任意形状的锥面,锥面与球面相交的面积为 A,则面积 A 与半径 r 的平方的比值就是此锥体的立体角:

$$\Omega = \frac{A}{r^2} \tag{1.2}$$

如果用极化坐标来表示,在天顶角为 θ 和方位角为 ϕ 条件下,微小单位立体角可以表示为

$$\mathrm{d}\Omega = \frac{\mathrm{d}A}{r^2} = \frac{(r\mathrm{d}\theta) \times (r\sin\theta\,\mathrm{d}\phi)}{r^2} = \sin\theta\,\mathrm{d}\theta\,\mathrm{d}\phi \tag{1.3}$$

它是二维平面角度在三维空间中的扩展,可用来描述辐射的方向,单位为球面度(sr)(图1.4),在半球空间的积分是2π。定义投影立体角Λ的半球积分为

$$\Lambda = \int_{2\pi}\cos\theta\,\mathrm{d}\Omega = \int_0^{2\pi}\int_0^{\pi/2}\cos\theta\sin\theta\,\mathrm{d}\theta\,\mathrm{d}\phi = \pi \tag{1.4}$$

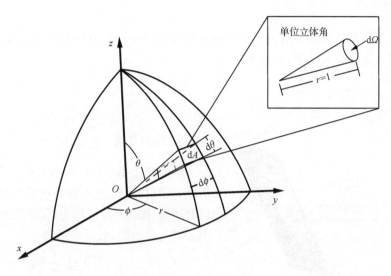

图1.4 立体角示意图

r为球面半径;A为锥面与球面相交的面积;θ为天顶角;ϕ为方位角;Ω为立体角

2. 散射角

散射角指入射光束和出射光束之间的夹角,是定量遥感中常见的角度物理量,可以用符号Θ表示。在已知入射光束角度(θ_i,ϕ_i)和出射光束角度(θ_v,ϕ_v)条件下(图1.5),散射

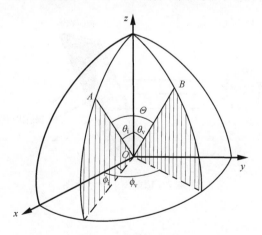

图1.5 散射角示意图

A表示对应角度是(θ_i,ϕ_i)的入射光束;B表示对应角度为(θ_v,ϕ_v)的出射光束;两者之间的散射角为Θ

角的余弦可表示为

$$\cos\Theta = \cos\theta_i\cos\theta_v + \sin\theta_i\sin\theta_v\cos(\phi_i - \phi_v) \tag{1.5}$$

3. 辐射能量

辐射能量指电磁场以辐射的形式发射、转移或接收的能量 Q,单位为焦耳(J)。

4. 辐射通量

辐射通量指单位时间内通过一个任意面(曲面或平面)的辐射能量,符号为 Φ,单位为瓦(W)。同义词为辐射功率,公式表示为

$$\Phi = \frac{\mathrm{d}Q}{\mathrm{d}t} \tag{1.6}$$

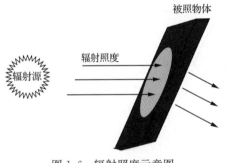

图 1.6　辐射照度示意图

5. 辐射照度

辐射照度指单位时间内入射到物体单位面积上的辐射能量,或入射到物体单位面积上的辐射通量(图 1.6),符号为 E,单位为 $\mathrm{W \cdot m^{-2}}$。同义词为辐照度,公式表示为

$$E = \frac{\mathrm{d}^2Q}{\mathrm{d}A\mathrm{d}t} = \frac{\mathrm{d}\Phi}{\mathrm{d}A} \tag{1.7}$$

6. 辐射出射度

辐射出射度描述物体单位面积出射的辐射通量,符号为 M,单位为 $\mathrm{W \cdot m^{-2}}$。同义词为辐出度,又称辐射通量密度。式(1.7)可以表示辐射出射度,但此时的辐射能量是指出射的辐射能量(图 1.7)。

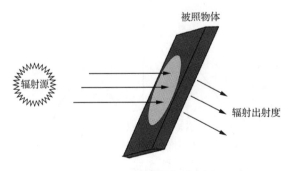

图 1.7　辐射出射度示意图

7. 辐射强度

辐射强度描述点辐射源在某一方向上的立体角内所发出的辐射通量(图 1.8),可用

符号 I 表示,单位为 $\mathrm{W \cdot sr^{-1}}$。辐射强度表示辐射通量在 2π 空间的分布状况:

$$I = \frac{\mathrm{d}\Phi}{\mathrm{d}\Omega} \tag{1.8}$$

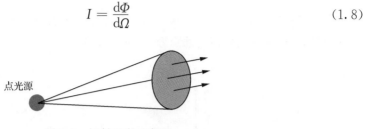

图 1.8　辐射强度示意图

8. 辐射亮度

辐射亮度是描述辐射能量方向性分布最基本的物理量,定义为每单位投影面积($\mathrm{m^2}$)、单位立体角(sr)的辐射通量(图 1.9),符号为 L,单位为 $\mathrm{W \cdot m^{-2} \cdot sr^{-1}}$。同义词为辐亮度。公式为

$$L = \frac{\mathrm{d}^3 Q}{\mathrm{d}\Omega \mathrm{d}(A\cos\theta)\mathrm{d}t} = \frac{\mathrm{d}^2 \Phi}{\mathrm{d}\Omega \mathrm{d}(A\cos\theta)} \tag{1.9}$$

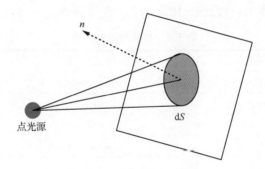

图 1.9　辐射亮度示意图

n 是单位面积的法线;点光源与法线的角度是 θ;单位投影面积 $\mathrm{d}S = \mathrm{d}(A\cos\theta)$

如果辐射源的面元足够小,则由式(1.8)和式(1.9),可以看出辐射亮度与辐射强度的关系为

$$\mathrm{d}I = L\cos\theta \,\mathrm{d}A \tag{1.10}$$

在本书后面的章节中,会经常用它来描述像元内部微小面元的像元辐射。对于辐射照度 E 和出射度 M,由式(1.7)和式(1.9),同样可以得出辐射亮度与它们之间的关系为

$$\mathrm{d}E = L_{\mathrm{incoming}}\cos\theta \,\mathrm{d}\Omega \tag{1.11}$$
$$\mathrm{d}M = L_{\mathrm{outgoing}}\cos\theta \,\mathrm{d}\Omega \tag{1.12}$$

式中,L_{incoming} 和 L_{outgoing} 为入射和出射辐射亮度。对于朗伯体地表而言,辐射亮度 L 在各个出射方向上相同,则有

$$M = L_{\mathrm{outgoing}} \int_{2\pi} \cos\theta \,\mathrm{d}\Omega = \pi L_{\mathrm{outgoing}} \tag{1.13}$$

9. 热点效应

在非朗伯体地表下,传感器观测方向与太阳入射方向一致的情况下,地表的方向反射率达到峰值,这种现象被称为热点效应(图1.10)。

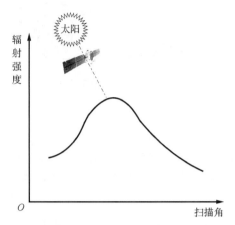

图 1.10 传感器观测角度与太阳入射角度一致时,传感器观测的辐射强度最大

本书涉及的主要术语,我们统一用表1.1中符号表示。

表 1.1 相关物理量术语

符号	中文名称	英文名称	单位
λ	波长	wavelength	nm
Φ	辐射通量	radiant flux	W
E	辐照度	irradiance	$W \cdot m^{-2}$
M	辐出度	radiant exitance	$W \cdot m^{-2}$
L	辐亮度	radiance	$W \cdot m^{-2} \cdot sr^{-1}$
Ω	立体角	solid angle	sr
i	入射方向	illumination direction	—
v	观测方向	view direction	—
θ_i	入射天顶角	illumination zenith angle	(°)或 rad
θ_v	观测天顶角	view zenith angle	(°) 或 rad
ϕ_i	入射方位角	illumination azimuth angle	(°)或 rad
ϕ_v	观测方位角	view azimuth angle	(°)或 rad
φ	相对方位角	relative azimuth angle	(°)或 rad
u_i	入射天顶角余弦	cosine of the illumination zenith angle	—
u_v	观测天顶角余弦	cosine of the view zenith angle	—
ρ	反射率	reflectance	—
R	反射率因子	bidirectional reflectance factor	—
f_r	二向反射分布函数	bidirectional reflectance distribution function	sr^{-1}

1.4 地表反射特性的数学描述

1.4.1 二向性反射分布函数

由于地表的非朗伯体特性,地物表面的反射特性通常既不是理想的漫散射也不是理想的镜面反射,更不是二者的加权和,而是方向反射。19 世纪 60 年代出现了可以描述这种地表方向反射特性的二向反射分布函数(bidirectional reflectance distribution function,BRDF)的概念(Nicodemus,1965),Nicodemus 等在 1977 年给出了这种函数的定义(Nicodemus et al.,1977):

$$\text{BRDF} = f_r(\theta_i, \phi_i; \theta_v, \phi_v; \lambda) = \frac{\mathrm{d}L_v(\theta_i, \phi_i; \theta_v, \phi_v; \lambda)}{\mathrm{d}E_i(\theta_i, \phi_i; \theta_v, \phi_v; \lambda)} \tag{1.14}$$

式中,θ_i 为太阳入射天顶角;ϕ_i 为太阳入射方位角;θ_v 为观测天顶角;ϕ_v 为观测方位角;$\mathrm{d}E_i(\theta_i, \phi_i; \theta_v, \phi_v; \lambda)$ 表示在一个微分面积元 $\mathrm{d}A$ 上,入射光方向的微分立体角内光谱辐射照度的增量;$\mathrm{d}L_v(\theta_i, \phi_i; \theta_v, \phi_v; \lambda)$ 则是入射光增量引起反射光方向的光谱辐射亮度的增量,参见图 1.11。BRDF 的单位为每球面度(sr^{-1})。在不引起误解的情况下,常常省略波长符号,简化为

$$\text{BRDF} = f_r(\theta_i, \phi_i; \theta_v, \phi_v) = \frac{\mathrm{d}L_r(\theta_i, \phi_i; \theta_v, \phi_v)}{\mathrm{d}E_i(\theta_i, \phi_i; \theta_v, \phi_v)} \tag{1.15}$$

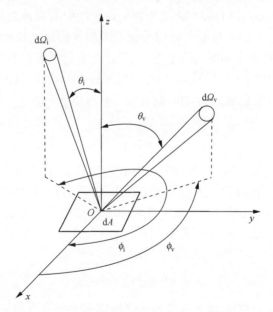

图 1.11 BRDF 中的参量图示(李小文、王锦地,1995)

对于理想的朗伯体反射而言,其辐射出射度等于辐射照度,则朗伯体的 BRDF 可以简化为

$$f_r = \frac{dL_r}{dE_i} = \frac{dM/\pi}{dM} = \frac{1}{\pi} \qquad (1.16)$$

因此,理想朗伯体的 BRDF 是 $1/\pi$。

1.4.2 地表二向性反射率因子

地表二向性反射率因子(bidirectional reflectance factor,BRF)定义为在入射光和传感器等因素不变的情况下,面元向某一方向反射的辐射亮度与假定该面元为一理想漫反射表面时该方向的辐射亮度的比值。公式为

$$\mathrm{BRF}(\Omega_i, \Omega_v, \lambda) = \frac{dL_t(\Omega_v, \lambda)}{dL_d(\Omega_v, \lambda)} \qquad (1.17)$$

式(1.17)表示为在相同的 Ω_i 入射条件下,目标物在 Ω_v 方向出射亮度 $dL_t(\Omega_v, \lambda)$ 与理想朗伯反射参考板在该方向辐亮度 $dL_d(\Omega_v, \lambda)$ 之比,反射率因子是定义在单一波长的无量纲的量,其取值可以大于 1。

二向反射率因子的计算在于强调利用一漫反射参考板来获取地物表面的入射辐射,解决了野外地物反射率的测量问题。但由于式(1.17)对于二向反射率因子的定义没有针对入射的辐射环境进行限制,因此并不是一个理想的描述地表二向反射特性的物理量。

1.4.3 反照率

地表反照率(albedo)是一个广泛应用于地表能量平衡、中长期天气预测和全球变化研究的重要参数(Dickinson,1995),定义为在半球空间的所有地表反射辐射能量与所有入射能量之比(Liang,2004),反映了地球表面对太阳光辐射的反射能力,是地表辐射能量平衡以及地气相互作用中的驱动因子之一,其时空变化受到自然过程及人类活动的影响,是全球环境变化的指示因子(Mason and Reading,2005)。考虑在微小地表面积 dA 上,其入射通量为 $d\Phi_i$,反射通量为 $d\Phi_v$,则反照率 a 可以表示为

$$a = \frac{d\Phi_v}{d\Phi_i} = \frac{M}{E} \qquad (1.18)$$

在自然界中,投射到地物表面的辐射照度 E 较为复杂,既有太阳的直接入射,也有天空光的散射入射。为了能够简化入射辐射的表达,将 E 分成仅有太阳入射辐射和仅有天空漫散射入射两种辐射,这样可以分别定义两种理想情况下的地表固有反照率,即黑空反照率 a_{bs} 和白空反照率 a_{ws}。而实际地表反照率为两者通过天空散射光比例因子 d 的线性加权:

$$a = (1-d)a_{bs} + da_{ws} \qquad (1.19)$$

式中,d 是与大气相关的参数,受大气溶胶光学厚度和大气水汽的影响,定义为天空散射辐射占总入射辐射的比例。图 1.12 进一步显示了晴空和阴天多天测量的半小时积分的常绿森林冠层反照率随太阳高度角的变化。反照率在晴空条件下($d < 40\%$)是黑空和白空反照率的线性组合,但黑空反照率占主要部分,因此随着太阳高度角的增大而逐渐减小,在太阳高度角较大时的正午时刻相对稳定;而在阴天条件下反照率可以近似为白空反

照率,此时由于只有天空漫散射,入射辐射相对均一,因此表现为与太阳高度角无关的常量。

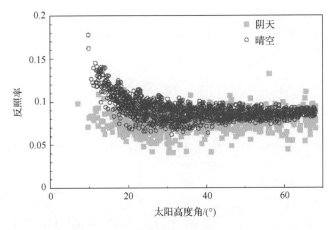

图 1.12　晴空和阴天反照率随太阳高度角的变化(改自 Hollinger et al. , 2010)

1. 黑空反照率

黑空反照率表示仅有太阳直接入射的地表反照率,没有大气散射的作用,可形象地称此时的天空为黑空,是太阳角度的函数。设 L_i 为太阳方向 Ω_i' 的辐射亮度,即

$$L_i(\Omega_i) = L_0\delta(\Omega_i \rightarrow \Omega_i') \tag{1.20}$$

式中,L_0 为一常数,$\delta(\Omega_i \rightarrow \Omega_i')$ 为脉冲函数。则依据式(1.11),其辐射照度为

$$\mathrm{d}E = L_i\cos\theta_i\mathrm{d}\Omega_i \tag{1.21}$$

根据式(1.14),出射辐射亮度可以表示为

$$L_v = \int_{2\pi} f_r(\theta_i', \phi_i', \theta_v, \phi_v)L_i\cos\theta_i\mathrm{d}\Omega_i \tag{1.22}$$

则依据式(1.12),其辐射出射度为

$$\mathrm{d}M = \int_{2\pi} f_r(\theta_i', \phi_i', \theta_v, \phi_v)L_i\cos\theta_i\mathrm{d}\Omega_i\cos\theta_v\mathrm{d}\Omega_v \tag{1.23}$$

因此,黑空反照率可进一步表示为

$$
\begin{aligned}
a_{bs} &= \frac{\iint\limits_{2\pi 2\pi} f_r(\theta_i', \phi_i', \theta_v, \phi_v)L_i\cos\theta_i\mathrm{d}\Omega_i\cos\theta_v\mathrm{d}\Omega_v}{\int\limits_{2\pi} L_s\cos\theta_i\mathrm{d}\Omega_i} \\[2ex]
&= \frac{\pi L_0\int\limits_{2\pi} f_r(\theta_i', \phi_i', \theta_v, \phi_v)\cos\theta_v\mathrm{d}\Omega_v}{\pi L_0} \\[2ex]
&= \int\limits_{2\pi} f_r(\theta_i', \phi_i', \theta_v, \phi_v)\cos\theta_v\mathrm{d}\Omega_v
\end{aligned} \tag{1.24}
$$

2. 白空反照率

白空反照率描述的是没有太阳直接入射而仅有大气漫散射的地表反照率,独立于太阳和传感器位置,这种现象在自然界中可以见于阴天地表的反照率。假设天空漫散射均一,某一方向的反射亮度为 L_0,其辐射照度为

$$dE = L_0 \cos\theta_i d\Omega_i \tag{1.25}$$

依据式(1.23),其辐射出射度为

$$dM = L_v \cos\theta_v d\Omega_v = \int_{2\pi} f_r(\theta_i, \phi_i, \theta_v, \phi_v) L_0 \cos\theta_i d\Omega_i \cos\theta_v d\Omega_v \tag{1.26}$$

因此,白空反照率可以表示为

$$
\begin{aligned}
a_{ws} &= \frac{L_0 \iint\limits_{2\pi 2\pi} f_r(\theta_i, \phi_i, \theta_v, \phi_v) \cos\theta_i \cos\theta_v d\Omega_i d\Omega_v}{\int\limits_{2\pi} L_0 \cos\theta_i d\Omega_i} \\
&= \frac{1}{\pi} \iint\limits_{2\pi 2\pi} f_r(\theta_i, \phi_i, \theta_v, \phi_v) \cos\theta_i \cos\theta_v d\Omega_i d\Omega_v
\end{aligned}
\tag{1.27}
$$

式(1.24)和式(1.27)也可以称为方向半球反射率和双半球反射率,分别表示由二向反射分布函数在观测方向上半球积分和同时在入射和观测方向上双半球积分。

地表反照率通常还与波长有关,往往定义在某一波段范围。宽波段反照率是在某一波段范围内波长的加权积分,并以该波段上入射能量占宽波段范围入射能量之比作为各波段的权重 $w(\lambda)$。依据波段的不同,现有的地表反照率产品有可见光地表反照率(0.3~0.7μm)、近红外地表反照率(0.7~3μm)和短波地表反照率(0.3~3μm)。公式为

$$a(\Lambda) = \int_{\Lambda} w(\lambda) a(\lambda) d\lambda \tag{1.28}$$

1.4.4 其他地表反射特性的数学描述

BRDF 是描述地表方向性反射最基本的物理量,因入射与出射几何不同可以由BRDF 的不同角度积分定义多种反射率。由式(1.18),可定义广义的反射率,表达为

$$
\begin{aligned}
\rho(\omega_i, \omega_v, \lambda) &= \frac{d\Phi_v}{d\Phi_i} \\
&= \frac{\iint\limits_{\omega_i \omega_v} f_r(\theta_i, \phi_i; \theta_v, \phi_v; \lambda) L_i(\theta_i, \phi_i, \lambda) \cos\theta_v \cos\theta_i d\Omega_v d\Omega_i}{\int\limits_{\omega_i} L_i(\theta_i, \phi_i, \lambda) \cos\theta_i d\Omega_i}
\end{aligned}
\tag{1.29}
$$

式中,ω 是立体角积分范围。当积分项 $\omega \to 0$,为方向性辐射;$\omega \in (0, 2\pi)$,则为锥体辐射;当 $\omega = 2\pi$,则为半球辐射。假设锥体和半球内的入射是均一的,即 $L_i(\theta_i, \phi_i, \lambda) = L_i(\lambda)$,

则可将分子分母中入射辐亮度 $L_i(\theta_i,\phi_i,\lambda)$ 提出积分符号并约掉,若入射辐射各向异性,则必须按照广义表达式计算反射率。

1.4.3 节关于黑白空反照率的数学描述中,已就 BRDF 在观测方向和入射方向上的半球积分进行了说明,形成了式(1.24)表示的方向半球反射率和式(1.27)表示的双半球反射率。实际上,依据入射与出射几何(方向—锥体—半球)的不同,在 Nicodemus 提出的 BRDF 基础上,Schaepman-Strub 等(2006)将反射率的基本概念和专用术语归结为 9 种类型(表 1.2),除 BRDF 定义外,还定义了与 BRDF 相关的 8 种反射率。其中,第 2 种和第 8 种便是已提到的方向半球反射率和双半球反射率。

表 1.2　与入射/出射相关的各种反射率(Schaepman-Strub et al.,2006)

入射/反射	方向	锥体	半球
方向		(1)	(2)
锥体	(3)	(4)	(5)
半球	(6)	(7)	(8)

（1）方向锥体反射率(directional-conical reflectance)。入射立体角积分范围 ω_i 趋近于 0,而出射立体角积分范围为一锥体($\omega_v \in (0,2\pi)$)的地表反射率。公式为

$$\rho(\theta_i,\phi_i;\omega_v) = \int_{\omega_v} f_r(\theta_i,\phi_i;\theta_v,\phi_v)\cos\theta_v \mathrm{d}\Omega_v \tag{1.30}$$

与之对应的反射率因子为

$$R(\theta_i,\phi_i;\omega_v) = \frac{\pi}{\Lambda_v} \int_{\omega_v} f_r(\theta_i,\phi_i;\theta_v,\phi_v)\cos\theta_v \mathrm{d}\Omega_v$$

式中,Λ 为投影立体角,$\Lambda = \int_\omega \cos\theta \mathrm{d}\Omega$。

（2）方向半球反射率(directional- hemispherical reflectance)。入射立体角积分范围 ω_i 趋近于 0,而出射立体角积分范围为半球空间($\omega_v = 2\pi$)的地表反射率。公式为

$$\rho(\theta_i, \phi_i; 2\pi) = \int_{2\pi} f_r(\theta_i, \phi_i; \theta_v, \phi_v) \cos\theta_v \mathrm{d}\Omega_v \qquad (1.31)$$

与之对应的反射率因子为

$$R(\theta_i, \phi_i; 2\pi) = \int_{2\pi} f_r(\theta_i, \phi_i; \theta_v, \phi_v) \cos\theta_v \mathrm{d}\Omega_v$$

（3）锥体方向反射率（conical-directional reflectance）。入射立体角积分范围为一锥体（$\omega_i \in (0, 2\pi)$），而出射立体角积分范围 ω_v 趋近于 0 的地表反射率。公式为

$$\rho(\omega_i; \theta_v, \phi_v) = \frac{1}{\Lambda_i} \int_{\omega_i} f_r(\theta_i, \phi_i; \theta_v, \phi_v) \cos\theta_i \mathrm{d}\Omega_i \qquad (1.32)$$

与之对应的反射率因子为

$$R(\omega_i; \theta_v, \phi_v) = \frac{\pi}{\Lambda_i} \int_{\omega_i} f_r(\theta_i, \phi_i; \theta_v, \phi_v) \cos\theta_i \mathrm{d}\Omega_i$$

（4）双锥体反射率（biconical reflectance）。入射和出射立体角积分范围都为锥体（$\omega_i \in (0, 2\pi)$）的地表反射率。公式为

$$\rho(\omega_i; \omega_v) = \frac{1}{\Lambda_i} \iint_{\omega_i \omega_v} f_r(\theta_i, \phi_i; \theta_v, \phi_v) \cos\theta_v \cos\theta_i \mathrm{d}\Omega_v \mathrm{d}\Omega_i \qquad (1.33)$$

与之对应的反射率因子

$$R(\omega_i; \omega_v) = \frac{\pi}{\Lambda_i \cdot \Lambda_v} \iint_{\omega_i \omega_v} f_r(\theta_i, \phi_i; \theta_v, \phi_v) \cos\theta_v \cos\theta_i \mathrm{d}\Omega_v \mathrm{d}\Omega_i$$

（5）锥体半球反射率（conical-hemispherical reflectance）。入射立体角积分范围为锥体（$\omega_i \in (0, 2\pi)$），出射立体角积分范围为半球空间（$\omega_i = 2\pi$）的地表反射率。公式为

$$\rho(\omega_i; 2\pi) = \frac{1}{\Lambda_i} \iint_{\omega_i 2\pi} f_r(\theta_i, \phi_i; \theta_v, \phi_v) \cos\theta_v \cos\theta_i \mathrm{d}\Omega_v \mathrm{d}\Omega_i \qquad (1.34)$$

与之对应的反射率因子为

$$R(\omega_i; 2\pi) = \frac{1}{\Lambda_i} \iint_{\omega_i 2\pi} f_r(\theta_i, \phi_i; \theta_v, \phi_v) \cos\theta_v \cos\theta_i \mathrm{d}\Omega_v \mathrm{d}\Omega_i$$

（6）半球方向反射率（hemispherical-directional reflectance）。入射立体角积分范围为半球空间（$\omega_i = 2\pi$），出射立体角积分范围 ω_v 趋近于 0 的地表反射率。公式为

$$\rho(2\pi; \theta_v, \phi_v) = \frac{1}{\pi} \int_{2\pi} f_r(\theta_i, \phi_i; \theta_v, \phi_v) \cos\theta_i \mathrm{d}\Omega_i \qquad (1.35)$$

与之对应的反射率因子为

$$R(2\pi; \theta_v, \phi_v) = \int_{2\pi} f_r(\theta_i, \phi_i; \theta_v, \phi_v) \cos\theta_i \mathrm{d}\Omega_i$$

（7）半球锥体反射率（hemispherical-conical reflectance）。入射立体角积分范围为半球空间（$\omega_i = 2\pi$），而出射立体角积分范围为一锥体（$\omega_v \in (0, 2\pi)$）的地表反射率。公式为

$$\rho(2\pi;\omega_v) = \frac{1}{\pi} \int\limits_{2\pi} \int\limits_{\omega_v} f_r(\theta_i,\phi_i;\theta_v,\phi_v) \cos\theta_v \cos\theta_i \, \mathrm{d}\Omega_v \mathrm{d}\Omega_i \qquad (1.36)$$

与之对应的反射率因子为

$$R(2\pi;\omega_v) = \frac{1}{\Lambda_v} \int\limits_{2\pi} \int\limits_{\omega_v} f_r(\theta_i,\phi_i;\theta_v,\phi_v) \cos\theta_v \cos\theta_i \, \mathrm{d}\Omega_v \mathrm{d}\Omega_i$$

（8）双半球反射率（bihemispherical reflectance）。入射和出射立体角积分范围都为半球空间（$\omega_v = 2\pi$）的地表反射率。公式为

$$\rho(2\pi;2\pi) = \frac{1}{\pi} \int\limits_{2\pi} \int\limits_{2\pi} f_r(\theta_i,\phi_i;\theta_v,\phi_v) \cos\theta_v \cos\theta_i \, \mathrm{d}\Omega_v \mathrm{d}\Omega_i \qquad (1.37)$$

与之对应的反射率因子为

$$R(2\pi;2\pi) = \frac{1}{\pi} \int\limits_{2\pi} \int\limits_{2\pi} f_r(\theta_i,\phi_i;\theta_v,\phi_v) \cos\theta_v \cos\theta_i \, \mathrm{d}\Omega_v \mathrm{d}\Omega_i$$

在野外测量中，由于我们所采用的野外测量仪器都有一定的视场角，无法获取无限小角度的观测反射率，只能获取类似锥体和半球观测的反射率，因此，上述 8 种反射率，在野外真正能测量的只有双锥体反射率、锥体半球反射率、半球锥体反射率和双半球反射率，其他几种表示的是理想反射率，在野外一般很难实现测量。

1.4.5 地表 BRDF、BRF 和反照率的关系

1. 概念上的差异

BRDF 与辐射环境无关，仅与该地物的反射、散射特性有关，从理论上能较好地表征地物的非朗伯体特性。BRF 由于未对辐射环境作任何限定，故不仅取决于目标物的非朗伯体特性，还与辐射环境有关，因此 BRF 不能理想地表征地物的非朗伯体特性。BRDF 与 BRF 两者的量纲也不同，BRDF 具有 sr^{-1} 的单位，而 BRF 是一个无量纲的物理量。如果入射光源对目标物所张的立体角及传感器对目标物所张的立体角都趋于无穷小，则

$$R(\Omega_i,\Omega_v,\lambda) = \frac{\mathrm{d}L_t(\Omega_v,\lambda)}{\mathrm{d}L_d(\Omega_v,\lambda)} = \frac{f_t(\Omega_v,\lambda)\mathrm{d}E}{f_p(\Omega_v,\lambda)\mathrm{d}E} = \pi f_t(\Omega_v,\lambda) \qquad (1.38)$$

此时，BRDF 和 BRF 存在着 π 倍数关系。

地表反照率通常定义于一定宽度的波长范围，如可见光反照率或者短波反照率，而 BRDF 或 BRF 通常定义在某一波长上。BRF 具有一定的方向性，而反照率是 BRDF 在所有方向上的积分，比如黑空反照率是在 BRDF 所有观测方向上的积分结果，白空反照率是同时在 BRDF 所有的太阳和观测方向上积分的结果。

2. 测量方法的差异

BRF 与反照率都是可测量的物理量。反照率的测量是针对半球空间的，使用的是具有余弦积分的探测器，比如积分球、辐射表。BRF 的测量则是针对于某一出射光方向，需使用具有指向性的探测器，如光谱仪；为了获得理想漫反射表面的出射光，一般需要使用参考板。

BRDF 是反映地球表面自身特性的物理量，与测量方法无关。而反射率、BRF 和反照率均与测量条件有关，尤其是与入射辐射能量的角度分布有关。严格定义的 BRDF 不可观测，所以我们习惯上所说的测量 BRDF 实际上是测量反映地表二向反射特性的 BRF或者半球方向反射率因子(HDRF)。理想情况是在没有天空漫射光的条件下用小视场角的光谱仪分别测量目标物和理想漫反射参考板的辐亮度，二者的比值就是 BRF。实际上自然条件的入射光是由直射光和漫射光组成的，测量结果是 HDRF。晴空条件下直射光占总入射光比例一般超过 80%，人们在一定误差允许范围内常常忽视 BRF 和 HDRF 的差别。但是研究表明，在天空漫散射光较多的情况下必须考虑漫散射的影响，并把HDRF 校正为 BRF 的测量(宋芳妮等，2007；周烨等，2008)。

1.5　多角度遥感观测

人们对于二向性反射现象的关注最早表现在测量数据上，传统的单一方向遥感只能得到地面目标一个方向的投影，缺乏足够的信息来推断一个像元的地表组成和空间结构。相比单一方向遥感，多角度对地观测通过对地面固定目标多个方向的观测，信息量更丰富，更利于从遥感数据中提取地面目标的空间结构参数。一般来说，利用多角度遥感手段观测地物的二向反射特性主要包括以下几种方法。

第一种方法可采用窄视场传感器，在轨道运动过程中传感器对准同一地物目标获取沿轨道方向的反射特性，其具体实现方式有两种。第一种方式是利用一个传感器，通过调整传感器倾角来获取多角度观测数据(图 1.13(a))。该方式下，各角度数据通过同一传感器获取而不存在辐射差异问题，但时间同步性差，且观测角度基本位于垂直于轨道方向的平面内。例如，欧空局于 2001 年发射的 PROBA 卫星，上面搭载有紧凑型高分辨率成像光谱仪(CHRIS)，基于这种方式可获取 5 个观测角度、17 个波段的可见近红外波段图像。另外一种方式是在平台上搭载多个传感器，分别设置不同的角度进行多角度数据的观测(图 1.13(b))。该方式下，多角度数据的获取不用调整卫星姿态而且时间同步性较好，但增加了成本，且存在多个传感器之间的辐射差异的问题。例如，美国于 1999 年发射的地球观测系统 EOS/Terra 卫星，上面搭载的多角度成像光谱仪(MISR)，可以获取共 9个角度、4 个波段的可见近红外波段图像。

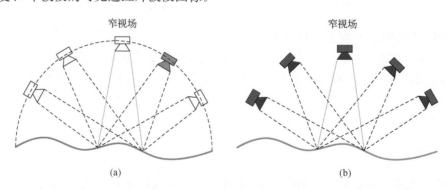

图 1.13　窄视场多角度观测示意

利用一个传感器对准同一地物目标,通过改变角度来实现多角度观测的方法已经在地面遥感多角度观测中得到了较好的应用,目前我们研制的多角度观测架基本上都是采用这种模式。而在室内,由于改变光源的角度难度较大,试验过程中往往采用固定太阳模拟器姿态,调节载物台的倾斜位置,来完成地物的多角度观测(图 1.14)。

图 1.14　利用暗室进行室内多角度观测

第二种方法是采用面阵广角镜 CCD 成像,通过同一轨道的多景相邻影像或相邻轨道影像对同一地面目标重复覆盖,可从不同景影像中提取多角度信息(图 1.15)。该方法既能在轨道方向获得多角度观测,也能通过图像的旁向重叠获得相邻轨道的多角度观测,因而观测角度多,在半球空间的分布均匀。例如,日本发射的 ADEOS 卫星上面搭载了法国研制的多角度多通道偏振探测器(POLDER),可以获得 6 个非偏振波段和 3 个偏振波段的可见光近红外(443~910nm)波段多角度图像,一轨最多可以达到 14 个角度,通过不同轨道的重叠,可以获取更多的观测角度。

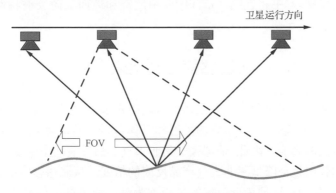

图 1.15　宽视场同轨多角度观测示意图

第三种方法是采用广角扫描传感器,通过相邻多轨道获取的图像提取对同一地面目标的重复观测,从而获得多角度信息(图 1.16)。该方法需要多天的观测积累,要求地表状况在观测周期内无明显变化,因而这种方法获取的数据并非严格意义上的多角度数据。

目前很多中低分辨率遥感传感器,如 AVHRR/NOAA、MODIS/Terra(Aqua)、Vegeta-tion/SPOT、VIRR(MERSI)/FY-3 等,具有超过 50°的扫描角。可在一定的周期内,选取不同日期获取的同一地面目标观测值来构建多角度数据集。

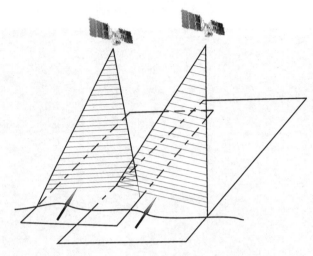

图 1.16　宽视场不同轨多角度观测

　　地面二向反射特征的获取要求多角度数据的太阳/观测角度越多、分布越均匀越好;同时,因为地面状况是不断变化的,所以累积多角度数据的周期越短越好。单星、单传感器获取的多角度观测数据集的角度分布具有局限性(Barnsley et al.,1994)。多星、多传感器则能在较短时间内获取更多角度的观测数据,更有利于多角度遥感模型的参数反演(Jin et al.,2002;Dou et al.,2013)。

　　相比于卫星遥感的多角度观测技术,地面和航空多角度遥感具有灵活和空间分辨率高的优点,因此机载多角度传感器和地面多角度观测架研制一直是地表二向性反射观测数据采集研究的重要内容。目前,用于采集二向反射数据的机载传感器和地面多角度观测架有了较好的发展,本书将在第 3 章详细介绍航空和地面二向反射特性的多角度观测技术。

1.6　从遥感信号到地表二向反射

　　遥感传感器往往以单一角度或有限几个角度接收来自太阳经过大气和地物表面相互作用后的辐射信息,大气分子、气溶胶的散射和气体(水汽、臭氧等)的吸收对传感器接收的遥感信息有较大的影响。因此,地球大气是非大气产品反演的主要误差来源,大气对遥感传感器接收的辐射扰动降低了非大气产品反演的精度。从遥感影像中消除并订正这种大气效应的影响,从而获取地表反射率的过程称为遥感影像的大气校正。通常在获取辐射和几何定标后的传感器辐射亮度基础上,通过大气校正的方法将辐射亮度转换为地表反射率。几乎所有的二向反射模型都是建立在地表反射率基础上的,因此,消除大气效应的影响,获取传感器观测的地表反射率是地物表面二向反射特性遥感建模的基础。

1.6.1　基于辐射传输模型的大气校正

早期遥感由于大气参数估计的困难,往往利用简单的方法进行遥感影像的大气校正,如暗目标法、直方图匹配法及基于地面测量反射率的线性回归方法,这类校正方法仅适用于对地表反射率不需要绝对估计,只要利用相对校正便可以满足应用需求的情况。随着定量遥感的发展,精确提取地物生物物理化学信息,基于大气辐射传输模型进行大气校正就显得非常有必要,它是定量遥感地表反射率估算的理论基础。

目前常用的大气辐射传输模型是 MODTRAN(moderate resolution atmospheric transmittance and radiance code)和 6S(second simulation of the satellite signal in the solar spectrum)模型。利用以上两种模型可以对大气—地表—传感器之间的辐射传输过程进行模拟,而大气校正便是从模拟的传感器信号中提取相关的大气参数,并由遥感获取的辐射亮度估算得到地表反射率。

MODTRAN 适用于计算 $0.2\mu m \sim \infty$ 区间内的大气辐射传输模式。从 1989 年至今,MODTRAN 已将地表的 BRDF 模型引进到模型中,使地表反射特性的参数化输入成为可能。而 6S 适用于太阳反射波段 $0.25\sim 4\mu m$ 的大气辐射传输模式,在假定无云大气的情况下,考虑了水汽、CO_2、CO、O_3、O_2、CH_4 和 N_2O 等的吸收、分子和气溶胶的散射及地表的二向反射问题。然而,无论是利用 MODTRAN 或者 6S,都需要一系列实时的大气参数(如大气光学厚度、温度、气压、湿度、大气分布状况等)作为输入。因此,大气校正的结果精度,除模型精度外,还取决于输入的大气参数的准确性。由于 MODTRAN 和 6S模型中未考虑地形因素,在山区还需要考虑地形对传感器辐射的影响(Wen et al.,2008)。

1.6.2　影响大气校正的主要因素

大气校正的精度取决于大气模型和大气参数估计的精度。大气参数的估计精度是影响遥感影像大气校正精度的主要原因,特别是在大气校正中起重要作用的气溶胶光学厚度和大气水汽含量的估算精度。大气参数分布时空不均一,在一些大气模型中,提供了大气模式和气溶胶模型,可以模拟卫星过境时刻大气的状况,但实时估计气溶胶光学厚度和水汽含量离不开从遥感影像中直接反演或者在一定区域内直接地面测量。

关于模型的精度,若不考虑邻近效应,则地表采用朗伯体假定是影响大气校正精度的重要原因。早期的研究中通常假设地表为朗伯体,虽简化了大气辐射传输求解的难度,但朗伯体反射地表过于理想,导致在地表反射率的估算中带来了较大的误差。显然,大气校正非常复杂,大气校正的目的是获取地表反射率,而大气校正之前又要知道地表的二向反射特性,形成了大气校正环,从而发展了利用迭代方法进行大气校正,获取地表反射率(李小文,1998;胡宝新等,1996)。

模型是否考虑地形因素也会直接影响地表反射率的获取,特别是在山区,考虑地形的影响会提高山区地物表面地表反射率的获取精度,读者可阅读本书第 7 章,以进一步了解地形对地表反射率和反照率遥感估算的影响。

参 考 文 献

宫鹏. 2009. 遥感科学与技术中的一些前沿问题. 遥感学报,13(1)：13-23

胡宝新,李小文,朱重光,等. 1996. 一种大气订正的方法：BRDF——大气订正环. 环境遥感,11(2)：151-160

李小文. 1998. BRDF 影响订正环的收敛性研究. 遥感学报,2(1)：10-12

李小文. 2005. 定量遥感的发展与创新. 河南大学学报：自然科学版,35(4)：49-56

李小文. 2006. 遥感科学与定量遥感. 科学观察,1(5)：45-45

李小文,王锦地. 1995. 植被光学遥感模型与植被结构参数化.北京：科学出版社

柳钦火,唐勇,李静,等. 2009. 遥感辐射传输建模与反演研究进展. 遥感学报,13(增刊)：168-182

宋芳妮,范闻捷,刘强,等. 2007. 一种获取野外实测目标物 BRDF 的方法. 遥感学报,11(3)：296-302

周烨,柳钦火,刘强. 2008. 两种 BRDF 室外测量方法的 RGM 模拟对比与误差分析. 遥感学报,12(4)：568-578

Barnsley M，Strahler A，Morris K，et al. 1994. Sampling the surface bidirectional reflectance distribution function （BRDF）：1. Evaluation of current and future satellite sensors. Remote Sensing Reviews，8(4)：271-311

Dickinson R. 1995. Land processes in climate models. Remote Sensing of Environment，51(1)：27-38

Dou B C，Wen J G，Liu Q，et al. 2013. The multi-angular and multi-band model for BRDF and albedo retrieval. In：Geoscience and Remote Sensing Symposium（IGARSS），2013 IEEE International. 3044-3047

Hollinger D Y，Ollinger S V，Richardson A D，et al. 2010. Albedo estimates for land surface models and support for a new paradigm based on foliage nitrogen concentration. Global Change Biology,16：696-710

Jensen J R. 2006. Remote Sensing of the Environment：An Earth Resource Perspective 2/E. Delhi：Prentice Hall

Jin Y，Gao F，Schaaf C B，et al. 2002. Improving MODIS surface BRDF/albedo retrieval with MISR multiangle observations. Transactions on Geoscience and Remote Sensing，IEEE，40(7)：1593-1604

Liang S. 2004. Quantitative Remote Sensing of Land Surfaces. Hoboken：John Wiley & Sons

Mason P，Reading B. 2005. Implementation plan for the global observing systems for climate in support of the UNFC-CC. In：Preprints-CD，21st international conference on interactive information processing systems for meteorology，oceangraphy,and hydrolopgy, san diego. CA

Nicodemus F. 1965. Directional reflectance and emissivity of an opaque surface. Applied Optics，4(7)：767-775

Nicodemus F，Richmond J，Hsia J，et al. 1977. Geometrical Considerations and Nomenclature for Reflectance. Washington D C：National Bureau of Standards

Schaepman-Strub G，Schaepman M，Painter T，et al. 2006. Reflectance quantities in optical remote sensing——definitions and case studies. Remote Sensing of Environment，103(1)：27-42

Wen J G，Liu Q H，Liu Q，et al. 2008. Modeling the land surface reflectance for optical remote sensing data in rugged terrain. Science in China Series D：Earth Sciences，51(8)：1169-1178

第 2 章　陆表二向反射模型及反演方法

遥感模型是对遥感观测的电磁辐射信息与地表参数之间关系的数学或物理描述;而遥感反演是根据观测的信息和遥感模型,获取反映地表实体物理和化学属性参数的过程。遥感建模与反演是定量遥感研究的两个基本问题。定量遥感所关注的电磁辐射信息具有方向性,特别是遥感观测的地物表面反射的太阳短波辐射,既与太阳入射方向有关,也依赖于传感器观测方向,即有二向反射特性。通过 30 年的发展,描述地表二向反射特性的模型可归结为物理模型、经验半经验模型和计算机模拟模型。其中,物理模型中的辐射传输模型和几何光学模型是刻画地表二向反射中最基本的模型,基于这两类模型发展了一系列其他模型。特别地,结合这两类模型并进行简化而成的半经验模型应用最为广泛,目前在轨运行的卫星传感器(如 MODIS、MSG 和 POLDER 等)的地表二向反射率产品是基于该类半经验模型反演得到。

本章概要地介绍辐射传输模型、几何光学模型、经验/半经验模型和计算机模拟模型在描述陆表二向反射特性中的含义及主要特点,有助于理解目前陆表二向反射特性的建模与反演思路。限于篇幅,本章未就模型的数学理论及详细推导展开讨论,读者可以通过查阅相关模型的文献,进一步掌握模型的特点,以助于理解本书后续章节具体阐述的陆表二向反射模型。

2.1　陆表二向反射模型概述

自 20 世纪 70 年代以来,科学家们试图发展可描述地表目标二向反射特性的模型。概括而言,国内外主要有物理模型、经验/半经验模型和计算机模拟模型三种类别的陆表二向反射模型。

物理模型是指通过研究光与地表相互作用的物理过程建立的二向反射模型,是对客观世界的数学描述,模型参数具有明确的物理意义。依据模型的物理机理和物理过程数学描述方式不同,可将物理模型进一步分为辐射传输模型、几何光学模型和两者的混合模型。辐射传输模型最初是从研究光辐射在大气中的传播规律和光子在介质中的传输规律时总结而来的规律性知识,在大气遥感中取得了较大的成功,1960 年以来逐渐用于陆表遥感,成为了主流学派。自 Kubelka-Munk 提出针对水平均匀介质的四通量近似(Kubelka and Munk,1931),即 KM 理论以来,辐射传输模型已被广泛用于解释植被冠层的二向反射特性,其中代表性的模型是 SAIL 模型(Verhoef,1984)。辐射传输模型最主要的优点是能够较好地描述植被冠层内部的多次散射,但陆表并非是连续的气体,具有三维结构投射的阴影,因此在应用中遇到了较大的困难。李小文等在 1985 年创建了 Li-Strahler 几何光学模型(Li and Strahler,1985),通过描述植被冠层反射的四个分量在不同方向投射阴影的差异,成功地解释了由植被冠层结构产生的地表二向反射现象。二十多年来,

Li-Strahler 几何光学模型不断发展,建立了考虑入射与反射方向相互荫蔽的几何光学模型(Li and Strahler,1992)和离散植被冠层的间隙率模型(Li and Strahler,1988)。而该间隙率模型可作为建立几何光学模型与辐射传输模型衔接的桥梁,简化了三维空间中复杂边界条件下求解的复杂性。在几何光学模型和不连续植被间隙率模型的基础上,用辐射传输方法求解多次散射对四分量亮度贡献,提出了几何光学辐射传输(GORT)混合模型(Li et al.,1995)。无论是辐射传输模型还是几何光学模型,在一些特殊地表如崎岖的山地仍需要进一步改进,以便发展山地二向反射模型(Schaaf et al.,1994;Wen et al.,2008,2009)。本章将着重介绍平坦地表的二向反射模型,对于山地二向反射模型,读者可查阅本书第 7 章内容。

经验模型是指用观测数据通过数学函数来拟合陆表二向反射特性的模型,也称为统计模型,其特点是模型涉及参数较少,表达式简单但无明确的物理意义。代表性的陆表二向反射经验模型是 Minnaert 模型(Minnaert,1941)和 Walthall 模型(Walthall et al.,1985)。由于经验模型依赖大量的实测数据,缺乏对物理机理的理解和认知,因而代表性差,很难得到普适性的经验模型。半经验模型是通过对物理模型的近似和简化,降低了模型的复杂度,可认为介于经验模型和物理模型之间的一种常用模型,既保留了一定的物理意义,又兼有易于计算的优点。代表性的半经验模型有核驱动模型(Roujean et al.,1992)和 Hapke 模型(Hapke,1981)。

计算机模拟模型是利用计算机产生的真实结构场景,与光线追踪、辐射度等方法相结合,模拟场景的光照和二向反射。模型采用的主要方法包括蒙特卡罗光线追踪方法和真实结构场景的辐射度方法。蒙特卡罗方法是通过在三维冠层内模拟大量光子的发生、碰撞、散射、消亡的过程,对其结果做出统计,从而估计冠层的二向反射特性。近 20 多年来,蒙特卡罗方法被普遍用于植被遥感中冠层二向反射特性的模拟,并作为检验遥感模型精度的重要标准之一。而真实结构场景模拟侧重模拟地表真实的三维结构,基于辐射度原理的 RGM(radiosity-graphic combined model)是其主要的代表性模型(Qin and Gerstl,2000)。蒙特卡罗模拟和真实结构场景模拟是随着计算机技术发展而产生的,其意义在于从仿真的角度来生成模拟数据和检验模型。

表 2.1 列出了主要陆表二向反射特性模型的原理、特点及适用范围。

表 2.1 BRDF 模型类型及特点

模型类型		原理	特点	适用范围	典型模型
物理模型	辐射传输模型	辐射传输理论及平均冠层透过理论	物理机理明确,描述连续介质中的散射特性,对多次散射刻画准确;但模型复杂、参数较多而难以反演,难以描述热点现象	均匀连续体散射介质(大气,草地、浓密森林、农作物等连续植被,水体)	Suit 模型、SAIL 模型
	几何光学模型	几何光学原理和景合成原理	原理简单明确,对热点效应刻画准确;但无法描述多次散射	非连续的面散射介质(稀疏森林、灌丛、垄行结构等非连续植被,粗糙土壤)	Li-Strahler 几何光学模型、四尺度模型、行播作物模型
	混合模型	利用遮蔽函数或间隙率衔接辐射传输理论和几何光学原理	利用几何光学模型刻画一次散射,而利用辐射传输模型刻画多次散射	连续或非连续散射介质	Nilson-Kuusk 模型、GORT 模型

模型类型	原理	特点	适用范围	典型模型
经验模型	遥感数据与地面实测数据的回归关系	基于数据统计和相关的数学函数拟合，模型简单，参数少；但物理机制不明确，参数取值适用范围窄	有足够的观测数据作为经验模型的统计描述或相关性分析	Minneart 模型、Walthall 模型
半经验模型	物理模型的线性组合、物理模型经验参数化	通过多种物理模型的经验组合使得模型适用范围更广；模型简单实用，而又具有物理意义	有足够的观测数据作为经验型的统计描述或者相关性分析	核驱动模型、Hapke 模型、RPV/MPRV 模型
计算机模拟模型	蒙特卡罗光线追踪原理或真实结构场景的辐射度原理	利用概率模型或者真实结构参数模拟复杂场景的辐射特性	具备场景刻画的模型方法	North 模型，RGM 模型

2.2 物理模型——辐射传输模型

2.2.1 模型概述

辐射传输理论在天体物理学、大气科学和地球科学中得到了广泛应用(Goel,1988)。其理论的核心源于混浊介质的电磁波辐射传输方程，具有明确的物理机理及严密的数学表达。该方程描述了介质任意位置的辐射和光在介质中的传播规律。为简化起见，假设电磁波穿过的介质(如大气与植被)在垂直方向上变化，但水平均一，粒子各向同性，则在 Ω 方向，辐射强度 $I(\tau,\Omega)$ 的一维辐射传输方程可表示为

$$-\mu\frac{\mathrm{d}I(\tau,\Omega)}{\mathrm{d}\tau}=-I(\tau,\Omega)+\frac{\omega}{4\pi}\int_{4\pi}I(\tau,\Omega')P(\Omega,\Omega')\mathrm{d}\Omega' \tag{2.1}$$

式中，τ 是大气上界向下垂直测量的光学厚度；ω 是单次散射反照率，代表光子在介质上发生散射的概率；P 是散射相函数，反映了光子由一个方向被散射到另外一个方向的概率。式(2.1)是一个微分积分方程，表示了辐射强度 $I(\tau,\Omega)$ 的变化，等式右边第一项表示在 Ω 方向上由于吸收或散射导致的辐射强度衰减，称为零次散射项；第二项表示其他方向 Ω' 散射导致 Ω 方向增加的辐射强度，称为一次及多次散射项。为了求解上式，必须确定大气层顶上边界条件和地表的下边界条件：

$$I(0,-\Omega)=\delta(\Omega-(-\Omega_0))E_s$$
$$I(\tau,\Omega)=\int_0^{2\pi}\int_{-1}^0 f_r(\Omega',\Omega)I(\Omega',\tau)\mu'\mathrm{d}\Omega' \tag{2.2}$$

式中，δ 为脉冲函数，表示大气层顶太阳辐射仅从方向$(-\Omega_0)$入射；E_s 为太阳通量；$f_r(\Omega',\Omega)$ 为地表下垫面二向反射分布函数。

辐射传输方程是一个复杂的微分积分方程，目前有多种数值解法和近似解法，常用的

包括逐级散射(successive order of scattering，SOS)、离散坐标(discrete coordinate)、二流近似(two-stream solution)和四流近似(four-stream solution)等方法。目前已有多种免费辐射传输方程解软件包,如6S软件包(Vermote et al.，1997),采用了逐级散射法进行辐射传输方程的求解,并广泛用于可见光近红外波段遥感;MODTRAN 也是我们熟知的另外一个辐射传输方程解软件包(Berk et al.，1987),是目前应用最广泛的辐射传输模拟程序,常用于可见光近红外,特别是热红外遥感。

将辐射传输方程用于陆表遥感,其中最常见的是植被辐射传输方程。模型描述的是可抽象为微小散射体(如叶片)的连续植被场景(茂密森林、封垄作物等),场景分成若干平行层,水平方向均一分布,垂直方向有限变化,以另一植被或土壤作为冠层下垫面。由于大气辐射传输针对的粒子离散介质,粒子的尺寸远小于粒子之间的距离,因此粒子的散射相函数可以由瑞利散射或米氏散射描述;而对于植被辐射传输,针对的离散介质为叶片,与大气辐射传输针对的粒子介质不同,植被冠层叶片的尺寸较大,叶片的散射相函数相对较难描述,但仍可将基本的辐射传输方程进行改进使其适合植被冠层。假设冠层水平均一,在 Ω 方向,辐射强度 $I(\tau,\Omega)$ 的植被一维辐射传输方程可表示为

$$-\mu\frac{\mathrm{d}I(\tau,\Omega)}{\mathrm{d}\tau}+h(\tau,\Omega)G(\Omega)I(\tau,\Omega)=\frac{1}{\pi}\int_0^{2\pi}\int_{-1}^1\Gamma(\Omega',\Omega)I(\tau,\Omega')\mathrm{d}\Omega' \qquad (2.3)$$

式中,$h(\tau,\Omega)$ 是为了解决消光系数变化的经验修正函数,植被光学厚度 τ 可以用叶片体密度 $u_1(z)$ 来定义,即 $\tau(z)=\int_0^z u_1(z)\mathrm{d}z$;$G(\Omega)$ 是描述单位叶面积在 Ω 方向的投影。$\Gamma(\Omega',\Omega)$ 为面散射相函数。为求解植被辐射传输方程,定义的边界条件为

$$\begin{aligned}I(0,-\Omega)&=I_\mathrm{d}(-\Omega)+I_0\delta(\Omega-\Omega_0)\\ I(\tau_\mathrm{t},\Omega)&=\int_0^{2\pi}\int_{-1}^0 f_\mathrm{r}(\Omega',\Omega)\mu'I(\tau_\mathrm{t},\Omega')\mathrm{d}\Omega'\end{aligned} \qquad (2.4)$$

显然,植被辐射传输方程的上边界条件由太阳直接辐射 I_0 和在大气底部向下的天空散射辐射分布 $I_\mathrm{d}(-\Omega)$ 决定,下边界条件与大气辐射传输方程下边界条件相同,取决于地表的反射特性。

对于式(2.3)描述的植被辐射传输方程,在相位函数和边界条件已知时,在介质任意一点处可求得近似解。基于 KM 理论的数值解是其中一种重要的求解方法。基于 KM 理论的参数确定方法和边界条件差异,发展了一系列的植被辐射传输模型,如 Suit 模型、SAIL 模型(2.2.2 节)。相对于 KM 理论仅适用于水平均一植被介质而言,在给定三维空间参数分布及边界条件下,可将辐射传输理论应用于非连续植被的二向反射建模,如Kimes 3D 模型,离散各向异性辐射传输(discrete anisotropic radiative transfer,DART)模型等(2.2.3 节)。近年来,基于光谱不变量将辐射传输过程中的光谱相关量和地表结构相关量分离,继而发展了基于光谱不变理论的二向反射模型(2.2.4 节)。

2.2.2 一维水平均匀介质辐射传输模型

KM 理论是一维水平均匀介质辐射传输方程的四通量近似数值解法(Kubelka and Munk,1931;Kortüm and Lohr,1969)。其实质是把辐射亮度表示为辐射通量,如图 2.1

所示,定义了上行漫散射通量 E_+ 和下行漫散射通量 E_-,同时保留了太阳直接入射通量 F_- 和上行的反射通量 F_+。利用此四个通量的变化,将复杂的辐射传输微分积分方程简化为一组线性微分方程,如下所示:

$$dE_- / d(-\tau) = -(\alpha + \gamma)E_- + \gamma E_+ + S_1 F_- + S_2 F_+$$
$$dE_+ / d(\tau) = -(\alpha + \gamma)E_+ + \gamma E_- + S_1 F_+ + S_2 F_-$$
$$dF_- / d(-\tau) = -(\beta + S_1 + S_2)F_- \qquad (2.5)$$
$$dF_+ / d(\tau) = -(\beta + S_1 + S_2)F_+$$

其中,

$$E_+ = \int_{2\pi} \int_{\pi/2} L(\tau, +\mu, \varphi)\cos\theta\sin\theta \, d\theta \, d\varphi$$
$$E_- = \int_{2\pi} \int_{\pi/2} L(\tau, -\mu, \varphi)\cos\theta\sin\theta \, d\theta \, d\varphi$$

式中,α 和 γ 为散射通量 E_+ 和 E_- 的吸收系数和散射系数;β 为直射通量 F_+ 和 F_- 的吸收系数;S_1 和 S_2 为直射通量按相同方向和相反方向上散射通量转换的系数,表示为平行辐射的散射系数。

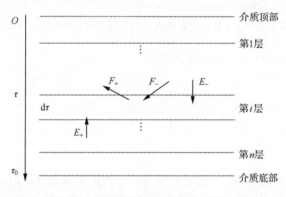

图 2.1　四通量示意图(改自 Goel,1988)

对于式(2.5),假设直射通量为 0(即 $F_- = 0$,$F_+ = 0$),则 KM 理论变为二参数二通量理论,如 Allen-Richardson 模型(Allen and Richardson,1968)、Park-Deering 模型(Park and Deering,1982)等;如果假设上行直射通量为 0(即 $F_+ = 0$),则 KM 理论变为五参数三通量理论,亦被称为 Duntley 理论(Duntley,1942),如 Allen-Gayle-Richardson 模型(Allen et al.,1970)。KM 理论首先需要确定式(2.5)中涉及的 α、γ、β、S_1 和 S_2 5 个参数,即建立它们与植被结构参数、光学参数及其冠层反射率之间的函数关系;其次是在确定参数之后,要寻求满足一定边界条件的解。Suit 模型(Suits,1972)和 SAIL 模型(Verhoef,1984)在这方面作了代表性的工作,本节就 Suit 模型和 SAIL 模型作一简单的介绍。

1. Suit 模型

Suit 模型将冠层分为若干水平无限扩展层,植被组分(如叶片)随机均匀分布在冠层内并可分解为水平和垂直都是朗伯体反射/透射的平板(图 2.2),叶片在水平方向平均投

影面积为 σ_h，在垂直方向的平均投影面积为 σ_v。假设单位体积内叶片水平投影和垂直投影的数量分别为 n_h 和 n_v，叶片的半球反射率和透过率分别为 ρ 和 τ，则可通过冠层参数计算 KM 理论中冠层与辐射相互作用的系数。

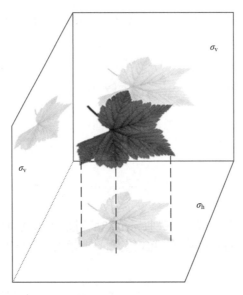

图 2.2　叶片在水平和垂直方向的投影(改自 Suits，1972)

Suit 模型的表达式如下(Verhoef，1984)

$$
\begin{aligned}
\mathrm{d}E_s/\mathrm{d}z &= kE_s \\
\mathrm{d}E_-/\mathrm{d}z &= aE_- - bE_+ - c'E_s \\
\mathrm{d}E_+/\mathrm{d}z &= bE_- - aE_+ + cE_s \\
\mathrm{d}E_0/\mathrm{d}z &= uE_+ + vE_- + wE_s - KE_0
\end{aligned}
\tag{2.6}
$$

式中，k、a、b、c、c'、u、v、w 和 K 为冠层与辐射相互作用的系数；E_s 为冠层顶直接入射通量(当 $Z=0$ 时，为冠层顶的 F_-)；E_0 为观测方向通量，表示来自于辐射亮度为 L_0 的朗伯体表面，$E_0 = \pi L_0$。式(2.6)中最后的微分方程与其他辐射传输理论具有紧密的联系，其中，$J = uE_+ + vE_- + wE_s$ 可以认为是辐射传输理论中的源函数，K 为衰减系数。Suit 模型为九参数四通量理论，其与 KM 理论参数的关系及冠层结构参数的关系见表 2.2。在确定辐射参数之后，冠层反射率可以表示为

$$
R = E_0/(E_s + E_{sky})
\tag{2.7}
$$

式中，E_{sky} 为冠层顶漫散射入射(当 $Z=0$ 时，为冠层顶的 E_-)。

2. SAIL 模型

SAIL 模型在 Suit 模型的基础上，引入了叶倾角分布，模型假定叶片在方位角上随机分布，叶倾角分布随天顶角方向而变化。当给定冠层内叶片倾角分布时(如均匀型、球面型、喜直型、喜平型、倾斜型等)，Suit 模型中的系数可以表示为叶片倾角分布的函数，如表 2.2所示。

表 2.2　**Suit 模型、SAIL 模型参数及其与 KM 理论参数对应关系**（改自 Goel，1988）

Suit 模型参数	Suit 模型参数与冠层参数关系	SAIL 模型参数	SAIL 模型参数表达	KM 理论参数
E_+	—			E_+
E_-	—			E_-
E_s	—			F_-
a	$H'(1-\tau)+V'[1-(\rho+\tau)/2]$	$a(\theta_L)$	$L'\{1-(\rho+\tau)/2+[(\rho-\tau)/2]\cos^2\theta_L\}$	$\alpha+\gamma$
b	$H'\rho+V'[(\rho+\tau)/2]$	$b(\theta_L)$	$L'-a(\theta_L)$	γ
c	$H'\rho+(2/\pi)V'[(\rho+\tau)/2]\tan\theta_i$	$c(\theta_L)$	$[(\rho+\tau)/2]k(\theta_L)+[(\rho-\tau)/2]L'\cos^2\theta_L$	S_1
c'	$H'\tau+(2/\pi)V'[(\rho+\tau)/2]\tan\theta_i$	$c'(\theta_L)$	$[(\rho+\tau)/2]k(\theta_L)-[(\rho-\tau)/2]L'\cos^2\theta_L$	S_2
k	$H'+(2/\pi)V'\tan\theta_i$	$k(\theta_L)$	$(2/\pi)L'[(\beta_i-2/\pi)\cos\theta_L+\sin\beta_i\tan\theta_i\sin\theta_L]$	$\beta+S_1$ $+S_2$
K	$H'+(2/\pi)V'\tan\theta_v$	$K(\theta_L)$	$(2/\pi)L'[(\beta_v-2/\pi)\cos\theta_L+\sin\beta_v\tan\theta_v\sin\theta_L]$	—
u	$H'\tau+(2/\pi)V'[(\rho+\tau)/2]\tan\theta_v$	$u(\theta_L)$	$[(\rho+\tau)/2]K(\theta_L)-[(\rho-\tau)/2]L'\cos^2\theta_L$	—
v	$H'\rho+(2/\pi)V'[(\rho+\tau)/2]\tan\theta_v$	$v(\theta_L)$	$[(\rho+\tau)/2]K(\theta_L)+[(\rho-\tau)/2]L'\cos^2\theta_L$	—
w	$H'\rho+(2/\pi)V'\tan\theta_v\tan\theta_i$ $\{[\sin\varphi+(\pi-\varphi)\cos\varphi]\rho$ $+(\sin\psi-\psi\cos\psi)\tau\}$	$w(\theta_L)$	$(L'/2\pi)\left\{[\pi\rho-\beta_2(\rho+\tau)](2\cos^2\theta_L+\sin^2\theta_L\tan\theta_i\right.$ $\tan\theta_v\cos\varphi)+(\rho+\tau)\sin\beta_2$ $\left.\left(\dfrac{2\cos^2\theta_L}{\cos\varphi_{B_i}\cos\varphi_{B_v}}+\cos\beta_1\cos\beta_3\sin^2\theta_L\tan\theta_i\tan\theta_v\right)\right\}$	—

注：$H'=n_h\sigma_h$，$V'=n_v\sigma_v$，$L'=\text{LAI}/h$，h 为冠层高度，β_i 与 β_v 为与叶倾角 θ_L 相关的太阳和观测方向的临界角。

　　不同作者对 SAIL 模型在植被二向反射中的热点效应、非连续植被分布以及和叶片模型耦合等方面进行了改进，经过多年的发展，已能够较好地刻画浑浊介质的植被冠层二向反射特性。例如，考虑了 Kussk 热点效应（Kuusk，1991）的 SAILH 模型，在 SAILH 模型基础上进一步考虑叶片正反两面反射率和透射率差异的 SAILE 模型（李静，2007），耦合 Jasinski 几何光学模型（Jasinski，1990）以刻画水平非连续植被的 GeoSail 模型（Huemmrich，2001），可描述垂直方向异质性冠层的 GeoSAIL 模型（Verhoef and Bach，2003），引入 Hapke 土壤 BRDF 模型（Hapke，1981）并考虑了冠层聚集效应的 4SAIL2 模型（Verhoef and Bach，2007）。此外，SAIL 模型与叶片光学特性 PROSPECT 模型（Jacquemoud and Baret，1990）耦合，称为 PROSAIL 模型，这一联合模型被广泛应用于植被光谱、冠层方向反射、植被生化和结构参数反演等方面的研究（Jacquemoud et al.，2009）。

2.2.3　三维水平非均匀介质辐射传输模型

　　对于离散树冠或垄行结构作物，水平方向不能简单假设为均一介质，因此，一维辐射传输方程的求解方法无法满足这一类具有三维结构的植被冠层辐射传输。针对复杂三维结构介质，Kimes 和 Kirchner（1982）首先提出了元胞矩阵（cell matrix）的方法求解水平非均一介质的辐射传输问题，将植被冠层在三维空间内细分为若干矩形单元的元胞，通过计算元胞内及元胞间的辐射传输，得到整个具有三维结构场景的二向性反射。但 Kimes 仅在有限的几个方向上讨论了辐射传输的问题，在 Kimes 三维辐射传输（3DRT）模型基础上,Gastellu-Etchegorr 等(2004)将辐射传输方向离散为若干方向,发展了离散各向异性辐射传输(DART)模型。

由于基于元胞矩阵能够描述具有空间三维结构介质的辐射传输,因此,这类模型在解决计算机模拟模型的场景辐射计算中起了重要的作用,读者可进一步阅读本书第 4 章植被冠层二向反射特性计算机模拟的相关内容,以更加清楚地了解三维辐射传输模型的理论基础。

1. Kimes 3DRT 模型

Kimes 3DRT 模型(Kimes and Kirchner,1982)将复杂场景模块化(图 2.3(a)),每一模块具有相同的小场景,是辐射传输过程模拟的基本单元。模型将模块表示成长方体的元胞矩阵(图 2.3(b)),每一个元胞的特征可通过场景组分(如叶、土壤等)的空间分布及其光学性质等信息刻画,这些信息决定了辐射与场景组分相互作用的方式。元胞中场景组分的空间变化将决定三维场景的自然性质。将 4π 空间离散为有限个方向,直接辐射与散射辐射从这些有限的方向入射进入元胞,模拟辐射在元胞内部及元胞之间的传输过程,得到场景内部任意位置的辐射及冠层的二向反射。

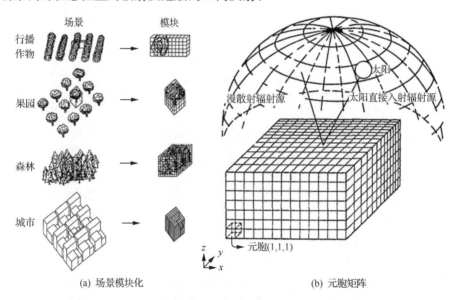

(a) 场景模块化   (b) 元胞矩阵

图 2.3　Kimes 3D 模型建模示意图(Kimes and Kirchner,1982)

Kimes 等还进一步考虑了元胞内部的叶片叶倾角分布(Kimes,1984)及土壤的二向反射特性(Kimes et al.,1985),对三维场景的辐射传输模型进行了发展和改进,更加符合场景的真实情况,提高了二向反射的模拟精度。

2. DART 模型

DART 模型是由法国 CESBIO(The Center for the Study of the Biosphere from Space)实验室 Gastellu-Etchegorry 等开发完成的,采用三维元胞方式计算光线追踪过程,通过场景内多个元胞的辐射传输计算,得到场景的二向反射(Gastellu-Etchegorry et al.,

2004)。在光线追踪计算过程中,需要追踪光线在元胞内和元胞间的传输路径。场景中的元胞分为两类:混合体和不透明体,前者由植被、土壤等共同组成;后者由不透明的子细胞元组成,如水体、道路、墙体等,并对应给出了基于朗伯体和 Hapke 模型的地物散射特性。本书将在 4.2 节具体阐述 DART 模型的理论基础,并进一步介绍其在陆表二向反射计算机模拟模型中的应用。

值得注意的是在 DART 模型中,许多学者将"元胞"也称为"体元",因此,在 4.2 节中采用了"体元"来表示模拟的基本单元,其实际意义与本节定义的"元胞"一致。但在本节中,为了与 Kimes 提出的"元胞"概念一致,仍沿用了"元胞"的概念。

2.2.4　基于光谱不变理论模型

植被与入射光相互作用(即散射与吸收)随波长而变,但是光子与植被冠层发生交互作用的概率却与光谱无关,而取决于植被冠层的结构(Huang et al.,2007)。这是因为当与光子作用的物体尺寸大于其波长时(如树叶、树枝等植被介质),光子在连续两次作用间的自由程与波长无关(Ganguly et al.,2008)。基于这一特性发展的辐射传输理论,称为光谱不变理论,也称为 p-value 理论,其原理是将辐射传输过程中的光谱不变量和光谱变量分离,来计算植被冠层的反射、吸收和透射。

光谱不变理论中的光谱不变量包括:

(1)初次碰撞概率(canopy interceptance,r_0),定义为入射光与植被冠层介质发生初次作用的概率,即光子第一次被阻截的概率;

(2)再碰撞概率(the recollision property,p),定义为被叶片散射后的光子再次与植被冠层发生作用的概率(Smolander and Stenberg,2005);

(3)逃逸概率(the escape problities,ρ 和 τ),定义为被介质散射后的光子从植被冠层上边界逸出的概率(ρ)或下边界逸出的概率(τ)(Huang et al.,2007)。

光谱变量为单次散射反照率(single scattering albedo,ω_λ),定义为每次与介质发生作用的光子被散射的概率。

基于光谱不变理论的植被冠层反射率建模有两个基本问题(Ganguly et al.,2008):①冠层上边界有入射光,下边界为非反射边界,形象地用黑土壤表示其无反射面(图 2.4),因此可称为黑土壤问题(black soil problem,BS-problem);②冠层上边界无入射光,冠层底部有朗伯散射土壤的各向同性入射,称为土壤问题(soil problem,S-problem)。

(1)基于 BS-problem,冠层和非反射土壤面的反射率表示为(Huang et al.,2007)

$$R_{BS,\lambda}(\Omega) = \rho_1(\Omega)\omega_\lambda i_0 + \rho_2(\Omega)\omega_\lambda^2 p_1 i_0 + \cdots + \rho_m(\Omega)\omega_\lambda^m (p_1 p_2 \cdots p_{m-1}) i_0 \qquad (2.8)$$

式中,i_0 是光子与冠层初次碰撞概率,再碰撞概率 p 和冠层上边界逃逸概率 ρ 随着散射次数 m 的增加而达到稳定,假设 p 不随 m 改变,当 $m \geqslant 2$,$\rho_m(\Omega) = \rho_2(\Omega)$ 得到一次近似结果:

$$R_{BS,\lambda}(\Omega) = \omega_\lambda \rho_1(\Omega) i_0 + \frac{\omega_\lambda^2}{1 - p\omega_\lambda} \rho_2(\Omega) p i_0 \qquad (2.9)$$

(2)在 BS-problem 基础上,S-problem 考虑下层土壤反射为

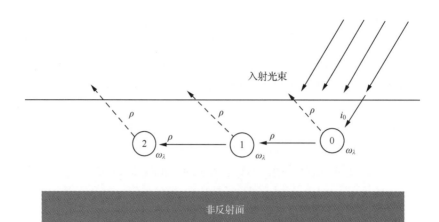

入射光束

非反射面

图 2.4 BS-problem 图示(Ganguly et al. ,2008)

$$R_\lambda(\Omega) = R_{\mathrm{BS},\lambda}(\Omega) + \frac{\rho_{\mathrm{S},\lambda}}{1 - \rho_{\mathrm{S},\lambda} r_{\mathrm{S},\lambda}} t_{\mathrm{BS},\lambda} J_{\mathrm{S},\lambda} \tag{2.10}$$

式中，$\rho_{\mathrm{S},\lambda}$ 是土壤的半球反射率；$r_{\mathrm{S},\lambda}$ 是冠层的半球反射率。$t_{\mathrm{BS},\lambda}$ 是"BS-problem"冠层透过率，$J_{\mathrm{S},\lambda}(\Omega)$ 是冠层底部的入射源。PARAS 模型是基于这一理论发展的代表性的植被冠层二向反射模型(Rautiainen and Stenberg,2005；Manninen and Stenberg,2009；Stenberg et al. ,2013)。

冠层内有不同尺度上(叶片、叶簇、树枝、树冠)的光谱不变参数,获取植被冠层的反射特性,必须应用相应尺度的单次散射反照率。假设基准尺度为叶片,则光谱不变参数和单次散射反照率都必须是在叶片尺度上的参数。若要获取像元尺度的反射特性,p 则为像元内的叶片的再碰撞概率(除了本树冠内叶片再碰撞,还包含与像元内的其他树冠的碰撞),ω_λ 应为整个像元内叶片单次反照率。基准尺度同样可以设置为叶簇、树枝等,ω_λ 也就需要相应地匹配为叶簇、树枝的单次散射反照率。

由于光谱不变参数与植被结构直接相关,目前已有算法将其应用于叶面积指数(Leaf area index,LAI)、FPAR 的反演(Tian et al. ,2003；Wang et al. ,2003；Ganguly et al. ,2008)。该理论以有限的参数、简单的方式刻画了植被的辐射特性,在气候变化、水循环、生态遥感等方面有着广泛的应用前景(Dickinson et al. ,2008；Knyazikhin et al. ,2011)；但是,如何定义合适的基准尺度及有效的参数化方案是制约其发展和应用的瓶颈。

2.3 物理模型——几何光学模型

2.3.1 模型概述

几何光学模型描述的是离散植被场景,如稀疏森林、灌丛和早期生长阶段的行播作物等。假定植被冠层可抽象为一些规则的几何体(如圆锥体、椭球体、球体、箱体等),并按照特定方式分布在地表(Goel,1988)。相对于辐射传输方程描述的体散射性质,几何光学模型侧重对表面散射的描述。

几何光学模型的基本原理可理解为"景合成模型",在太阳入射条件下,传感器视场内地表物体分为光照面和阴影面,其面积可由几何光学理论计算获取,则传感器视场接收的辐射亮度是光照面和阴影面的辐射亮度面积加权和。对于稀疏离散的植被冠层,传感器接收的辐射亮度可认为是光照植被、阴影植被、光照土壤和阴影土壤这四分量对应的辐射亮度加权和。根据观测几何,四个分量的面积比例由冠层结构参数计算获得,在假定各分量为朗伯体表面时,可通过测量各分量表面的反射辐射亮度或反射率得到像元或植被冠层的反射辐射亮度或反射率。公式为

$$L = K_c L_c + K_t L_t + K_g L_g + K_z L_z \tag{2.11}$$

式中,L 是传感器接收的辐射亮度;L_c、L_t、L_g 和 L_z 分别是光照植被、阴影植被、光照土壤和阴影土壤表面反射的辐射亮度,K_c、K_t、K_g 和 K_z 分别为像元内地表结构决定的四分量对应的面积比例。为了计算方便,对于森林等离散树冠类型冠层,几何光学模型将像元内的树冠抽象为简单的规则几何体(如圆锥体、椭球体、球体等),树冠密度、树冠在空间上的分布、树冠尺寸分布(树高、直径)、树冠几何结构参数等共同决定了四分量面积比例。相对于离散树冠结构,还有一些其他特殊结构的地表,如行播/垄行结构地表或城市地表往往以矩形(Jackson et al.,1979)或者箱体形状(Kimes,1983)来描述像元内部结构的四分量比例(2.3.5 节),如垄行结构作物,将植被抽象为与土壤相间的长方体(作物垄),垄长、垄宽、垄间距等结构参数决定了四分量面积比例。

几何光学模型早在 20 世纪 60 年代就用来研究树冠或行播作物的几何投影关系(Jahnke and Lawrence,1965;Brown and Pandolfo,1969;Jackson and Palmer,1972;Terjung and Louie,1972;Charles-Edwards and Thornley,1973),通过景合成模型来描述冠层的二向反射。早期以几何光学为特征的代表性二向反射冠层模型,包括将树冠抽象为随机的突起物的 Egbert 模型(Egbert,1977)和 Otterman 模型(Otterman,1981),用球体刻画树冠并假设泊松分布的 Jupp 模型(Jupp et al.,1986)等。1985 年,李小文等提出了 Li-Strahler 几何光学模型,通过 Boolean 原理描述像元内随机分布树冠的几何投影,计算四分量的比例,较好地刻画了稀疏森林的二向反射(2.3.2 节)。Chen 和 Leblanc(1997)在此基础上进一步考虑了森林结构中树冠分布的聚集性和树冠内介质的非均一性,发展了四尺度模型(2.3.3 节)。

2.3.2　Li-Strahler 几何光学模型

Li-Strahler 几何光学模型,刻画了四分量比例随观测几何变化而引起的离散植被冠层的二向性反射现象,特别是对热点效应有直观的表征。早期的 Li-Strahler 几何光学模型(Li and Strahler,1985,1986)将针叶林抽象为随机分布(泊松分布)的锥形树冠,用圆锥顶角和高度刻画树冠几何结构,且锥体的高度呈对数正态分布。在已知太阳入射角时,可由树冠的几何结构参数计算四个分量的面积比例,再根据树冠密度及四个分量的辐射亮度计算像元的整体辐射亮度。Li 和 Strahler(1992)进一步简化了树冠几何的表示,通过坐标轴转换将树冠简化为椭球体,因此,几何投影关系简洁,减少了计算的复杂性。为了使模型能适用于浓密森林,进一步考虑了入射和反射方向相互遮蔽或阴影重叠,发展了几何光学互遮蔽模型(GOMS)。图 2.5 表示了单个树冠的几何投影,其中,$\Gamma_v(\Gamma_i)$ 为视

线(入射)方向上椭球体在背景上的投影,即可见树冠(光照树冠)面积;$O(\theta_i,\theta_v,\varphi)$ 为视线与入射方向树冠投影重叠面积。

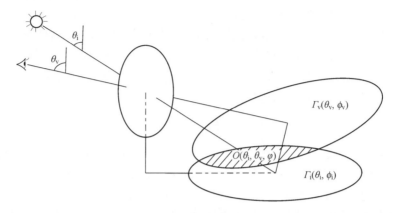

图 2.5　单个树冠入射与反射方向的投影及重叠(改自李小文、王锦地,1995)

假设像元内树冠随机分布,其密度为 λ,由 Boolean 原理可知,光照地面的概率为 $e^{-\lambda \Gamma_i}$,可视地面的概率为 $e^{-\lambda \Gamma_v}$。如果两者(Γ_i,Γ_v)独立,那么可见光照地面的概率则为两者乘积。考虑到两者之间存在重叠 $O(\theta_i,\theta_v,\varphi)$,那么可见光照地面的概率为 $e^{-\lambda[\Gamma_i+\Gamma_v-O(\theta_i,\theta_v,\varphi)]}$,据此可计算像元内四分量的面积比例:

$$
\begin{aligned}
K_g &= e^{-\lambda[\Gamma_i+\Gamma_v-O(\theta_i,\theta_v,\varphi)]}\\
K_c &= 1 - e^{-\lambda O(\theta_i,\theta_v,\varphi)}\\
K_t &= e^{-\lambda O(\theta_i,\theta_v,\varphi)} - e^{-\lambda \Gamma_v}\\
K_Z &= e^{-\lambda \Gamma_v} - e^{-\lambda[\Gamma_i+\Gamma_v-O(\theta_i,\theta_v,\varphi)]}
\end{aligned}
\tag{2.12}
$$

2.3.3　四尺度几何光学模型

四尺度几何光学模型是 Chen 和 Leblanc 于 1997 年提出,认为影响森林植被冠层二向反射特性的植被冠层结构可以表述成四个尺度(Chen and Leblanc,1997),即树冠群落(tree groups)、树冠(tree crowns)、树枝(branches)和叶簇(shoots)。若从模型描述场景的细致程度而言:一尺度指浑浊介质;二尺度指树冠尺度随机分布及树冠内尺度为浑浊介质;三尺度指树冠内浑浊介质而树冠非随机分布;四尺度指考虑树冠内结构且树冠为非随机分布(图 2.6)。因此,连续植被可视为一尺度模型,Li-Strahler 几何光学模型视为二尺度模型,在二尺度模型基础上,引入树冠空间分布不均一的特点则是三尺度几何光学模型,如果再进一步考虑树冠内的介质分布不均一性,则可以理解为四尺度几何光学模型。

与 Li-Strahler 几何光学模型相比,四尺度模型的特点在于:①通过纽曼分布来描述树冠的聚集效应;②认为树冠之间存在相互遮蔽,并可用负二项分布和纽曼分布来描述;③利用冠层间的间隙率大小(gap size)分布反映光照土壤背景的亮度及热点效应;④树枝结构以一简单的角度辐射透过函数(angular radiation penetration)来刻画对二向反射的影响;⑤树冠表面由若干亚结构组成,这些亚结构本身同样相互遮挡并形成热点。因此,对于四尺度模型可简单理解为在二尺度模型的基础上增加考虑了两个尺度的聚集效应,

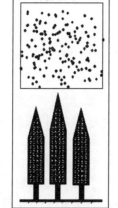
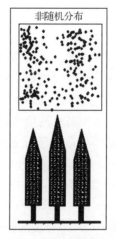
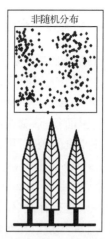

(a) 一尺度：浑浊介质　(b) 二尺度：树冠尺度随机分　(c) 三尺度：树冠内浑浊　(d) 四尺度：树冠内有
　　　　　　　　　　布及树冠内尺度为浑浊介质　　介质而树冠非随机分布　　结构且树冠为非随机分布

图 2.6　四种尺度的辐射传输模型示意图(Chen and Leblanc，1997)

即以纽曼分布刻画的像元内树冠的群聚效应和通过聚集指数描述的树冠内聚集效应。

1. 树冠群聚效应

四尺度模型采用 A 型纽曼分布(Neyman type A)来描述树冠在空间上的群聚分布，在像元内，树冠聚集成若干群丛(groups)，树冠群的中心在空间上满足泊松分布(假设像元内的树冠群均值为 m_1)，每个树冠群所具有的树冠数量也满足泊松分布(假设树冠群内树木均值为 m_2)。因此，A 型纽曼分布也称为双泊松分布。在一个像元内具有 i 颗树冠($i=0,1,2,\cdots$)的概率 P_N 表达为

$$P_N(i;m_1;m_2) = \mathrm{e}^{-m_1}\frac{m_2^i}{i!}\sum_{j=1}^{\infty}\frac{\left[m_1\mathrm{e}^{-m_2}\right]^j}{j!}j^i \tag{2.13}$$

式中，j 为树冠群的个数。

2. 树冠内聚集效应

树冠内聚集体现在叶子的非随机分布，除具有叶倾角分布外，在树枝上还呈现聚集效应，以树枝聚集指数 Ω_e 描述，并基于 Ω_e 形成树冠内孔隙率，以此计算地表的可视概率。定义考虑树冠内聚集的孔隙率为

$$P_{gap}(\theta_v) = \mathrm{e}^{-G(\theta_v)L_0\Omega_e/\gamma_e} \tag{2.14}$$

式中，$G(\theta_v)$ 为单位体积内叶面积在 θ_v 方向的投影，取决叶倾角分布；γ_e 为树叶对树枝的面积比例。

四尺度几何光学模型与针叶光谱模型(leaf incorporating biochemistry exhibiting reflectance and transmittance yields，LIBERTY)(Dawson et al.，1998)结合，称为五尺度(5-scale)模型(Leblanc and Chen，2000)，与 PROSAIL 模型类似，这一联合模型被广泛应用于森林光谱和方向反射、生化和结构参数反演等方面的研究。

2.3.4 行播作物模型

行结构地表常见于农作物种植区,种植结构采用行播结构,在封垄以前,植被具有明显的垄行结构。Jackson 等(1979)为行结构作物提出了将行抽象为矩形这一简单几何投影模型。Kimes 等利用实心无限长箱体来近似作物垄,计算了相对于某个观测方向的四分量投影面积,认为投影面积是观测角度、行间距、行高、行宽、行方向和太阳天顶角与方位角等要素的函数,因此模型适用于任意观测方向,并利用棉花的测量数据进行了验证(Kimes,1983;Kimes and Kirchner,1983)。

然而,由于 Kimes 模型没有考虑垄内间隙率的影响,在测量时需要采用"平均"垄宽和垄高来进行补偿(Kimes and Kirchner,1983)。根据实际测量的结果,在作物生长的过程中,叶面积指数相对较小时,不考虑间隙率将带来较大的误差,特别是在顺垄观测时误差尤其明显。因此,垄内的间隙率是影响反射方向性的一个重要因素。姚延娟等(2005)针对行播作物热辐射的双向间隙率模型(阎广建等,2002)进行修改,发展了可适用于可见光近红外波段的双向间隙率行播作物模型。该模型考虑了太阳和观测两个方向的平均间隙率,利用重叠函数描述了太阳方向与观测方向间的相关程度,基本上抓住了行播作物反射的方向性变化趋势,并能够较好地描述热点现象。

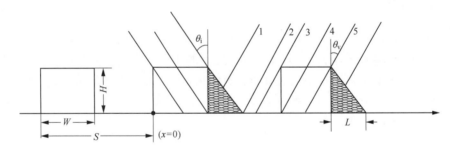

图 2.7 双向间隙率分段图示(据姚延娟,2007)

基于双向间隙率的行播结构可以表示为周期为 3 垄 5 段结构(图 2.7),在这 5 段中,基于双向间隙率模型和冠层结构参数,分别计算光照土壤、阴影土壤、光照植被和阴影植被四分量的反射/辐射亮度,然后累加,形成改进后的行播作物双向间隙率模型:

$$R(\theta_i, \theta_v, \varphi) = (1-d)\left(\sum_{n=1}^{5} P_n(K_{g\_s}(n) \times \rho_g + K_{c\_s}(n) \times \rho_c)\right)$$
$$+ d\left(\sum_{n=1}^{5} P_n(K_{g\_d}(n) \times \rho_z + K_{c\_d}(n) \times \rho_t)\right) + \rho_{multi} \qquad (2.15)$$

式中,d 为天空光散射比例因子;P_n 表示一个行周期中上述各段面积占总面积的比例,n 对应的取值为 1、2、3、4、5;K_{g_s} 和 K_{c_s} 是基于双向间隙率(太阳与观测方向)的一个行周期中被直射光照的光照土壤与光照叶子的比例;K_{g_d} 和 K_{c_d} 是基于单向间隙率进行计算的(观测方向)一个行周期中被散射光照到的土壤与叶子的比例;ρ_g、ρ_c、ρ_z 和 ρ_t 分别为光照土壤、光照植被、阴影土壤和阴影植被各组分等效反射率;ρ_{multi} 为多次散射项。

2.4　物理模型——混合模型

2.4.1　模型概述

正如前面讨论的,辐射传输模型往往将地物作为一个体散射体,其优点是考虑了多次散射,对于均匀植被冠层具有较好的二向反射特性拟合能力,但模型复杂,通常仅能得到数值解。而几何光学模型强调已知几何结构和一定规则排列的几何体,反射率是地物自阴影函数,抓住了一次散射的作用,模型简单,但在植被趋于连续、阴影区与非阴影区之间反差较小时,由于缺少对多次散射的考虑,没有辐射传输模型严密。将辐射传输模型和几何光学模型在不同尺度上的优势结合起来的模型,称为混合模型。混合模型模糊了严格界定辐射传输模型和几何光学模型的边界,通常以几何光学模型计算地物的一次散射作用,而利用辐射传输模型计算地物的多次散射作用。

混合模型从构建的过程来看,通常分为两类:第一类是以辐射传输模型为基础,引入相互遮蔽阴影函数(William,1966)和双向间隙率模型(Nilson and Kuusk,1989)等利用几何光学理论解决辐射传输模型中的热点问题;第二类是以几何光学模型为基础,通过引入辐射传输模型解决植被的多次散射特性(Li et al.,1995)。本节将以 Nilson-Kuusk 模型和几何光学辐射传输模型为例,阐述混合模型在描述地表二向反射特性中的基本原理。

2.4.2　Nilson-Kuusk 模型

热点现象的产生是由于冠层内的散射体——叶片具有一定的几何尺度,造成散射体空间分布的不随机性和间断性,使辐射场分布与随机粒子介质相比有一定差别。简单来说,叶片这一类散射体有光照面和阴影面区分,且存在相互遮蔽,在入射和出射方向重叠时看到叶片的光照面最大。但是,传统的辐射传输方程描述的浑浊介质中的随机粒子(如大气中的气体分子和气溶胶)并不存在相互遮挡,虽然在描述介质内的多次散射上取得了成功,但对热点现象解释往往不够。Nilson-Kuusk 基于 Kussk 模型,在辐射传输方程中引入了双向间隙率,从而在叶片尺度上解释了热点效应(Nilson and Kuusk,1989)。模型中的一次散射项是建立在入射和出射方向的可视概率基础之上的,理论类似于几何光学模型;而多次散射项需要基于辐射传输理论求解。因此,Nilsson-Kussk 模型在一定程度上属于辐射传输理论与几何光学原理相结合的混合模型。

设 $P(\Omega_i,z)$ 和 $P(\Omega_v,z)$ 为植被冠层高度 z 处的入射和出射方向上的间隙率,则双向间隙率 Q 是出射和入射两个方向上间隙率的联合概率。由于在真实的植被中,入射和出射方向的间隙率不完全独立,由此导致了热点效应的产生。Kussk 将带有热点订正项 C_{Hotspot} 的双向间隙率表示如下(Kuusk,1985)

$$Q(\Omega_i,\Omega_v,z) = P(\Omega_i,z)P(\Omega_v,z)C_{\text{Hotspot}}(\Theta,z)$$

$$P(\Omega_i,z) = \exp\left[-\int_0^z \frac{G(\Omega_i)}{\mu_i}u_L(z')\mathrm{d}z'\right]$$

$$P(\Omega_v,z) = \exp\left[-\int_0^z \frac{G(\Omega_v)}{\mu_v}u_L(z')\mathrm{d}z'\right]$$

$$C_{\text{Hotspot}}(\Theta, z) = \exp\left\{\int_0^z \sqrt{\frac{G(\Omega_i)G(\Omega_v)}{\mu_i \mu_v}} u_L(z') Y_{\xi(\Omega_i, \Omega_v)} \left[(z-z')\Delta(\Omega_i, \Omega_v)\right] \mathrm{d}z'\right\}$$

$$(2.16)$$

式中，$G(\Omega)$ 是描述单位叶面积在 Ω 方向的投影；$u_L(z)$ 由叶片体密度来定义；$Y_{\xi(\Omega_i, \Omega_v)}$ 为交相关函数，与几何光学模型中的重叠函数意义类似。在获得双向间隙率之后，Nilsson-Kussk 模型(Nilson and Kuusk,1989)的冠层反射率可表示为植被的一次散射(R_c^1)，土壤的一次散射(R_g^1)和植被、土壤之间的多次散射(R^m)的线性组合：

$$R = R_c^1 + R_g^1 + R^m \tag{2.17}$$

其中，

$$R_c^1 = \int_0^H \frac{\Gamma_L(\Omega_i, \Omega_v, z)}{\mu_i \mu_v} u_L(z) Q(\Omega_i, \Omega_v, z) \mathrm{d}z$$

$$R_g^1 = R_{\text{soil}}(\Omega_i, \Omega_v) Q(\Omega_i, \Omega_v, z)$$

式中，Γ_L 为植被冠层介质的散射相函数；土壤的二项反射率 R_{soil} 使用的是 Walthall 模型(Walthall et al.,1985)；R^m 通过迭代方法逐次计算，第 n 次散射的源为 $n-1$ 次散射。

2.4.3 GORT 模型

为了充分利用几何光学模型在解释阴影投射面积和地物表面空间相关性上的优势，和辐射传输模型在解释均匀介质中多次散射上的优势，分两个层次来建立承照面和阴影区反射辐射强度。对于群体本身认为是具有一定几何形状和空间分布特征植株的集合，采用几何光学理论来描述阴影(一次散射)的影响。而对群体的每一组分认为是光学特性已知的吸收和散射体，利用混浊介质辐射传输理论来估算多次散射的影响。

而几何光学模型和辐射传输模型衔接的关键是间隙率模型，李小文等建立了离散植被冠层的间隙率模型(Li and Strahler,1988)，并联合几何光学模型和辐射传输模型发展了 GORT 模型(Li et al.,1995)。在该模型中，利用间隙率及传输路径高度分布，可以获取直射光在植被冠层沿高度分布的单次散射和多次散射，并定义开放度系数解决了冠层和天空光漫散射的相互作用(Li et al.,1995)。因此，间隙率和开放度系数是几何光学和辐射传输混合模型的两个关键因素，限于篇幅，本节不对如何构建混合模型作细致阐述，而仅对间隙率及开放度系数作一介绍，相关内容读者可查阅 GORT 模型的建模过程(Li et al.,1995)。

1. 间隙率

间隙率定义为光子不与冠层发生作用而直接穿过冠层的概率(Li and Strahler,1988)。离散冠层的间隙率模型表达为

$$P_{\text{gap}} = P(0) + \sum_{n=1}^{\infty} P(n) \int_0^{\infty} p(s \mid n) \mathrm{e}^{-\tau s} \mathrm{d}s \tag{2.18}$$

式中，$P(0)$ 为未穿过任何树冠的概率；$P(n)$ 为穿过 n 棵树的概率；s 为光线穿过树冠的平

均路径长度；τ 是由树冠内部结构决定的消光系数；$p(s \mid n)$ 为 s 的分布概率。这一间隙率模型简化了三维空间中复杂边界条件下求解的复杂性，在实际应用中不需知道水平面上每一点的辐射强度，而只要知道一个像元上的平均值。因此，如果知道了穿越基本颗粒路径随高度的分布及入射路径与逸出路径的相关性，可以计算直射光在冠层中沿高度分布的单次散射，从而能根据一次散射的分布依次计算二次和多次散射在植被内的分布。

相比于连续植被直射光是在冠层顶部开始入射，非连续植被的直射光可在冠层不同高度入射，设在高度 h 到 $h - \Delta h$ 之间，未经衰减和散射入射直射光的比例 $p_{s=0}(h)$ 为

$$p_{s=0}(h) = p_{s=0}(0 \mid h) - p_{s=0}(0 \mid h - \Delta h) \tag{2.19}$$

式中，$p_{s=0}(0 \mid h)$ 表示在高度 h，进入植被的直射光比例；$p_{s=0}(0 \mid h - \Delta h))$ 表示在高度 $h - \Delta h$ 处，进入植被的直射光比例。

在已知 $p_{s=0}(h)$ 情况下，入射光一旦进入植被，就可以视为进入均一介质。知道了连续植被情况的 $p_{\text{cont}}(s \mid h)$，树冠半径和 λ_v（树冠分布高度间单位体积的球心数），可将连续植被 $p_{\text{cont}}(s \mid h)$ 转换为不连续植被 $p(s \mid h)$。那么任一高度的散射路径分布为

$$p_{\text{cont}}(s \mid h) = p_{s=0}(h + s\cos\theta) \tag{2.20}$$

显然，高度 h 处散射路径的长度分布取决于入射光在 h 以上高度进入植被的分布，即在 $h + s\cos\theta$ 处有多少光进入植被，在 h 处就有多少光沿路径 s 发生散射和衰减。

2. 离散冠层开放度

为了解决冠层与漫散射天空光的相互作用，GORT 模型中引入离散冠层开放度分布的概念，以了解冠层对天空光的开放程度。定义冠层内高度 h 的一个平面开放度为

$$K_{\text{open}}(h) = \int_0^{\pi/2} p(0 \mid h, \theta_i) \sin 2\theta_i \, \mathrm{d}\theta_i \tag{2.21}$$

显然，漫散射天空光进入 $h - \Delta h$ 到 h 薄层的比例为

$$\Delta K_{\text{open}}(h) = \int_0^{\pi/2} p_{s=0}(h, \theta_i) \sin 2\theta_i \, \mathrm{d}\theta_i \tag{2.22}$$

$\Delta K_{\text{open}}(h)/(1 - K_{\text{open}}(h))$ 表示其中不再继续散射而溢出冠层的向上辐射比例，如果忽略树枝并假设树冠关于 $(h_1 + h_2)/2$ 对称分布，则 $K_{\text{open}}(h_1 + h_2 - h)$ 表示从叶面到地面的散射，$K_{\text{open}}(h=0)$ 表示散射天空光穿过冠层，并不被冠层衰减而直接达到地面的比例。

2.5 经验/半经验模型

2.5.1 模型概述

早期，由于对地表二向反射的物理机制并不清晰，地表二向性反射模型的建立主要通过经验公式来拟合二向反射率的观测值，对观测到的数据作经验性的统计描述或相关分析。经验模型具有简单、易于计算的优点，但是模型的统计计算需要大量的实测数据。由

于物理机制不够明确,需要针对不同地物建立不同的模型。代表性的二向反射经验模型有 Minnaert 模型(Minnaert,1941)、Torrance 模型(Torrance and Sparrow,1967)、Shibayama 模型(Shibayama and Wiegand,1985)、Quadratic 模型(Royer et al.,1985;Kennedy et al.,1997)和 Walthall 模型及其改进形式(Walthall et al.,1985;Liang and Strahler,1994)。

半经验模型往往从物理模型中抓住的关键因子参数化而来,因此模型不仅具有一定的物理意义,还有简单易算的特点,其模型的复杂程度介于物理模型和经验模型之间,因此常被广泛应用(Wanner et al.,1995)。核驱动模型是应用最为广泛的二向性反射半经验模型,模型通过线性组合由辐射传输模型简化的体散射核和由几何光学模型简化的几何光学核而来(2.5.3 节)。此外,Hapke 模型(2.5.4 节)和 PRV/MPRV 模型(2.5.5 节)也常见于二向性反射半经验模型。

2.5.2 早期陆表二向反射特性经验模型

1. Minnaert 模型

Minnaert 模型是 Minnaert 于 1941 年提出并用于非朗伯体月球表面反射特性研究的模型(Minnaert,1941)。模型是天顶反射率 ρ_0、太阳入射天顶角 θ_i 和观测天顶角 θ_v 及参数 k 的函数,在行星天文学中被广泛应用。k 与地表粗糙度有关,对于月球表面而言,k 的取值范围为 $0\sim1$。当 $k=1$,表示各向同性反射。公式为

$$R(\theta_i,\theta_v) = \rho_0 \cos^{k-1}\theta_i \cos^{k-1}\theta_v \tag{2.23}$$

Minnaert 模型虽然形式简单,但没有考虑方位角因素,不足以刻画地表复杂的反射特性(Liang and Strahler,1994)。Hapke(1963)、Veverka 和 Wasserman(1972)在此基础上引入了方位角的影响对模型进行了改进。Pinty 和 Ramond(1986)用 Minnaeert 模型描述地球表面的二向反射特征,并引入大气单次散射,由此模拟地球大气层顶的二向反射。

2. Lommel-Seeliger 模型

Lommel-Seeliger 模型与 Minnart 模型相似,也是由行星天文学领域发展而来(Fairbairn,2005)。两者结构相似,模型参数相同,缺少方位角的变化,但 Lommmel-Seeliger 模型没有涉及表示地表非朗伯体特征的参数 k。公式为

$$R(\theta_i,\theta_v) = \rho_0 / (\cos\theta_i + \cos\theta_v) \tag{2.24}$$

3. Walthall 模型

Walthall 模型是由 Walthall 等基于可见光($0.5\sim0.6\mu m$)近红外($0.8\sim1.1\mu m$)波段大豆冠层反射率模拟数据提出的二向反射率与观测天顶角、观测方位角、太阳方位角的函数关系(Walthall et al.,1985)。模型可表示为

$$R(\theta_v,\phi_v,\phi_i) = a\theta_v^2 + b\theta_v\cos(\phi_v - \phi_i) + c \tag{2.25}$$

式中，a、b、c 为模型待求的经验系数。

Walthall 模型形式简单，同时考虑了方位角的影响，但本身并没有将太阳天顶角（solar zenith angle，SZA）作为影响植被冠层二向反射的特征之一，因此模型只能反应同一太阳角度下的方向反射特征。在 Walthall 的基础上，Nilson 和 Kuusk（1989）引入了太阳天顶角，且使模型具有了互易的特性，改进的 Wathall 模型含有 4 个待定系数 a、b、c、d。公式为

$$R(\theta_i, \theta_v, \phi_v, \phi_i) = a(\theta_i^2 + \theta_v^2) + b\theta_i^2\theta_v^2 + c\theta_i\theta_v\cos(\phi_v - \phi_i) + d \quad (2.26)$$

Liang 和 Strahler（1994）在 Walthall 改进模型的形式上，再加入了含有两个变量（c_1，c_2）的 e 指数热点项，使模型能够刻画热点效应。因此，若太阳入射和传感器观测角度足够多时，通过最小二乘拟合 Walthall 模型的 6 个系数，便可以较好地描述陆表二向反射特征。公式为

$$R(\theta_i, \theta_v, \phi_v, \phi_i) = a(\theta_i^2 + \theta_v^2) + b\theta_i^2\theta_v^2 + c\theta_i\theta_v\cos(\phi_v - \phi_i) + d + c_1 e^{-c_2\tan(\pi-\xi)} \quad (2.27)$$

2.5.3 核驱动模型

核驱动模型充分利用了辐射传输模型在描述体散射特性上的优势和几何光学模型在刻画面散射特性的优势，是两种模型的线性混合。模型分别将辐射传输模型和几何光学模型中与角度相关的变量组合形成互易的体散射核和几何光学核，并将模型中与方向无关的变量分离作为常数，称为各向同性核。模型可表达为由朗伯散射的各向同性核、面散射的几何光学核和浑浊介质散射的体散射核线性加权（Roujean et al.，1992）：

$$R(\theta_i, \theta_v, \phi, \lambda) = f_{iso}(\lambda) + f_{geo}(\lambda)k_{geo}(\theta_i, \theta_v, \phi, \lambda) + f_{vol}(\lambda)k_{vol}(\theta_i, \theta_v, \phi, \lambda) \quad (2.28)$$

式中，R 为地表二向反射率；k_{geo} 为几何光学核；k_{vol} 为体散射核；f_{iso}、f_{geo}、f_{vol} 分别为三个核的核系数。无论是体散射核还是几何光学核，在太阳和传感器的天顶角为 0°时，它们的核值为 0。因此，f_{iso} 也表示了在太阳和传感器天顶角为 0 时的反射率。核驱动模型的线性方程求解可以通过最小二乘法拟合，简单且运算速度快，因此，被广泛应用于卫星遥感 BRDF/Albedo 反演及产品生成，如 MOIDS 反照率（Strahler et al.，1999；Lucht et al.，2000；Schaaf et al.，2002）、POLDER 反照率（Lacaze，2006；Lacaze and Maignan，2006）、CYCLOPES 反照率（Geiger and Samain，2004）和 Geoland 1&2 反照率（Lacaze，2002，2011）等。

对于式（2.28）表示的核驱动模型可以由多种几何光学核和体散射核组合而成，不同的核组合可以描述不同地表类型的反射特性。常用的几何光学核有 RoujeanGeo 核（Roujean et al.，1992），基于 Li-Strahler 几何光学模型得到的 Li 系列核如 Li-Sparse 核（Wanner et al.，1995）、Li-Dense 核（Wanner et al.，1995）和 Li-SparseR 核（Lucht et al.，2000）；常用的体散射核有基于 Ross 辐射传输理论（Ross，1981）发展的 Ross-Thin 核（Wanner et al.，1995）和 Ross-Thick 核（Roujean et al.，1992），在 Ross-Thick 基础上加入 Bréon 热点模型（Bréon et al.，2002）的 Ross-Hotspot 核（Maignan et al.，2004）。下面列出了常用的几种核模型。

1) RoujeanGeo 核

$$k_{\mathrm{Rj}} = \frac{1}{2\pi} \big[(\pi - \varphi)\cos\varphi + \sin\varphi \big] \tan\theta_{\mathrm{i}} \tan\theta_{\mathrm{v}} - \frac{1}{\pi} (\tan\theta_{\mathrm{i}} + \tan\theta_{\mathrm{v}} + D) \qquad (2.29)$$

式中, $D = \sqrt{\tan\theta_{\mathrm{i}}^2 + \tan\theta_{\mathrm{v}}^2 - 2\tan\theta_{\mathrm{i}}\tan\theta_{\mathrm{v}}\cos\varphi}$ 。

2) Li-Sparse 核

$$k_{\mathrm{LS}} = O - \sec\theta'_{\mathrm{i}} - \sec\theta'_{\mathrm{v}} + \frac{1}{2}(1 + \cos\xi')\sec\theta'_{\mathrm{v}} \qquad (2.30)$$

式中,

$$O = \frac{1}{\pi}(t - \sin t \cos t)(\sec\theta'_{\mathrm{i}} + \sec\theta'_{\mathrm{v}})$$

$$\cos t = \min\left(1, \frac{h}{b} \frac{\sqrt{D'^2 + (\tan\theta'_{\mathrm{i}}\tan\theta'_{\mathrm{v}}\sin\varphi)^2}}{\sec\theta'_{\mathrm{i}} + \sec\theta'_{\mathrm{v}}}\right)$$

$$D' = \sqrt{\tan^2\theta'_{\mathrm{i}} + \tan^2\theta'_{\mathrm{v}} - 2\tan\theta'_{\mathrm{i}}\tan\theta'_{\mathrm{v}}\cos\varphi}$$

$$\cos\xi' = \cos\theta'_{\mathrm{i}}\cos\theta'_{\mathrm{v}} + \sin\theta'_{\mathrm{i}}\sin\theta'_{\mathrm{v}}\cos\varphi$$

$$\theta'_{\mathrm{i}} = \arctan\left(\frac{b}{r}\tan\theta_{\mathrm{i}}\right)$$

$$\theta'_{\mathrm{v}} = \arctan\left(\frac{b}{r}\tan\theta_{\mathrm{v}}\right)$$

3) Li-SparseR 核

$$k_{\mathrm{LSR}} = O - \sec\theta'_{\mathrm{i}} - \sec\theta'_{\mathrm{v}} + \frac{1}{2}(1 + \cos\xi')\sec\theta'_{\mathrm{i}}\sec\theta'_{\mathrm{v}} \qquad (2.31)$$

式中参数与 Li-Sparse 相同。

4) Li-Dense 核

$$k_{\mathrm{LDn}} = \frac{(1 + \cos\xi')\sec\theta'_{\mathrm{v}}}{\sec\theta'_{\mathrm{i}} + \sec\theta'_{\mathrm{v}} - O(\theta_{\mathrm{i}}, \theta_{\mathrm{v}}, \varphi)} - 2 \qquad (2.32)$$

式中参数与 Li-Sparse 相同。

5) Ross-Thin 核

$$k_{\mathrm{Thin}} = \frac{(\pi/2 - \xi)\cos\xi + \sin\xi}{\cos\theta_{\mathrm{i}}\cos\theta_{\mathrm{v}}} - \frac{\pi}{2} \qquad (2.33)$$

式中, ξ 为相位角, $\cos\xi = \cos\theta_{\mathrm{i}}\cos\theta_{\mathrm{v}} + \sin\theta_{\mathrm{i}}\sin\theta_{\mathrm{v}}\cos\varphi$ 。

6) Ross-Thick 核

$$k_{\mathrm{Thick}} = \frac{(\pi/2 - \xi)\cos\xi + \sin\xi}{\cos\theta_{\mathrm{i}} + \cos\theta_{\mathrm{v}}} - \frac{\pi}{4} \qquad (2.34)$$

7) Ross-Hotspot 核

$$k_{\mathrm{Hs}} = \frac{4}{3\pi} \frac{(\pi/2 - \xi)\cos\xi + \sin\xi}{\cos\theta_{\mathrm{i}} + \cos\theta_{\mathrm{v}}} \times \left[1 + \left(1 + \frac{\xi}{\xi_0}\right)^{-1}\right] - \frac{1}{3} \qquad (2.35)$$

式中，ξ_0 一般变化范围为 $1°\sim2°$，可固定取值为 $1.5°$。

2.5.4 Hapke 模型

Hapke 模型最初见于描述行星地物目标表面的角散射特性（Hapke，1981；Hapke and Wells，1981），针对密实分布的散射体，并考虑多次散射与相互遮挡。目前已常用于描述陆表土壤的二向反射特性和土壤物理特性的反演（Jacquemoud et al.，1992）。设入射光源为从 Ω_i 入射的太阳光，假设传感器接收的辐射亮度包括直射光经过一次散射进入 Ω_v 方向的单次散射辐射亮度和经过粒子多次散射进入 Ω_v 方向的散射辐射亮度，则对应的单次散射和多次散射的反射率之和即为 Hapke 模型（2.36）。在模型中，对于单次散射用 Lommel-Seeliger 函数和表示非均一散射的相函数 $P(g)$ 计算，并满足热点效应；而对于多次散射，认为相函数 $P(g)$ 半无限介质中的敏感性远不如单次散射（Chandrasekhar，1960），假设粒子为各向同性散射（即 $P(g)=1$），通过二流近似计算并用 Chandrasekhar 函数 H 表示：

$$R(\mu_i,\mu_v,g)=\frac{\omega}{4}\frac{1}{\mu_i+\mu_v}\{[1+B(g)]P(g)+H(\mu_i)H(\mu_v)-1\} \qquad (2.36)$$

式中，μ_i 和 μ_v 表示入射和出射角的余弦；g 为散射角；ω 为单次散射反照率；$B(g)=\dfrac{B_0}{1+(1/h)\tan(g/2)}$ 为后向散射函数，B_0 和 h 代表了热点的强度和宽度（Hapke，1986）的经验系数。$B_0=\dfrac{S(0)}{\omega P(0)}$，介于 0 和 1 之间，其中，$S(0)$ 表示在散射角为 0 时接近介质散射体表面散射的比例。h 为在热点峰值的半最大角宽度。相函数 $P(g)=1+b\cos g+c[(3\cos^2 g-1)/2]$，Chandrasekhar 函数 $H(\mu)=\dfrac{1+\mu}{1+2\mu\sqrt{1-\omega}}$。

在此基础上，Hapke 进一步对模型进行了改进，如对宏观粗糙度的订正（Hapke，1984），消光系数和热点效应的参数化（Hapke，1986），对 H 函数更精确的表达、各向异性散射粒子的多次散射改进和热点项修改（Hapke，2002），引入孔隙率（Hapke，2008）等。在 Hapke（1981，1986）模型的基础上，Liang 和 Townshend（1996）将传感器接收的辐射分为单次散射、二次散射和多次散射，改进最初 Hapke 模型使用的由各向同性来近似多次散射，由于描述两次散射部分，准确性与原来的 Hapke 模型相比提高了很多。在多次散射反射率可用 H 函数近似、单次散射和二次散射反射率精确计算时，改进的 Hapke 模型能较好地拟合实验室和行星测量数据，在土壤和外星球行星探测方面有广泛的应用。

Hapke 模型描述的是诸如土壤这种散射体均匀分布的半无限介质，如果是植被冠层，由于叶片是一个具有朝向的平面，我们无法简单地将其抽象为叶片组成的半无限介质。因此，Verstraete 等（1990）、Pinty 等（1990）在 Hapke 模型中加入了植被结构（叶片朝向、叶面积密度、叶片大小及叶片间距）来描述植被的各向异性散射，称为 VPD 模型（Verstraete-Pinty-Dickinson model）：

$$R(\mu_i,\mu_v,g,\Theta)=\frac{\omega}{4}\frac{\kappa_i}{\kappa_i\mu_v+\kappa_v\mu_i}[P_v(g)P(\Theta,g)+H(\mu_i/\kappa_i)H(\mu_v/\kappa_v)-1]$$

$$(2.37)$$

式中，κ_i 为叶面法线与入射方向夹角余弦的均值；κ_v 为叶面法线与出射方向夹角余弦的均值；$P_v(g)$ 为描述辐射在入射和出射方向传输的函数，包含了热点效应；$P(\Theta,g) = \dfrac{1-\Theta^2}{[1+\Theta^2-2\Theta\cos(\pi-g)]^{3/2}}$ 为 Henyey-Greenstein 散射相函数（Henyey and Greenstein，1941），Θ 为不对称因子，其取值范围为 $-1\sim1$，决定了前向散射（$0\leqslant\Theta\leqslant1$）和后向散射（$-1\leqslant\Theta\leqslant0$）的相对量（Rahman et al. ，1993）。

2.5.5 RPV/MRPV 模型

RPV（Rahman，Pinty and Verstraete model）模型为三参数的半经验二向性反射模型，其中，三个参数分别为天顶方向入射/观测的反射率 ρ_0，不对称因子 Θ 和参数 k（Rahman et al. ，1993）。RPV 在 Minnaert 经验模型的基础上加入 Henyey-Greenstein 散射相函数 $P(\Theta,g)$ 及热点效应项 $h(\rho_0,G)$，使之与实际的二向反射更加吻合，被应用于 Meteosat 反照率产品的业务化生产中（Pinty et al. ，1998，2000）。RPV 模型可表示为

$$R(\theta_i,\theta_v,\varphi_i,\varphi_v,\Theta) = \rho_0 \frac{\cos^{k-1}\theta_i\cos^{k-1}\theta_v}{(\cos\theta_i+\cos\theta_v)^{k-1}}P(\Theta,g)h(\rho_0,G) \tag{2.38}$$

式中，

$$P(\Theta,g) = \frac{1-\Theta^2}{[1+\Theta^2-2\Theta\cos(\pi-g)]^{3/2}}$$

$$h(\rho_0,G) = 1 + \frac{1-\rho_0}{1+G}$$

$$G = (\tan^2\theta_i + \tan^2\theta_v - 2\tan\theta_i\tan\theta_v\cos\varphi)^{1/2}$$

相对于 PRV 模型，MPRV（modified PRV model）模型是将 PRV 模型中的散射相函数 $P(\Theta,g)$ 替换为 $P(b,g) = \exp(b\cos g)$（Diner et al. ，1999）。该模型依旧包含三个参数（ρ_0,k,b），但是可以将函数线性化（即对方程两边取对数），适合于线性最小二乘拟合反演参数。

2.6 计算机模拟模型

2.6.1 模型概述

计算机模拟模型是利用计算机图形学方法对地表真实场景进行模拟，精确计算复杂场景的辐射分布，从而模拟场景的二向反射特性。在野外观测数据不足时，计算机模拟模型可以作为一种有效的补充手段，用户可以预先设置场景，获取所需场景的二向性反射特性。但计算机模拟模型并非可取代野外测量和传统的物理或经验模型，模拟模型本身需要大量参数驱动，且这种基于计算机渲染的反演并不实用（Disney et al. ，2000）。

计算机模拟模型通常由两个关键部分组成：①场景生成，根据算法或模型来构建真实场景（Disney et al. ，2000），如三维扫描方法（Room et al. ，1996）、手动测量（Lewis，1999）、植物生长模型（Room et al. ，1996；De Reffye et al. ，1997）等；②场景的辐射场计

算,依据蒙特卡罗光线追踪方法(Monte Carlo ray tracing,MCRT)或基于辐射度方法求解场景的辐射传输方程。因此,计算机模拟模型根据场景的辐射传输计算方法,可分为基于蒙特卡罗光线追踪的计算机模拟模型和基于辐射度方法的计算机模拟模型。

2.6.2 蒙特卡罗光线追踪模型

光线追踪,又称为光迹追踪或光线追迹,核心思想是跟踪进入场景的光线传输轨迹,确定光线在场景内与哪些景物元素发生相交,并根据相交景物元素的光学特性确定其对入射光线产生的反射、透射光线的方向和光强。蒙特卡罗方法又称统计模拟法,通过统计随机过程来对问题进行求解,可以分成两类:一是所求解问题本身具有内在的随机性,可借助计算机产生的随机数直接模拟该随机过程;二是所求解问题为复杂的多维积分问题,可以将问题转化为某种随机分布的特征数。光线追踪模型的基础是对光子路径采样,如何采取有效的采样策略成为问题关键。蒙特卡罗方法是光线追踪过程中路径选择及其他方面的基础(Disney et al. ,2000)。

将蒙特卡罗方法运用于光线追踪中,光子的每次散射行为本身就是一个随机过程,二向反射率可认为是对大量由方向 Ω_i 入射的光子从方向 Ω_v 出射概率的统计,通过对光子路径采样实现对光源到传感器所有可能光子路径的积分。式(2.39)刻画了某一面元的方向反射辐射亮度,蒙特卡罗方法对场景内所有面元间的相互作用进行采样,将式子的积分过程转换为无穷级数之和(Disney et al. ,2000)。因此,蒙特卡罗适用于光子散射行为的模拟,能够有效获得场景辐射传输的通解:

$$L_v(\Omega_v,\lambda) = \int_{2\pi} L_i(\Omega_i,\lambda) f_r(\Omega_i,\Omega_v,\lambda)\cos\theta_i \mathrm{d}\Omega_i \qquad (2.39)$$

蒙特卡罗光线追踪是较早用于计算机模拟模型来计算场景辐射传输过程的方法,在模拟场景的反射率上有非常多的应用,如用在土壤(Cooper and Smith,1985)、植被(Ross and Marshak,1988)和森林场景(North,1996)的二向反射特性模拟。代表性的模型有 DART 模型(Gastellu-Etchegorry et al. ,2004)、RAYTRAN 模型(Govaerts and Verstraete,1998)、PARCINOPY 模型(Chelle,1997)和 RAYSPREAD 模型(Widlowski et al. ,2006)等。

读者可通过阅读 4.2 节进一步了解蒙特卡罗光线追踪方法在植被冠层二向反射特性计算机模拟中的应用。

2.6.3 辐射度模型

辐射度模型由热辐射工程中的能量传递和守恒理论发展而来,描述的是在封闭环境中的能量经多次反射以后,最终会达到的一种平衡状态。这种能量平衡状态可以用系统方程来定量表达,一旦得到辐射度系统方程的解,便可得到每个景物表面的辐射度分布,因此辐射度方法是一种整体求解技术。早期辐射度原理主要用于计算机图形学中,Borel 和 Gerstl 等将其引入遥感领域,研究植被冠层反射率的计算(Borel et al. ,1991;Gerstl and Borel,1992;Borel and Gerstl,1994)。以辐射度方法为理论基础发展而来的典型计算机模拟模型是 DIANA 模型(Goel et al. ,1991)和 RGM 模型(Qin and Gerstl,2000)。

用辐射度模型模拟植被冠层反射率,往往以形状因子刻画场景内的所有面元对之间的辐射作用,通过迭代方法求解场景的辐射传输方程组,进而得到场景中的辐射度分布和任意观测方向的二向反射。不仅全面考虑了光线与冠层之间相互作用的反射、透射、吸收和多重散射过程,以及冠层内部叶片之间和树冠相互之间的遮蔽现象,而且可以细致地模拟目标的各种形态及生长结构特征对光线作用的影响,克服了理论模型中过多简化和假设的缺点。

读者可通过阅读 4.3 节,了解以 RGM 模型为例介绍的辐射度方法在计算机模拟模型中的应用原理。

2.7 二向反射模型反演方法

如前面提到的物理模型、经验半经验模型和计算机模拟模型,通常可以理解为描述陆表二向反射特性的前向模型。所谓陆表二向反射特性遥感反演,是指基于二向反射模型从遥感影像数据中定量提取地表属性参数的过程,是定量遥感的本质。其根本问题在于用有限的观测数据去估计非常复杂的地表系统状态,往往表现为遥感观测数据所包含的信息不足以满足模型的精确反演,因此是不定解问题。

二向反射模型所表示的意义在于可以描述物体表面反射的方向性、表面结构和组分光谱之间的关系。可以概念性地表示为

$$R(i,v,\lambda,s) = f(i,v;r(\lambda),s) \qquad (2.40)$$

式中,i,v 表示入射和反射方向的矢量;λ 为波长或波段,$r(\lambda)$ 是组分材料的波谱特征,由于遥感像元多于一种构成材料,所以 $\lambda,r(\lambda)$ 是几种材料波谱构成的矢量;s 是描述空间结构参数的集合。显然,假定模型有 K 个结构参数,L 个组分材料,那么对单一波段来说,就有 $K+L$ 个参数。在反演时,一次观测,一个方程,无法求解出 $K+L$ 个未知数。如果增加波段数 N,前向模型的参数增至 $K+NL$,而观测增至 N,此时如只有一种材料波谱未知,未知数仍有 $K+N$ 个,依然无法得到定解。通过多角度遥感观测,从 M 个方向采样,在 N 个波段上可获得 $M \times N$ 个观测值,不难实现 $M \times N > K+NL$ 而达到反演的目的(李小文等,2001),即多角度多波段反演。因此,二向反射特性模型的有效反演,除受模型本身特点决定外,更多的是依赖于多角度遥感观测数据的信息量是否充分。具体而言,在反演过程中,还需要考虑以下几个问题:

(1) 信息量。要对遥感数据进行反演,首要问题是遥感影像中含有待反演的参数信息。信息量可以通过熵来定量化,进行数据噪声分析和模型参数敏感性分析,提高反演的精度。读者可以阅读第 6 章提出的角度信息量以及净信息指数,来理解信息量在反演地表二向反射特性中的作用。

(2) 模型可反演性。即使遥感观测数据信息量足够,但有些模型由于参数多且参数间的关系复杂、模型的输入与输出关系不是单映射,或者模型中模型参数非常不敏感等,都会造成反演困难,要么没有唯一解,要么解不稳定。

(3) 反演稳定性。有些反演算法对于没有噪声或噪声很小的数据可以得到较好的结果,但是如果在数据中含有一些噪声,反演结果就迅速偏离真实值,导致反演不稳定。这

时往往需要在反演中增加各种约束条件,提高反演结果的稳定性。

目前,遥感反演陆表二向反射的方法可以归结为两大类:一是基于前向模型直接反演地表二向反射;二是正向模型不参与反演,直接利用地面观测数据建立与待反演参数之间的经验关系。对于反演方法的选择,需要根据模型的复杂程度、数据质量、其他相关参数知识及对反演参数的精度要求等方面确定。

如果式(2.40)能直接推导该模型的反模型或者对其作简化后推导其反模型,便能直接利用观测数据进行反演,称为推导反演方法。模型往往具有一个解析表达式,物理意义明确,易于反演计算。但实际上式(2.40)表示的陆表二向反射前向模型一般都很难直接推导出其反演模型,但可基于正向模型,采用迭代优化的原则,最小化观测反射率与前向模型计算的反射率差异来获取最佳的反演结果,可称为优化算法;或基于正向模型,用大量实测的或者模拟的数据建立待反演参数空间与观测数据空间的查找表,并在观测数据空间建立某种相似度的度量关系,可称为查找表法。如果在反演过程中式(2.40)表示的陆表二向反射模型不参与反演,而在反演前,通过高质量的训练数据集建立观测的反射率数据与模型参数之间统计回归关系,以获取训练数据集之外的陆表二向反射特性,可称为统计回归方法。

2.7.1 优化算法

通常,基于多角度观测数据反演陆表二向反射特性,在满足反演计算的方向反射率与观测的方向反射率拟合误差最小时,认为模型达到了最佳的反演。如果用最小化代价函数来描述这种拟合误差,可称这种反演方法为优化算法。这种反演方法常用于经验或半经验前向模型,是目前多种卫星遥感 BRDF 产品生产中的核心算法。

以核驱动模型为例,假设 K 为核函数矩阵,e 为随机误差矢量,由 M 次观测的反射率向量 R_{obs} 来反演模型的 3 个核系数 F,构建线性方程组为

$$KF + e = R_{\text{obs}} \tag{2.41}$$

式中,

$$K = \begin{bmatrix} 1 & k_{\text{geo}}(\Omega_i^1, \Omega_v^1) & k_{\text{vol}}(\Omega_i^1, \Omega_v^1) \\ \vdots & \vdots & \vdots \\ 1 & k_{\text{geo}}(\Omega_i^M, \Omega_v^M) & k_{\text{vol}}(\Omega_i^M, \Omega_v^M) \end{bmatrix}, F = \begin{bmatrix} f_{\text{iso}} \\ f_{\text{geo}} \\ f_{\text{vol}} \end{bmatrix}, e = \begin{bmatrix} e^1 \\ \vdots \\ e^M \end{bmatrix}, R_{\text{obs}} = \begin{bmatrix} R(\Omega_i^1, \Omega_v^1) \\ \vdots \\ R(\Omega_i^M, \Omega_v^M) \end{bmatrix}$$

若已知噪声的协方差矩阵 C_e,可以写出 F 的代价函数:

$$\text{Cost}(F) = (K \cdot F - R_{\text{obs}})^{\text{T}} C_e^{-1} (K \cdot F - R_{\text{obs}}) \tag{2.42}$$

显然,若遥感观测的多角度数据信息量足够充分,以致可以满足式(2.41)表示的二向反射率精确反演时,优化算法具有较高的反演精度和稳定性。但实际上,由于受天气的影响,遥感观测的数据量往往不足以支持精确反演,因此,Li 等(2001)提出了引入先验知识可以较好地解决遥感观测数据信息量不足的问题,并就基于贝叶斯理论引入先验知识对减少反演不确定性的理论及应用作了详细的阐述。感兴趣的读者可以进一步阅读 5.2 节关于先验知识在地表二向反射特性和反照率反演中的作用。

贝叶斯反演的理论基础是贝叶斯推论,可以表达为

$$P(x \mid y) = P(y \mid x)P(x)/P(y) \tag{2.43}$$

式中,$p(x \mid y)$ 为已知事件 y 时 x 发生的条件概率;$p(y \mid x)$ 为已知事件 x 时 y 发生的条件概率;$p(x)$ 为不知道 y 以前对 x 发生概率的预测,也就是所谓的先验概率;分母 $p(y)$ 为归一化因子。

若将式(2.42)中反演参数 F 的先验知识表示为联合概率密度分布函数(joint probability density function) $P_F(F)$,则式(2.43)中的 $P(x)$ 为参数的先验知识 $P_F(F)$;$P(y \mid x)$ 为给定参数空间 F 条件下,模型对观测数据 R_{obs} 的先验预测 $P_R(R_{obs} \mid F)$;$P(y)$ 为观测数据 R_{obs} 的边际密度的先验知识 $P_R(R_{obs})$。于是,式(2.43)可以改写为

$$P(F \mid R_{obs}) = P_R(R_{obs} \mid F)P_F(F)/P_R(R_{obs}) \tag{2.44}$$

式中,$P_R(R_{obs}) = \int_F P_R(R_{obs} \mid F)P_F(F)\mathrm{d}V_F$,$\mathrm{d}V_F$ 是参数空间的微分。

将贝叶斯理论应用于先验知识反演二向反射率,需要获得在参数空间中 P_R 与 P_F 的积分。一个简单的方法是通过最大似然法来最小化代价函数。在式(2.44)的基础上,引入先验知识的代价函数可表示为

$$\begin{aligned}
\mathrm{Cost}(F) &= \mathrm{Cost}_0(F) + \mathrm{Cost}_p(F) \\
&= (K \cdot F - R_{obs})^{\mathrm{T}} C_e^{-1}(K \cdot F - R_{obs}) + (F - F_p)^{\mathrm{T}} C_p^{-1}(F - F_0)
\end{aligned} \tag{2.45}$$

式中,F_p 为先验知识(也称为背景场)给定的参数初值;C_p 为其协方差矩阵。该代价函数由两个部分组成:Cost_0 即式(2.42)由观测值决定,使反演结果与观测值拟合最好;Cost_p 由先验知识决定,使反演结果尽可能与先验值相近。C_e 和 C_p 取决于遥感产品和先验知识的相对精度,最终的反演结果为观测数据与先验知识的平衡,如果先验初值的误差比较大,那么反演最终估计值由观测拟合值决定。

迭代优化算法物理意义明确,但由于优化过程需要多次调用正向模型,因此计算速度慢、效率低,且很难保证优化算法能搜索到全局最优值,容易出现不稳定的反演结果。反演过程中为了缓和病态问题及提高迭代优化的效率,引入先验知识或其他约束条件,但需注意不准确的先验知识又会带来额外的误差。

2.7.2 其他反演方法

1. 查找表方法

并不是所有前向模型都可以写出模型的反函数,如前面提到的物理模型和计算机模拟模型,由于具有较多的模型参数,很难精确反演。这类模型的反演通常借助所谓查找表的反演方法,通过利用前向模型建立多维参数与二向反射率之间的对应关系,并用数据查找表的形式表示。反演时只需依据观测几何,通过查找表搜索出最接近观测值的模拟反射率,该模拟反射率所对应的参数集即为估计的参数。

对于查找表方法,由于不需要再直接调用模型,而将计算时间用于反演前的模型模拟和建表,省略了过多的反演时间,因而节省了计算量,可以有效地提高反演速度。但由于

查找表方法是将连续的物理模型离散化,离散化过程中模型参数空间采样的密度即是查找表的分辨率,它是查找表反演方法的一个精度限制条件。分辨率过粗,影响反演的精度,但分辨率很细,又影响建表的时间,特别是对于多参数模型,建立模型完备的查找表几乎不可能。

2. 统计回归方法

统计回归方法通常通过大量观测数据统计回归得到观测数据与地表参数的经验关系,如多元回归分析、机器学习方法、人工神经网络和贝叶斯网络等。考虑物理过程的正向模型,根据数据的特征直接建立反演公式,经验公式中的一些参数由训练数据回归得出。

经验回归模型简单且容易计算,对于与训练数据接近的数据一般能反演相对准确和稳定的结果。但由于地表状态复杂,经验回归系数因时因地而异,一种类型上的观测数据拟合的经验公式用到另外的数据上会带来较大的反演误差,外推能力差。因此,经验公式的拟合不仅需要大量的观测数据,还需要充分考虑训练数据集的代表性。

参 考 文 献

李静. 2007. 新疆棉花长势和旱情定量遥感监测模型和方法研究. 中国科学院遥感应用研究所博士学位论文

李小文,汪骏发,王锦地,等. 2001. 多角度与热红外对地遥感. 北京:科学出版社

李小文,王锦地. 1995. 植被光学遥感模型与植被结构参数化. 北京:科学出版社

阎广建,蒋玲梅,王锦地,等. 2002. 行播作物热辐射双向间隙率模型及验证. 中国科学(D辑),32(10):857-863.

姚延娟. 2007. 叶面积指数反演及不确定性研究. 中国科学院遥感应用研究所博士学位论文

姚延娟,阎广建,王锦地. 2005. 多光谱多角度遥感数据综合反演叶面积指数方法研究. 遥感学报,9(2):117-122

Allen W A, Gayle T V, Richardson A J. 1970. Plant-canopy irradiance specified by the Duntley equations. JOSA, 60(3):372-376

Allen W A, Richardson A J. 1968. Interaction of light with a plant canopy. JOSA, 58(8):1023-1028

Berk A, Bernstein L S, Robertson D C. 1987. MODTRAN: A moderate resolution model for LOWTRAN, Accession Number:ADA185384

Borel C C, Gerstl S A. 1994. Nonlinear spectral mixing models for vegetative and soil surfaces. Remote Sensing of Environment, 47(3):403-416

Borel C C, Gerstl S A, Powers B J. 1991. The radiosity method in optical remote sensing of structured 3-D surfaces. Remote Sensing of Environment, 36(1):13-44

Bréon F M, Maignan F, Leroy M, et al. 2002. Analysis of hot spot directional signatures measured from space. Journal of Geophysical Research: Atmospheres (1984-2012), 107(D16): AAC 1-1-AAC 1-15

Brown P, Pandolfo J. 1969. An equivalent-obstacle model for the computation of radiative flux in obstructed layers. Agricultural Meteorology, 6(6):407-421

Chandrasekhar S. 1960. Radiative Transfer. New York:Courier Dover Publications Ins

Charles-Edwards D, Thornley J. 1973. Light interception by an isolated plant a simple model. Annals of Botany, 37(4):919-928

Chelle M. 1997. Développement d'un modèle de radiosité mixte pour simuler la distribution du rayonnement dans les couverts végétaux. PhD thesis, Université de Rennes, 161

Chen J M, Leblanc S G. 1997. A four-scale bidirectional reflectance model based on canopy architecture. Transactions on Geoscience and Remote Sensing, IEEE, 35(5):1316-1337

Cooper K D, Smith J A. 1985. A Monte Carlo reflectance model for soil surfaces with three-dimensional structure.

Transactions on Geoscience and Remote Sensing, IEEE, (5): 668-673

Dawson T P, Curran P J, Plummer S E. 1998. LIBERTY—Modeling the effects of leaf biochemical concentration on reflectance spectra. Remote Sensing of Environment, 65(1): 50-60

De Reffye P, Blaise F, Houllier F. 1997. Modelling plant growth and architecture: Some recent advances and applications to agronomy and forestry. Acta Horticulture: Ⅱ Modelling Plant Growth, Environmental Control and Farm Management in Protected Cultivation, 456: 105-116

Dickinson R E, Zhou L, Tian Y, et al. 2008. A three-dimensional analytic model for the scattering of a spherical bush. Journal of Geophysical Research, 113(D20): D20113

Diner D J, Martonchik J V, Borel C, et al. 1999. MISR-Level 2 Surface Retrieval Algorithm Theoretical Basis, JPL D-11401, Revision E Jet Propulsion Laboratory. DOI:10. 1016/S1002-0160(11)60136-7

Disney M, Lewis P, North P. 2000. Monte Carlo ray tracing in optical canopy reflectance modelling. Remote Sensing Reviews, 18(2-4): 163-196

Duntley S Q. 1942. The optical properties of diffusing materials. JOSA, 32(2): 61-61

Egbert D D. 1977. A practical method for correcting bidirectional reflectance variations. http://docs. lib. purdue. edu/cgi/viewcontent. cgi? article=1204&context=lars symp[2014-08-20]

Fairbairn M B. 2005. Planetary photometry: The Lommel-Seeliger law. Journal of the Royal Astronomical Society of Canada, 99(3): 92-93

Ganguly S, Schull M A, Samanta A, et al. 2008. Generating vegetation leaf area index earth system data record from multiple sensors. Part 1: Theory. Remote Sensing of Environment, 112(12): 4333-4343

Gastellu-Etchegorry J, Martin E, Gascon F. 2004. DART: A 3D model for simulating satellite images and studying surface radiation budget. International Journal of Remote Sensing, 25(1): 73-96

Geiger B, Samain O. 2004. ATBD: Algorithm theoretical basis document albedo determination. http://postel. obs-mip. fr/IMG/pdf/CYCL ATBD-Alibedo 12. 0. pdf[2014-08-20]

Gerstl S A, Borel C C. 1992. Principles of the radiosity method versus radiative transfer for canopy reflectance modeling. Transactions on Geoscience and Remote Sensing, IEEE, 30(2): 271-275

Goel N S. 1988. Models of vegetation canopy reflectance and their use in estimation of biophysical parameters from reflectance data. Remote Sensing Reviews, 4(1): 1-212

Goel N S, Rozehnal I, Thompson R L. 1991. A computer graphics based model for scattering from objects of arbitrary shapes in the optical region. Remote Sensing of Environment, 36(2): 73-104

Govaerts Y M, Verstraete M M. 1998. Raytran: A Monte Carlo ray-tracing model to compute light scattering in three-dimensional heterogeneous media. Transactions on Geoscience and Remote Sensing, IEEE, 36(2): 493-505

Hapke B. 1981. Bidirectional reflectance spectroscopy: 1. Theory. Journal of Geophysical Research, 86 (B4): 3039-3054

Hapke B. 1984. Bidirectional reflectance spectroscopy: 3. Correction for macroscopic roughness. Icarus, 59 (1): 41-59

Hapke B. 1986. Bidirectional reflectance spectroscopy: 4. The extinction coefficient and the opposition effect. Icarus, 67(2): 264-280

Hapke B. 2002. Bidirectional reflectance spectroscopy: 5. The coherent backscatter opposition effect and anisotropic scattering. Icarus, 157(2): 523-534

Hapke B. 2008. Bidirectional reflectance spectroscopy: 6. Effects of porosity. Icarus, 195(2): 918-926

Hapke B W. 1963. A theoretical photometric function for the lunar surface. Journal of Geophysical Research, 68(15): 4571-4586

Hapke B, Wells E. 1981. Bidirectional reflectance spectroscopy: 1. Experiments and observations. Journal of Geophysical Research, 86(B4): 3055-3060

Henyey L G, Greenstein J L. 1941. Diffuse radiation in the galaxy. The Astrophysical Journal, 93: 70-83

Huang D, Knyazikhin Y, Dickinson R E, et al. 2007. Canopy spectral invariants for remote sensing and model applications. Remote Sensing of Environment, 106(1): 106-122

Huemmrich K. 2001. The GeoSail model: A simple addition to the SAIL model to describe discontinuous canopy reflectance. Remote Sensing of Environment, 75(3): 423-431

Jackson J, Palmer J. 1972. Interception of light by model hedgerow orchards in relation to latitude, time of year and hedgerow configuration and orientation. Journal of Applied Ecology, 341-357

Jackson R D, Reginato R J, Pinter Jr P J, et al. 1979. Plant canopy information extraction from composite scene reflectance of row crops. Applied Optics, 18(22): 3775-3782

Jacquemoud S, Baret F. 1990. PROSPECT: A model of leaf optical properties spectra. Remote Sensing of Environment, 34(2): 75-91

Jacquemoud S, Baret F, Hanocq J F. 1992. Modeling spectral and bidirectional soil reflectance. Remote Sensing Environment, 41: 123-132

Jacquemoud S, Verhoef W, Baret F, et al. 2009. PROSPECT+ SAIL models: A review of use for vegetation characterization. Remote Sensing of Environment, 113: S56-S66

Jahnke L S, Lawrence D B. 1965. Influence of photosynthetic crown structure on potential productivity of vegetation, based primarily on mathematical models. Ecology, 319-326

Jasinski M F. 1990. Functional relation among subpixel canopy cover, ground shadow, and illuminated ground at large sampling scales. In Orlando'90, 16-20 April International Society for Optics and Photonics. 48-58

Jupp D L B, Walker J, Penridge L K. 1986. Interpretation of vegetation structure in landsat MSS imagery: A case study in disturbed semi-arid eucalypt woodland. Part 2. Model-based analysis. Journal of Environmental Management, 23:35-57

Kennedy R E, Cohen W B, Takao G. 1997. Empirical methods to compensate for a view-angle-dependent brightness gradient in AVIRIS imagery. Remote Sensing of Environment, 62(3): 277-291

Kimes D. 1983. Remote sensing of row crop structure and component temperatures using directional radiometric temperatures and inversion techniques. Remote Sensing of Environment, 13(1): 33-55

Kimes D. 1984. Modeling the directional reflectance from complete homogeneous vegetation canopies with various leaf-orientation distributions. JOSA A, 1(7): 725-737

Kimes D, Kirchner J. 1982. Radiative transfer model for heterogeneous 3-D scenes. Applied Optics, 21(22): 4119-4129

Kimes D, Kirchner J. 1983. Directional radiometric measurements of row-crop temperatures. International Journal of Remote Sensing, 4(2): 299-311

Kimes D, Norman J, Walthall C. 1985. Modeling the radiant transfers of sparse vegetation canopies. Transactions on Geoscience and Remote Sensing, IEEE, (5): 695-704

Knyazikhin Y, Schull M A, Xu L, et al. 2011. Canopy spectral invariants. Part 1: A new concept in remote sensing of vegetation. Journal of Quantitative Spectroscopy and Radiative Transfer, 112(4): 727-735

Kortüm G, Lohr J E. 1969. Reflectance Spectroscopy: Principles, Methods, Applications. New York: Springer

Kubelka P, Munk F. 1931. Ein beitrag zur optik der farbanstriche. Z Technichse Physik, 12: 593

Kuusk A. 1985. The hot spot effect of a uniform vegetative cover. Soviet Journal of Remote Sensing, 3(4): 645-658

Kuusk A. 1991. The hot spot effect in plant canopy reflectance. Photon-Vegetation Interactions. Berlin: Springer, 139-159

Lacaze R. 2002. Geoland CSP-Algorithm Theoretical Basis Document (ATBD) WP 8312-Customisation for LAI, FAPAR, fcover and albedo. CSP-0350-RP-0008-ATBDWP8312

Lacaze R. 2006. POLDER-2 Land Surface Level-3 Products User Manual Algorithm Description &. Product validation (1.41). http://postel.obs-mip.fr/IMG/pdf/P2-TE3-UserManual-l1.41.pdf[2014-08-20]

Lacaze R. 2011. BioPar Methods Compendium Albedo SPOT/VEGETATION(BP-05). EC Proposal Reference No. FP-7-218795, (1.2). http://web.vgt.vito.be/documents/BioPar/g2-BP-RP-BP038-ATBD AlbedoVGT-l 1.20.pdf [2014-08-20]

Lacaze R, Maignan F. 2006. POLDER-3/PARASOL Land Surface Algorithms Description(3. 0). http://smsc. cnes. fr/PARASDL/PARASOL_TE_AlgorithmDescription_l 3. 00. pdf[2014-08-20]

Leblanc S G, Chen J M. 2000. A windows graphic user interface (GUI) for the five-scale model for fast BRDF simulations. Remote Sensing Reviews, 19(1-4): 293-305

Lewis P. 1999. Three-dimensional plant modelling for remote sensing simulation studies using the Botanical plant modelling system. Agronomie, 19(3-4): 185-210

Liang S, Strahler A H. 1994. Retrieval of surface BRDF from multiangle remotely sensed data. Remote Sensing of Environment, 50(1): 18-30

Liang S, Townshend J R. 1996. A modified Hapke model for soil bidirectional reflectance. Remote Sensing of Environment, 55(1): 1-10

Li X, Gao F, Wang J, et al. 2001. A priori knowledge accumulation and its application to linear BRDF model inversion. Journal of Geophysical Research: Atmospheres (1984-2012), 106(D11): 11925-11935

Li X, Strahler A H. 1985. Geometric-optical modeling of a conifer forest canopy. Transactions on Geoscience and Remote Sensing, IEEE, (5): 705-721

Li X, Strahler A H. 1986. Geometric-optical bidirectional reflectance modeling of a conifer forest canopy. Transactions on Geoscience and Remote Sensing, IEEE, (6): 906-919

Li X, Strahler A H. 1988. Modeling the gap probability of a discontinuous vegetation canopy. Transactions on Geoscience and Remote Sensing, IEEE, 26(2): 161-170

Li X, Strahler A H. 1992. Geometric-optical bidirectional reflectance modeling of the discrete crown vegetation canopy: Effect of crown shape and mutual shadowing. Transactions on Geoscience and Remote Sensing, IEEE, 30(2): 276-292

Li X, Strahler A H, Woodcock C E. 1995. A hybrid geometric optical-radiative transfer approach for modeling albedo and directional reflectance of discontinuous canopies. Transactions on Geoscience and Remote Sensing, IEEE, 33 (2): 466-480

Lucht W, Schaaf C B, Strahler A H. 2000. An algorithm for the retrieval of albedo from space using semiempirical BRDF models. Transactions on Geoscience and Remote Sensing, IEEE, 38(2): 977-998

Maignan F, Breon F M, Lacaze R. 2004. Bidirectional reflectance of Earth targets: Evaluation of analytical models using a large set of spaceborne measurements with emphasis on the Hot Spot. Remote Sensing of Environment, 90(2): 210-220

Manninen T, Stenberg P. 2009. Simulation of the effect of snow covered forest floor on the total forest albedo. Agricultural and Forest Meteorology, 149(2): 303-319

Minnaert M. 1941. The reciprocity principle in lunear photometry. Astrophysical Journal, 93: 403-410

Myneni R B, Ross J, Asrar G. 1989. A review on the theory of photon transport in leaf canopies. Agricultural and Forest Meteorology, 45(1): 1-153

Nilson T, Kuusk A. 1989. A reflectance model for the homogeneous plant canopy and its inversion. Remote Sensing of Environment, 27(2): 157-167

North P R. 1996. Three-dimensional forest light interaction model using a Monte Carlo method. Transactions on Geoscience and Remote Sensing, IEEE, 34(4): 946-956

Nusselt W. 1928. Graphische bestimmung des winkelverhaltnisses bei der wärmestrahlung. Zeitschrift des Vereines Deutscher Ingenieure, 72(20):673

Otterman J. 1981. Reflection from soil with sparse vegetation. Advances in Space Research, 1(10): 115-119

Park J, Deering D. 1982. Simple radiative transfer model for relationships between canopy biomass and reflectance. Applied Optics, 21(2): 303-309

Pinty B, Ramond D. 1986. A simple bidirectional reflectance model for terrestrial surfaces. Journal of Geophysical Research: Atmospheres (1984-2012), 91(D7): 7803-7808

Pinty B, Roveda F, Verstraete M M, et al. 1998. METEOSAT surface albedo retrieval algorithm theoretical basis document. Issued jointly by DG JRC-SAl and EUMETSAT. 18130 EN,(1. 0). http://bookshop. europa. eu/et/meteosat-surface-albedo-retrieval-pbCLNA18130/downloads/CL-NA-18-130-EN-C/CLNA18130ENC 001. pdf; pgid = y8dlS7GUWMdSROEAIMEUUsWb0000A3IsP7Ae; sid=98LABtz7qwfAH490eYxeob7eVQG8VpGY6bA=? FileName =CLNA18130ENC 001. pdf&SKU = CLNA18130ENC PDF&CatalogueNumber = CL-NA-18-130-EN-C[2014-08-20]

Pinty B, Roveda F, Verstraete M M, et al. 2000. Surface albedo retrieval from Meteosat-part 1: Theoty. Journal of Geophysical Research: Atmospheres, 105: 18099-18112

Pinty B, Verstraete M M, Dickinson R E. 1990. A physical model of the bidirectional reflectance of vegetation canopies: 2. Inversion and validation. Journal of Geophysical Research: Atmospheres (1984-2012), 95 (D8): 11767-11775

Qin W, Gerstl S A. 2000. 3-D scene modeling of semidesert vegetation cover and its radiation regime. Remote Sensing of Environment, 74(1): 145-162

Rahman H, Pinty B, Verstraete M M. 1993. Coupled surface-atmosphere reflectance (CSAR) model 2. Semiempirical surface model usable with NOAA advanced very high resolution radiometer data. Journal of Geophysical Research, 98(D11): 20720-20791,20801

Rautiainen M, Stenberg P. 2005. Application of photon recollision probability in coniferous canopy reflectance simulations. Remote Sensing of Environment, 96(1): 98-107

Room P, Hanan J, Prusinkiewicz P. 1996. Virtual plants: New perspectives for ecologists, pathologists and agricultural scientists. Trends in Plant Science, 1(1): 33-38

Ross I U K. 1981. The Radiation Regime and Architecture of Plant Stands. Boston: Springer Science & Business Media

Ross J K, Marshak A. 1988. Calculation of canopy bidirectional reflectance using the Monte Carlo method. Remote Sensing of Environment, 24(2): 213-225

Roujean J L, Leroy M, Deschamps P Y. 1992. A bidirectional reflectance model of the earth's surface for the correction of remote sensing data. Journal of Geophysical Research: Atmospheres (1984-2012), 97(D18): 20455-20468

Royer A, Vincent P, Bonn F. 1985. Evaluation and correction of viewing angle effects on satellite measurements of bidirectional reflectance. Photogrammetric Engineering and Remote Sensing, 51: 1899-1914

Schaaf C B, Gao F, Strahler A H, et al. 2002. First operational BRDF, albedo nadir reflectance products from MODIS. Remote Sensing of Environment, 83(1): 135-148

Schaaf C B, Li X, Strahler A. 1994. Topographic effects on bidirectional and hemispherical reflectances calculated with a geometric-optical canopy model. Transactions on Geoscience and Remote Sensing, IEEE, 32(6): 1186-1193

Shibayama M, Wiegand C. 1985. View azimuth and zenith, and solar angle effects on wheat canopy reflectance. Remote Sensing of Environment, 18(1): 91-103

Smolander S, Stenberg P. 2005. Simple parameterizations of the radiation budget of uniform broadleaved and coniferous canopies. Remote Sensing of Environment, 94(3): 355-363

Stenberg P, Lukeš P, Rautiainen M, et al. 2013. A new approach for simulating forest albedo based on spectral invariants. Remote Sensing of Environment, 137(0): 12-16

Strahler A H, Muller J, Lucht W, et al. 1999. MODIS BRDF/albedo product: Algorithm theoretical basis document version 5. 0. MODIS documentation. http://modis. gsfc. nasa. gov/data/atbd/atbd_mod09. pdf[2014-08-24]

Suits G H. 1972. The calculation of the directional reflectance of a vegetative canopy. Remote Sensing of Environment, 2: 117-125

Terjung W, Louie S. 1972. Potential solar radiation on plant shapes. International Journal of Biometeorology, 16(1): 25-43

Tian Y, Wang Y, Zhang Y, et al. 2003. Radiative transfer based scaling of LAI retrievals from reflectance data of different resolutions. Remote Sensing of Environment, 84(1): 143-159

Torrance K E, Sparrow E M. 1967. Theory for off-specular reflection from roughened surfaces. JOSA, 57(9): 1105-1112

Verhoef W. 1984. Light scattering by leaf layers with application to canopy reflectance modeling: The SAIL model. Remote Sensing of Environment, 16(2): 125-141

Verhoef W, Bach H. 2003. Simulation of hyperspectral and directional radiance images using coupled biophysical and atmospheric radiative transfer models. Remote Sensing of Environment, 87(1): 23-41

Verhoef W, Bach H. 2007. Coupled soil-leaf-canopy and atmosphere radiative transfer modeling to simulate hyperspectral multi-angular surface reflectance and TOA radiance data. Remote Sensing of Environment, 109 (2): 166-182

Vermote E F, Tanré D, Deuze J L, et al. 1997. Second simulation of the satellite signal in the solar spectrum, 6S: An overview. Transactions on Geoscience and Remote Sensing, IEEE, 35(3): 675-686

Verstraete M M, Pinty B, Dickinson R E. 1990. A physical model of the bidirectional reflectance of vegetation canopies 1. Theory. Journal of Geophysical Research, 95(D8): 11711-11755,11765

Veverka J, Wasserman L. 1972. Effects of surface roughness on the photometric properties of Mars. Icarus, 16(2): 281-290

Walthall C, Norman J, Welles J, et al. 1985. Simple equation to approximate the bidirectional reflectance from vegetative canopies and bare soil surfaces. Applied Optics, 24(3): 383-387

Wang Y, Buermann W, Stenberg P, et al. 2003. A new parameterization of canopy spectral response to incident solar radiation: Case study with hyperspectral data from pine dominant forest. Remote Sensing of Environment, 85(3): 304-315

Wanner W, Li X, Strahler A. 1995. On the derivation of kernels for kernel-driven models of bidirectional reflectance. Journal of Geophysical Research: Atmospheres (1984-2012), 100(D10): 21077-21089

Wen J, Liu Q, Liu Q, et al. 2009. Parametrized BRDF for atmospheric and topographic correction and albedo estimation in Jiangxi rugged terrain, China. International Journal of Remote Sensing, 30(11): 2875-2896

Wen J, Liu Q, Xiao Q, et al. 2008. Modeling the land surface reflectance for optical remote sensing data in rugged terrain. Science in China Series D: Earth Sciences, 51(8): 1169-1178

Widlowski J L, Lavergne T, Pinty B, et al. 2006. Rayspread: A virtual laboratory for rapid BRF simulations over 3-D plant canopies. Computational Methods in Transport. Berlin: Springer, 211-231

William M I. 1966. The shadowing effect in diffuse reflectance. Journal of Geophysical Research, 71(12):2931-2937

第3章 陆表二向反射特性遥感观测技术与试验

在定量遥感研究中,遥感观测是基础。作为遥感观测的重要内容之一,地物波谱特性的测量及其形成的地物波谱知识为我们认知地物的属性特征提供了重要的信息。越来越多的研究表明,利用地物在不同波段的反射、散射和透射特征来提取地物信息,其理论基础在于地物的波谱特性。地表的非朗伯特性要求我们在遥感观测地表反射特征时,必须考虑地物表面反射的方向特征。通过综合利用地物表面的波谱特征和方向特征,才能精确刻画地表的反射特性,因此,地表二向反射特性观测(又称多角度观测)是遥感试验中最基础的内容之一。

通过在半球空间对地物目标进行多个方向的观测实现陆表二向反射的测量,克服了传统单一角度观测的局限性,有助于提取地物目标的三维物理结构信息(Barnsley et al.,1994;Combal et al.,2002)。早在 20 世纪 90 年代以前,一些遥感研究团队就曾利用小场景(small target)多角度观测架探测了植被叶片的二向反射特性(Vanderbilt and Grant,1985;Woessner and Hapke,1987;Brakke et al.,1993;Walter-Shea et al.,1993;Brakke,1994),从 90 年代之后,大场景(large target)的多角度观测架被用来研究自然界土壤和植被的二向反射效应(Sandmeier et al.,1998)。随着遥感技术的发展,通过多角度机载/星载传感器对地物目标的重复观测提取多角度信息已成为陆表二向反射特性观测的新手段(方莉等,2009)。根据遥感观测的平台,我们可将地表二向反射特性观测分为地基多角度观测、近地面多角度观测、航空遥感多角度观测及卫星遥感多角度观测。

本章介绍地表二向反射特性的测量原理,从地面、近地面、航空和卫星四种观测平台阐述地物表面多角度观测的技术发展,并就国内外涉及地表二向反射特性观测的试验做简单的介绍。

3.1 地表二向反射特性观测原理及影响因素

3.1.1 观测原理

为了能够完整地刻画一个地物表面半球空间的方向反射特性,从概念上说,我们需要测量各种角度下入射的辐射照度及辐射亮度,如果以 1°间隔的格网完成半球空间反射率的分布测量,至少需要有上万次观测,而且精确测量辐射照度很困难。因此,这种穷举观测方式并不适用于地表二向反射特性的观测。实际上,我们一般进行有限角度的地物表面二向反射率因子测量,并且这些测量结果足以代表该地物表面反射的主要特征。根据 BRF 的定义(1.17),通过测量近似朗伯体且标定好的参考板的辐射亮度后,同步测量地物表面反射的辐射亮度,两者的比值即为地物表面的 BRF:

$$R(\Omega_i, \Omega_v, \lambda) = \frac{dL_t(\Omega_v, \lambda)}{dL_d(\Omega_v, \lambda)} \rho_d(\lambda) \tag{3.1}$$

式中，$L_t(\Omega_v, \lambda)$ 和 $L_d(\Omega_v, \lambda)$ 分别为测量的地物表面和朗伯参考板表面的反射辐射亮度。与式(1.17)定义的 BRF 不同，上式提供了一项与波长相关的校正系数 $\rho_d(\lambda)$，又称为朗伯参考板的反射率。理想情况下，100% 反射的参考板 $\rho_d(\lambda)$ 为1，但理想的参考板很难制作，因此 $\rho_d(\lambda)$ 通常并不等于1，其值应该在测量前由具有定标资质的相关单位进行定标获取。

但是，在自然条件下，BRF 的测量没有像式(3.1)表述的这么简单。在可见光、近红外波段，目标所接收的入射能量复杂，不仅来自于太阳入射和天空漫散射，在一些情况下也会受到周边地物反射辐射的影响(图3.1)。一般认为在晴朗的天气条件下，太阳直接辐射占总入射能量的 90% 以上，天空漫散射光相对较小而可以忽略，此时所测的反射率才能认为是地表 BRF。因此野外测量时，往往假设天气极为晴朗，并且无周边地物影响。

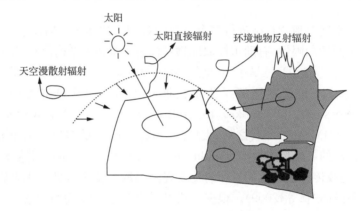

图3.1　晴朗天气条件下地物表面的入射辐射(改自 Vermote et al.，2006)

在一些相对极端的情况，如在阴天条件下，地物表面的入射辐射来自整个上半球空间的天空漫散射光，传感器测量的是地物表面特定方向的反射，这时反射率可称为半球方向反射率因子 HDRF。在实际测量过程中，地物表面接收的辐射总是由太阳直接入射辐射和天空漫散射辐射组成。从严格的数学描述上，我们野外测量的反射率应是 BRF 和 HDRF 的加权和，可表示为

$$R'(\Omega_i, \Omega_v, \lambda) = (1-d)R(\Omega_i, \Omega_v, \lambda) + dR(\Omega_v, \lambda) \tag{3.2}$$

式中，$R(\Omega_v, \lambda)$ 为 HDRF，d 是本书1.4.3节中定义的天空散射光比例因子。我们在测量中可以采用单遮挡或双遮挡等手段，消除天空散射光对观测环境的影响，从而真正获取地表的 BRF。

精确测量 BRF 需要借助地表二向反射特性测量装置，一般包括多角度观测平台和光谱仪两个主要部分。通常，光谱仪搭载在多角度观测平台上，在预先设定的角度分布上实现对地物目标的二向反射特性观测。多角度观测平台(也可以称为多角度观测架，其英文名称为"goniometer"，来自于希腊文)采用了"测角器"的工作原理，是一种能够使探测器在整个半球空间、以不同观测角度观测特定目标的定位装置。其核心部件包括探测器和支架(用于固定探测器)，将光谱仪搭载在带有角度刻度的观测平台上，通过观测平台在一

定范围内旋转实现多角度观测的目的(图3.2)。最常见的是地基多角度观测架,利用光谱仪以非成像方式获取地物表面的二向反射特性。为了能获得较大尺度上的多角度成像观测,可在近地面基于遥感塔、遥感车等近地面多角度观测平台,通过多个相机,或借助相机整体摆动,或多角度扫描,采用宽视场的画幅式成像,或宽视场镜头,或多个线阵探测器推扫成像等方式进行多角度观测。

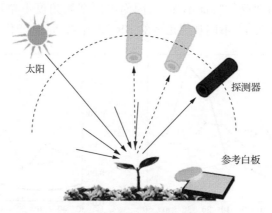

图3.2 BRF测量原理

对地物目标进行二向反射特性观测时,要求至少包括几个特定平面上的观测,以能足够反映地物表面的二向反射特征。例如,①太阳主平面方向(太阳入射方向与通过观察对象的垂直线所成的平面,该观测平面的相对太阳方位角为0°和180°),可以规定观测天顶角为正表示前向散射方向(相对方位角为180°),天顶角为负表示后向散射方向(相对方位角为0°);在这个平面内,后向散射方向上,反射率可达到最高,为观测的热点。②垂直太阳主平面方向(与太阳主平面垂直的半面,该观测平面的相对太阳方位角为90°和270°),观测天顶角为正表示观测方位角为90°,天顶角为负表示观测方位角为270°。③对于垄行结构作物还要包括顺垄和垂直垄对应的两个平面,以反映地物结构特征对地表二向反射特性的影响。

对于观测高度,一般依据传感器视场和地表目标而定,要求在地面利用地基多角度观测架,观测仪器离地物目标至少1m,以保证视场内观测的地物有代表性。特别是对于植被,仪器与冠层顶部之间距离应使得仪器视场大小至少2倍于植被垄行结构变化周期。

3.1.2 主要影响因素及其解决方案

1. 观测环境

在BRF的定义中,并没有对入射辐射环境加以限定。因此,人们习惯于在太阳直射辐射与天空散射辐射同时存在的条件下来测量目标物的BRF,这样测得的BRF不仅与目标物的反射特性有关,而且还与辐射环境密切相关,如式(3.2)所示。

宋芳妮等(2007)在晴天、多云和阴天三种不同的辐射环境下野外实地测得的BRF数据证实了这一点。图3.3给出了不同天气条件下相同观测时段主平面内蓝光(450nm)、绿光(550nm)、红光(680nm)及近红外(850nm)波段草地的BRF随观测天顶角的变化情况:在2π空间内给定入射光源条件下,不同天气条件下测得的草地的BRF差别极大,在热点位置(观测天顶角为20°)附近,差别尤为显著。例如,绿光波段,在多云、阴天及晴天条件下,草地热点处的BRF分别是0.094、0.058和0.111,晴天草地的BRF比多云天气下的BRF增加了约22%,比阴天的BRF则增加了约47%。究其原因,是因为热点处草地的二向性反射特征表现得最为显著,所以BRF的差异也最为明显。在阴天环境中,阴影效果显著减小,二向性反射特征不显著,因而不同观测角度下草地的BRF变化不大。热点效应消失,同一波长下,不同观测角度的BRF非常接近,其变化量不超过20%。

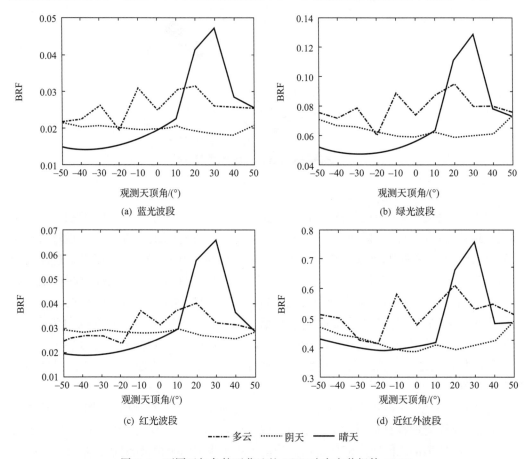

图3.3 不同天气条件下草地的BRF(改自宋芳妮等,2007)

为了克服天空散射辐射对BRF测量的影响,宋芳妮等(2007)提出了目标与标准参考板双遮挡的测量方法(图3.4),该方法需要测量遮阴条件下的目标物和参考板的反射辐射亮度,在计算中分别剔除这一部分的影响:

$$\lim_{\Omega_i,\Omega_v \to 0} R(\Omega_i,\Omega_v,\lambda) = \frac{L_t(2\pi,\Omega_v,\lambda) - L_{ts}(2\pi-\Omega_0,\Omega_v,\lambda)}{L_d(2\pi,\Omega_v,\lambda) - L_d(2\pi-\Omega_0,\Omega_v,\lambda)}\rho_d(\lambda) \tag{3.3}$$

式中,Ω_0代表遮光板对观测目标物所形成的立体角;$L_t(2\pi,\Omega_v,\lambda)$、$L_{ts}(2\pi-\Omega_0,\Omega_v,\lambda)$分别是2π空间入射时和用遮光板挡住太阳直射辐射时测得的目标物的反射辐射亮度;$L_d(2\pi,\Omega_v,\lambda)$和$L_d(2\pi-\Omega_0,\Omega_v,\lambda)$分别是在相同条件下对参考板测量的反射辐射亮度。

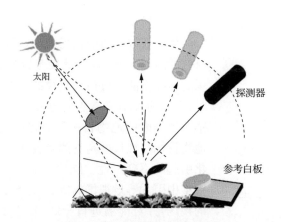

太阳　探测器　参考白板

图 3.4　双遮挡 BRF 测量原理

周烨等(2008)提出了标准板单遮挡的测量方法。单遮挡法认为目标的二向反射是 BRF 和天空散射光比例的函数。该方法需要测量当入射光来自 2π 空间时目标物的反射辐射亮度和标准板的反射辐射亮度,以及用遮光板挡住太阳直射光的条件下标准板的反射辐射亮度:

$$\lim_{\Omega_i,\Omega_v \to 0} R(\Omega_i,\Omega_v,\lambda) = \frac{L_t(2\pi,\Omega_v,\lambda) - (R(\Omega_v,\lambda)/\rho_d(\lambda))L_d(2\pi - \Omega_0,\Omega_v,\lambda)}{L_d(2\pi,\Omega_v,\lambda) - L_d(2\pi - \Omega_0,\Omega_v,\lambda)}\rho_d(\lambda)$$

(3.4)

式中,$R(\Omega_v,\lambda)$ 为测量的地物目标半球方向反射率因子,反映 2π 空间入射的天空漫散射光在观测方向的反射特性。由于参考板并非是完全理想的全反射,因此,需要用 $R(\Omega_v,\lambda)/\rho_d(\lambda)$ 来修订。

双遮挡和单遮挡这两种测量 BRF 的方法,在本质上是相似的,不同之处在于对天空漫散射光反射特性的设定不同。单遮挡法对天空漫散射光反射特性的设定是通过先验知识设定反射函数,由于只需遮挡标准板,因此在野外测量中可操作性强;双遮挡法对天空光反射特性的设定是通过遮阴来直接测量得到,由于不但要遮挡标准板,还需要遮挡目标,因此对于较大的地物目标,在实际测量中的操作难度较大。

对于遮阴植被反射特性的直接测量,理论上双遮挡法是非常好的解决方法,可以弥补单遮挡法需要精确反射特性函数的缺陷。但是双遮挡法却增加了测量方法的系统误差和测量中的随机误差。这种方法在测量大面积区域的 BRF 时还存在很多困难,如树林的 BRF 测量,其遮挡面积要求较大,为了满足以上条件,需要在较高位置遮挡且遮挡面积要大于测量面积,因此导致了测量大面积森林区域 BRF 的困难。

2. 视场变化引起的不确定性

传感器视场的大小直接影响地物表面的二向反射特性测量,传感器的视场角(field of view,FOV)和传感器与地物目标间的高度决定了传感器可探测的视场大小(图 3.5)。假定传感器的半视场角为 θ,传感器与地物目标的距离为 d,则传感器可以探测到的视场半径 r 的大小是

$$r = d\tan\theta \qquad\qquad (3.5)$$

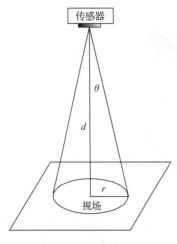

图 3.5 传感器观测视场

为了获取合适的视场大小,可以调整传感器与地物目标的距离。例如,测量参考板的辐射亮度时,要求视场的半径不能超过白板直径的一半;而在观测地物目标时,视场的大小需要依据地表的特点决定,要求进入传感器视场内的地物目标要有足够的代表性。当观测的地物目标特征尺度与观测半径接近时,需要考虑视场变化引起的不确定性。陈玲等(2009)在 Kimes 垄行结构模型中引入等效视场的概念,用椭圆形来刻画地面仪器的视场,并对视场进行分解,建立了一个行结构多角度地面测量的视场不确定性分析模型。利用该模型模拟分析不同垄周期视场变化对视场内光照植被、阴影植被、光照土壤和阴影土壤四组分比例及冠层 BRF 的影响,结果表明:垂直观测视场若仅含 0.5 个垄周期,冠层 BRF 误差较大,最大值可高达 67.8%,最小值亦可达到 38.7%;若视场为 1 个垄周期,冠层 BRF 误差较小并保持稳定的状态,误差范围为 6%~12%;当视场满 2 个垄周期,误差范围降低至 0.6%~3.9%,误差达到极小值。陈玲等基于模型对黑河实验玉米冠层方向性观测实测数据进行拟合,得出的结果与模拟分析的结论一致,即在垂直视场内包含 2 个垄周期以上的生长初期,方向性测量无需考虑视场效应;若测量高度无法满足垂直视场为 2 个垄周期,可优先考虑 1 个整周期的情况。若垂直视场内不足一个垄周期,则有必要考虑视场的不确定性。

3. 光照的均一性

由于地表 BRF 是地物目标和参考板辐射亮度的比值,光源的非均一性将影响两者入射辐射的一致性,从而导致 BRF 观测的误差。在野外测量中,由于先后测量的时间差异,即使是在晴空条件下,如果大气不稳定,也会造成两者的入射辐射微小的变化。对于多数观测条件而言,倾斜入射时难以保证入射光的均一,入射和观测角越接近天底方向,观测误差越小。因此,我们进行多角度观测一般选择局地正午时刻,并且测量参考板和地物目标辐射亮度之间的间隔足够短,以尽可能减少由于入射光的变化引起的观测误差。

在室内有限的观测条件下,由于是人工光源,一般无法保证入射光完全平行,各波段的光强度也不均一,且较长使用年限的光源本身会影响其稳定性和光谱辐照度。光源的强度和光谱特性可能随通电时间而发生变化,导致辐照度在每小时内出现小于 0.1% 的衰减,特别是在电源刚打开的一段时间内,光源处于一种转换状态中,辐照度变化较大。当光源在地物目标上的光照点小于传感器采样大小时,光强度的边缘效应也会在一定程度上影响测量结果,当观测目标小于传感器采样面积时,同样有边缘效应。

4. 仪器的局限性

传感器的波谱特性、系统偏差及随时间的衰减影响 BRF 观测。需要考虑的因素包括:①传感器的敏感性;②传感器的噪声(暗电流、散粒噪声);③传感器响应的动态变化范围;④在观测方位角发生变化时,棱镜对空间域的敏感性;⑤传感器的光谱分辨率。尤其在进行高光谱测量时,高光谱传感器的敏感性会随着波段不同而发生变化。如果传感器敏感性过低,或是目标物的反射或者光源强度太低,都可能导致测量误差超出可接受的精度范围。

参考板本身是否为理想漫散射体也影响 BRF 观测。用参考板来估计辐照度信息时,需要满足以下条件:①材料具有朗伯性;②面板大小在测量中足以包括整个传感器视场;③反射参考板性能稳定,表面均匀、无荧光、易清洁。如果面板本身不严格满足各向均一的散射条件,就需要通过测量了解其本身的方向反射特性,并在计算目标物反射特性时进行校正(Schönermark et al.,2004)。

3.2　实验室样品二向反射特性观测

3.2.1　室内测量特点

相对于野外地表二向反射特性观测,室内样品二向反射测量的优势是:①光学暗室条件下(图1.14),散射辐射可以被忽略,光照条件比较稳定,可重复观测;②大气条件不受气溶胶、风、云的影响;③光源的位置已知且可控;④角度采样间隔与几何定位精度较高。但同时,室内样品二向反射特性测量受光源的非均匀性和非平行性影响。样品由于不是在自然状态下,而是置于室内可能也会出现变化而影响其二向反射特性。例如,观测目标为植被时,在室内,受水分胁迫和温度应力(water and temperature stress)影响的变化会改变植被表面的二向反射特性。

3.2.2　测量要求

利用多角度观测架进行室内观测需要具备以下仪器设备:光源、多角度观测平台、传感器、数据获取与处理工具。一般从测量室内环境、光源、多角度观测条件配置、观测及数据处理等方面约束室内样品二向反射特性测量(Schönermark et al.,2004)。

1) 尽量减少室内环境背景反射对观测的影响

实验室内需要保证足够黑暗以减少散射辐射对测量 BRF 的影响。一般反射特性测量的专用实验室在墙上覆盖黑色吸光布来达到光学暗室的要求,实验员可在一个黑色吸光屏后方,着深色衣物,进行样品的二向反射特性测量。

2) 根据观测目的及条件选择多角度观测平台

多角度观测平台是支撑光源和探测器的机械设备,保证光源、载物台和探测器之间相对位置的灵活变化,光源和探测器可以绕着目标旋转以改变天顶角和方位角。这种装置的最大优势在于操作简单且能够实现大场景的二向反射特性观测。但由于传感器和光源相互遮挡,无法实现热点方向观测。

3) 选用满足条件的光源并做必要的校正

对光源的基本要求包括:①在光谱、几何与时间三个维度上具有一定的稳定性;②发射出平行光束且在空间分布上具有均一性;③在观测覆盖的光谱范围内辐照度足够高。因此要尽可能选择光谱特性变化趋势平稳的光源,并利用经过校正的反射率参考板对其变化特性进行评估与校正。在测量中,光源需要一段时间预热,以减少其在刚通电一段时间内光强度的衰减变化,并保证测量中供电的稳定性,减少光源辐照度的变化。光源在样品目标表面的光照面至少要大于传感器采样面积,减少光强度的边缘效应。入射光要平行且尽可能均匀,当实验室观测条件无法保证这一点时,需要在预处理中对入射光的非平行性和非均匀性进行校正,将光源发光强度归一化到光源中心点。光源的发光强度需要在传感器所接受信号的整个光谱范围上信噪比足够高。

4) 观测目标的选择与放置

在不同观测角度下观测的地物目标应大于传感器采样面积以减少边缘效应。观测目标面的中心位置与多角度观测架的基座平面需要精确对齐。观测目标面需要考虑稳定性和材料的异质性,减少实验室光照所造成的水热压力及植物的趋光性对目标的影响。因此,室内适合测量相对比较稳定的目标(如裸土),并尽量缩短测量时间,减少由于目标特性的改变对 BRF 测量影响。

5) 传感器的标定与视场选择

在试验前需要对传感器进行波段响应函数和波谱特性的精确标定和校正,使其响应函数特性呈线性并具有稳定性,估计传感器的波谱敏感性并使各个波段位置准确。考虑角度采样频率以及测量距离以保持传感器的视场与目标特征尺度一致。传感器的观测视场直接影响目标的二向反射特性观测,最优视场的大小取决于试验中的观测目标。一般而言,在观测目标与传感器之间的距离确定后,光谱仪的视场角在观测目标均一性允许的范围内越小越好。

6) 优化数据的获取与存储

数据的获取应基于软件完成,以降低人为操作的误差。对所获取的数据进行预处理,对一些可估计的偏差进行校正。记录辅助数据,描述数据获取背景环境。

3.2.3 测量试验实例

早期,中国科学院长春光学精密机械与物理研究所太阳模拟实验室曾于 1996 年进行了室内二向反射特性测量试验。测量目标是从温室采集的幼苗样本,植物叶片呈近圆形,适合于建模。实验室墙壁全部涂成黑色,将植物放置在黑色绒布覆盖且高度适中的液压工作台上,形成光学暗室。将碳极弧灯放置在较高的楼层地板上,由其发射出细强光束,经装在天花板上的镜子反射至目标物,以此模拟太阳光源。调整镜子的角度可以形成不同角度的入射光。将 10 台多光谱传感器以 10°间隔装置在一个大拱形吊杆上,当吊杆放在植物目标上方时,就能以 10°观测天顶角间隔同时观测目标各个方向的反射特性。沿圆形轨道绕植物目标转动吊杆,使传感器以 10°方位角间隔对目标物进行观测。试验中,载物台不动,通过改变光源和探测器的位置形成不同的观测几何,进行目标的反射特性测量。

2011 年,中国科学院遥感应用研究所(现为中国科学院遥感与数字地球研究所)遥感科学国家重点实验室建设了光学暗室,研制了室内样品表面二向反射特性测量系统(图 3.6),以满足室内样品的反射率测量。考虑到支撑照明光源和探测器在半球空间中运动的装置比较庞大和复杂,采用中国科学院安徽光学精密机械研究所研制的多角度观测架。此测量装置采用固定垂直向下照明光源,以样品和探测器相结合的运动方式来设计。观测架的组成包括:样品运动实现装置、反射测量运动装置、多角度观测驱动与控制软硬件及辅助工作平台、液态样品盒和漫反射标准参考板,结合高稳定 3A 级太阳模拟器实现高精度室内样品二向反射特性测量。

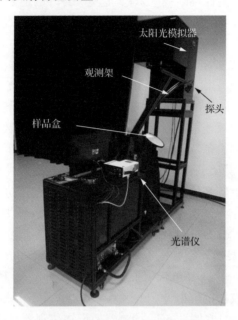

图 3.6　二向反射特性测量系统

在二向反射特性观测中,通过两个转动单元,实现样品的多个角度观测。支撑转动单元,支撑样品并实现定点三维空间转动;带探头旋转单元,带动探测器光纤探头实现竖直面内⊥90°转动。不同于自然界中入射方向和探测方向不断变化的方式,而通过改变被照明样品法线指向和方位角及探头指向的设计,来实现探测器在各个方向上探测各种角度光源入射的反射能量,以获取样品的二向反射特性。

3.3　野外地面地表二向反射特性观测

3.3.1　野外试验特点

野外测量是获取地物目标二向反射特性最直接、最可靠的方式,相比于实验室二向反射特性观测,野外测量能够利用自然太阳光源,捕捉到地表实际场景的二向反射特征。国内外科学家设计了多种野外多角度观测设备,结合野外光谱仪测量了植被、裸土和冰雪等多种地物类型的二向反射特性,推动了二向反射特性遥感建模的研究。但野外二向反射特性测量易受多种因素的影响,如大气条件的影响(如漫散射、太阳直接辐射不稳定)、传感器不同角度观测地面视场差异的影响等。

一般认为室内样品的反射率测量可以设定相同的条件进行重复测量,但野外反射率测量通常很难有在同一条件下重复观测的机会。由于植被状况、土壤水分、雪地纹理、大气状况或者太阳几何条件等都随时间变化,因此野外地表二向反射特性测量,一般要求在某一个地表状态、太阳和大气都相对稳定的时间段内获取有限的多角度观测数据。

3.3.2 国外野外地面多角度观测

随着多角度观测的重要性逐渐被认识,实验室和野外的地表多角度观测越来越多,对观测精度的要求逐渐提高,多角度观测设备不断改进。多角度观测设备的发展历程记录着多角度观测试验的进步。

较早利用多角度观测架实现地表二向反射特性观测的方法是长杆带刻度盘方法(图 3.7)。将探测器安装在一根长为 4m 的长杆顶端,长杆等腰高处装有刻度盘,操作者先垂直竖立观测架(t1),通过旋转观测架改变观测方位角,利用阴影测定获取方位角数值;通过倾斜观测架改变观测天顶角(t2),利用刻度盘获取天顶角数值。图 3.7 显示了早期最简单的地面多角度观测设备,可以初步实现对灌丛进行多角度观测。

目前,利用多角度观测架进行地物的二向反射特性观测方式有两种:一种是假设传感器架设区域内的地物具有较高的一致性,通过固定的支撑点转动探测器,以不同观测角探测不同位置的地物信息作为该均一地物的多角度信息;另一种则是通过传感器在半球空间内移动,以不同角度观测同一位置地物信息作为地物的多角度信息。

第一种多角度观测架的典型代表是 PARABOLA(portable apparatus for rapid acquisition of bidirectional observations of land and atmosphere)系统。PARABOLA 系统由一个双轴、上下视、三波段的辐射计(dual-axis,up and down looking,three-band radiometer)和一个观测支架组成(图 3.8)。探测器架设在待观测目标的中央,并由计算机控制不同角度旋转探测器达到采集地表二向反射特性的目的。由于这种方法假设观测的地表非常均一,因此对架设位置的选择非常严格,不适用于对异质性较高的地表进行观测。

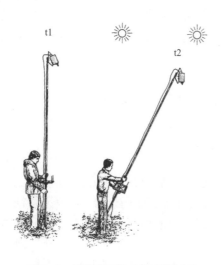

图 3.7 早期地面多角度观测图示

图 3.8 PARABOLA-3 双轴、上下视、三波段的辐射计

第二种多角度观测架的典型代表包括 FIGOS(field goniometer system)、GRASS 和 ULGS 等多角度观测架(图 3.9)。FIGOS 由瑞士的苏黎世大学遥感实验室设计,是一种便携式野外多角度观测架。目前,最新的 FIGOS 配有两个由计算机无线控制的 ASD 光

谱仪,可以同时收集各角度的反射辐射和入射辐射的光谱数据。两个探头朝向相反,其中一个指向观测目标。观测架包括一个用于调节天顶角的弧形支架,一个用于调节方位角的圆形轨道及一个机动滑车。弧形支架和圆形轨道的半径均为2m,通过机械控制光谱仪在弧形观测架上转动以改变天顶角,控制观测架在圆轨上转动以改变方位角,从而实现多角度观测的目的。FIGOS观测架是目前应用最广的多角度观测架,其局限性在于可移动性较差,光谱仪和观测目标之间距离过近。

(a)   (b)

图 3.9 FIGOS 多角度观测架

　　在集成 FIGOS 优点的基础上,英国国家物理实验室(National Physical Laboratory of UK,NPL)发展了 GRASS 多角度观测架(图 3.10),旨在进行准实时的(quasi-simultaneous)多角度、多光谱地表反射率测量。探测器搭载在可进行半球空间观测的支架上,以30°为方位角间隔布有 7 个机械臂。每条机械臂分别搭载 5 个对应不同的天顶角的光学探头(相机),各条机械臂汇聚处还搭载一个单独的探头用于观测天顶方向的辐射。这 36个相机所处的角度,能够覆盖二分之一的半球空间。每个相机由一个入射探头和一根光纤组成,各光纤连接一个光谱仪。GRASS 仪器的高度约 2m,且高度可调,以便于观测多

种地物类型。机械臂可旋转,实现不同方位角的观测。机械臂上的探头位置可滑动调节,实现不同天顶角观测。因此,GRASS 的优点在于多个探头大大提高了其观测的同步性和实时性,有效消除了观测环境随时间变化带来的观测误差。

　　还有一种由加拿大莱斯布里奇大学(The University of Lethbridge Goniometer System, ULGS)研制的一组多角度观测架 ULGS 系列(图 3.11),工作原理类似于 FIGOS 观测架。早期的 ULGS-1 属于原型设计,高度仅 60cm,全手动操作,实现半球空间观测需要耗费较长时间,但已基本满足多角度观测的需求。在此基础上逐渐发展的 ULGS-2 实现了多角度观测架的一次革新,可由步进电机驱动进行全自动观测,并且外型

图 3.10 GRASS 多角度观测架

上大大简化缩小,采用四分之一圆拱支架,由顶部固定杆带动绕中心轴转动以改变观测方位角,探测器能够在支架上实现步进式移动以改变观测天顶角。其后推出的 ULGS-2.5和 ULGS-3 的更新主要体现在支架有效负载量增大和探测器的升级。

(a) ULGS-2　　　　　　　　(b) ULGS-2.5　　　　　　　　(c) ULGS-3

图 3.11　ULGS 系列多角度观测架

图 3.12　PARAGON 多角度观测架

在野外地物目标的二向反射特性观测中,通常优先测量特征平面上的二向反射,如可以优先考虑测量太阳主平面和垂直太阳主平面的地物目标二向反射。这样既可节省测量时间,又可以获取地物目标表面的主要二向反射特性。在这种情况下,一个简易的多角度观测架或许就能满足需求。图 3.12 为南安普敦大学设计的 PARAGON 简易多角度观测架,可以对太阳主平面和垂直太阳主平面进行野外多角度观测。

3.3.3　国内野外近地面多角度观测

中国科学院遥感应用研究所(现为中国科学院遥感与数字地球研究所)为了获得典型地表的热辐射方向性,研制了圆盘式半自动多角度观测系统和轨道式全自动多角度观测系统,在农田生态系统和旱情监测遥感信息模型研究中起到了关键的作用。这些多角度观测架同样可以在地表二向反射特性测量上发挥重要的作用。

圆盘式半自动多角度观测系统外形类似 ULGS 观测架(图 3.13),主要包括一个带有刻度的圆盘底座、观测臂和传感器。传感器探头安装在观测臂的顶部,通过计算机自动控制观测臂,实现观测天顶角的改变;通过人工旋转圆盘,改变观测方位角。轨道式全自动多角度观测系统为一半圆形导轨装置,小车在导轨上水平运动,观测臂以小车为轴做旋转运动,从而实现从不同角度观测同一地面目标的要求。观测臂转轴高度可调节,满足不同高度植被类型的多角度观测需求。

为克服上述多角度观测架不便于运输和安装、难以同步测量参考板、传感器视场无法记录、仅能安装一种传感器探头、仅适于观测较矮灌丛、对植被生长状况具有破坏性等不足,北京师范大学地理学与遥感科学学院研制了便携式多角度观测架(portable multi-angle observation system,MAOS)(图 3.14)。MAOS 由自动电机驱动观测天顶角和方

(a)   (b)

图 3.13　圆盘式半自动多角度观测和轨道式全自动多角度观测

位角连续变化,角度控制精度<2°,可根据太阳位置自动调节观测几何,在热点方向周围实现加密观测;在垂直方向上 MAOS 最高可伸展至 4.5m,适用不同高度的玉米和灌木等冠层观测;可同步搭载 ASD 探头和摄像头,实时显示传感器视场变化并同步记录,便于观测控制与数据分析。

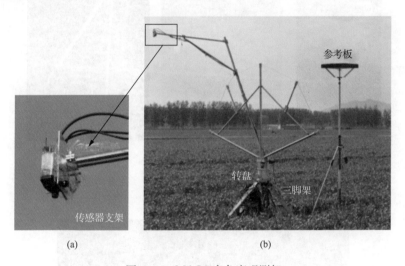

(a)   (b)

图 3.14　MAOS 多角度观测架

3.4　野外基于遥感车和遥感塔的地表二向反射特性观测

　　利用地基多角度观测架测量地表二向反射特性时,由于传感器高度的限制,对于较高的植被(如封垄后的玉米、森林等),无法实现远距离的观测。传感器的观测视场较小,造成视场内的地物不具有代表性,因此,影响了地物目标的二向反射特性观测。

　　为了保证多角度观测过程中传感器探测的地物具有代表性,需要将传感器置于地物目标一定的高度处,扩大观测的视场,实现类似遥感像元尺度上的地表二向反射特性观测。将多角度观测平台置于遥感车或者遥感塔上是目前实现近地面多角度观测的重要技术手段。为了区别于地基多角度观测架,我们将其表述为近地面多角度观测,相对于地基多角度观测高度一般只有几米,近地面多角度观测高度可以达到30m,提高了传感器观测的视场大小,扩展了可观测的空间尺度,可作为地基观测和航空或航天观测的中间桥梁。

3.4.1 国外近地面多角度观测

慕尼黑工业大学研制了一种移动式野外多角度观测系统 MUFSPEM(mobile unit for field spectroscopic measurements)(图 3.15),由于观测平台较高较大,一般置于可移动的火车或拖拉机上,对地表进行多角度观测。通过 MUFSPEM 系统,可从 10m 高处观测地物目标,测量速度快,移动能力强。特制云台上可以搭载多种传感器和参考板(图 3.16),由云台驱动器通过预先输入的文本文件由电脑控制。但第一代 MUFSPEM 系统实现多角度观测的方式是在固定传感器位置的基础上改变观测角度,类似于 PARABOLA多角度观测架,观测的地物非同一位置,因此它不适用于非均一地表的二向反射特性观测。

图 3.15　第一代 MUFSPEM 可移动野外多角度观测系统
探测器可搭载于厢式货车或拖拉机上,从冠层以上 10m 高处观测地物目标

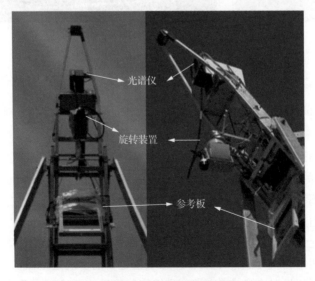

图 3.16　MUFSPEM 系统搭载仪器的云台

为保持多角度观测时视场的一致性,第二代 MUFSPEM 系统增加了旋转臂
(图 3.17),以支持通过改变传感器位置实现多角度观测(图 3.18)。最大观测高度保持在
冠层以上 10m。观测天顶角和方位角调节精度分别为±3°和±2°;观测天顶角变化范围
为 0°~70°,观测臂相对于底盘可实现 360°旋转。

图 3.17　第二代 MUFSPEM 可移动野外多角度观测系统

图 3.18　多角度观测图示
旋转臂观测天顶角从倾斜观测(60°)逐步变化到垂直观测(0°)

3.4.2　国内近地面多角度观测

1. 多角度观测平台

MUFSPEM 系统没有脱离地基多角度观测系统的设计思路,通过扩大观测架体积,
达到提高多角度观测架高度、扩大传感器观测视场的目的。而另外的思路是,我们可以利
用现有工程上的吊车或者吊塔,经过一定的改造,将传感器置于它们上面,增加测量的高
度,提高传感器视场的大小。本书中,我们称吊车为"遥感车",吊塔为"遥感塔",以突出它
们在多角度遥感观测中的特点。

显然,由于受遥感塔和遥感车的平台空间有限的限制,一般不能简单地将地面的多角度观测架置于遥感塔和遥感车上进行地物目标二向反射特性观测。针对遥感塔和遥感车测量平台的仪器搭载需求,中国科学院遥感与数字地球研究所设计了自动化二维转台,所谓二维旋转,是指满足观测的天顶角和方位角不同方向的观测,其中,转台的俯仰旋转角为$-20°\sim90°$,方位旋转角为$\pm180°$,角度精度$<0.2°$,并可自动水平校准。自动化二维转台可以搭载光谱仪或光学相机等观测仪器,并固定于遥感塔(图 3.19(a))或遥感车(图 3.19(b)),以实现多角度观测的目的。转台上还搭载了一块不同材质,较适合长时间暴露在外工作的标准白板(烧结板),以实现光谱仪在平台上对参考标准板的测量。

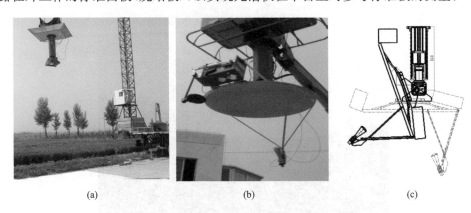

(a)   (b)   (c)

图 3.19　固定在遥感塔和遥感车上的自动化二维转台

2010 年,遥感科学国家重点实验室在河北怀来遥感综合试验站(该站介绍,读者可参考本书 3.7.1 节)及其周边,利用遥感车和高架塔,通过在转台下面安装的微波散射计和光谱仪,实现了光学反射和微波散射的联合观测,获取了高质量的光学和微波协同观测数据。

2. 基于遥感塔的近地面多角度观测

遥感塔的移动借助于固定的轨道,通过三轮底盘的主体结构相连,其主体结构包括高度可调且用于支撑的倾斜主梁、长度可调的水平平面旋转大臂和长度可调的竖直平面旋转测量臂。三轮底盘的底部设有滑轮,上方固定着倾斜主梁,倾斜主梁通过上端的滚动轴承与旋转大臂实现转动连接,旋转大臂的下端通过轴承与测量臂一端实现转动连接,测量臂的另一端连接多角度观测的仪器架设平台。基于遥感塔的多角度观测平台可全方位多角度对同一观测目标进行观测,并且传感器到观测目标的距离可调,满足不同尺度的多角度观测。

中国科学院遥感与数字地球研究所研制的基于遥感塔的轨道式多维测量平台(图 3.20),旨在实现利用光学和微波传感器对地物表面在指定位置、指定高度的精确观测。该轨道式多维测量平台包括轨道、遥感塔架、仪器架设平台和计算机控制操作系统四大组成部分。其中仪器架设平台是自行研制的自动化二维转台,可承载可见光/近红外波谱仪、热红外波谱仪、微波辐射计和散射计等多种仪器,实现方位和俯仰方向的自由转动。控制系统可以与轨道式多维测量平台有线或无线连接,通过 WIFI、GSM、CDMA 或 3G 等无线网络远程控制测量平台。

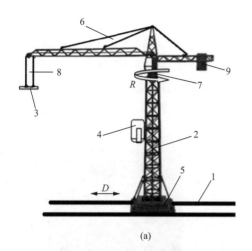

(a)　　　　　　　　　　　　　　　　(b)

图 3.20　轨道式多维测量平台的结构示意图及工作状态示意图

1. 轨道,铺设于地面;2. 遥感塔架;3. 仪器架设平台;4. 数字化垂直升降机构;5. 数字化行走机构;
6. 数字化变幅机构;7. 数字化旋转机构;8. 数字化垂直运动机构;9. 配重

　　该轨道式多维测量平台可在 150m×60m 范围内移动观测,遥感塔架既可以沿着轨道做水平移动(见图 3.20 中的箭头 D)至不同的地物表面进行测量,也可以在垂直方向上移动,进行同一地物目标的多尺度多角度观测,测量精度和控制自动化程度较高。

　　2010 年,遥感科学国家重点实验室在河北怀来遥感试验站的地物光学特性观测实验中,利用遥感塔完成了试验场内玉米、向日葵和侧柏、杏树林的光学反射特性和微波散射特性协同观测试验(图 3.21),获取了玉米、向日葵和侧柏、杏树林冠层太阳主平面,垂直太阳主平面,顺垄,垂直垄等多角度光谱反射率数据及同步测量的植被结构参数。

(a)　　　　　　　　　　　　　　(b)

图 3.21　基于遥感塔的 ASD 光谱仪与微波散射计协同观测

3. 基于遥感车的近地面多角度观测

　　基于遥感塔的近地面多角度观测由于借助固定的轨道完成遥感塔的移动,因此可观测的范围相对较小,一般以定点观测为主。为满足近地面移动多角度测量的需求,中国科学院遥感与数字地球研究所还研制了基于遥感车的多角度测量平台系统(图3.22)。该测量平台有五大组成部分:移动底盘、旋转伸缩臂、工作平台、二维转台和计算机控制操作系统。移动底盘是测量平台的基础,用于实现整个测量平台的自由转移;旋转伸缩臂安装在移动底盘上,能够进行回转旋转和伸缩运动;工作平台安装在旋转伸缩臂的末端;二维转台悬挂在工作平台的底部,能够进行方位和俯仰方向的自由转动;计算机控制操作系统能够控制旋转伸缩臂、工作平台和二维转台的运动。

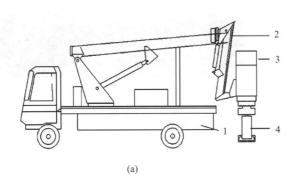

(a)   (b)

图 3.22 移动式多维测量平台的结构示意图
1. 移动底盘;2. 旋转伸缩臂;3. 工作平台;4. 二维转台

该测量系统中,工作平台的最大高度可达20m,平台承重可达250kg。固定在高空工作框下部的二维转台可沿回转支撑360°方位旋转,搭载微波散射计、红外和可见光成像仪、波谱仪或其他测量设备实现地物目标的多角度观测。借助计算机和WIFI通信,远程控制二维转台方位和俯仰的转动,并安装有倾角仪传感器,平台自动水平调整。基于遥感车的移动多维测量平台可在水平和垂直方向上移动,依据二维转台方位角度和俯仰角度的调整,可实现不同距离、不同地物表面的多尺度多角度观测,具有机动、灵活、移动方便的特点。

2010年,在河北怀来遥感试验站及周边,遥感科学国家重点实验室利用遥感车测量平台进行了小麦、玉米、杏树林和侧柏的光学特性观测(图3.23),获取了小麦完熟期和玉

(a)   (b)

图 3.23 玉米光学特性测量

米太阳主平面、垂直太阳主平面、顺垄、垂直垄多角度光谱反射率及同步测量的植被结构参数。

3.5 航空遥感地表二向反射特性观测

不同于地面遥感,航空遥感数据获取高度一般在百米到万米之间,获取像元的空间分辨率从亚米到数十米,介于地面观测和星载观测之间,在点-面-区域的遥感观测体系中,航空遥感可以根据需求灵活配置获取数据的空间分辨率、光谱范围和光谱分辨率,以及数据获取的时相和重复周期等,作为星载传感器测量与地面同步测量数据的中间尺度数据,在遥感尺度转换的过程中起过渡或桥梁作用。

现有航空传感器的多角度成像方式可以概括为以下 5 种:①通过多个相机获取不同角度的图像,这种航空传感器不常见,典型的是多角度成像光谱仪(multi-angle imaging spectroradiometer,MISR)机载试验传感器,虽然只有一个相机供轴旋转,但它模拟的是多相机同时多角度成像,验证 MISR 星载传感器;②借助相机整体摆动来获取不同角度的图像,如紧凑型高分辨率成像光谱仪(compact high resolution imaging spectrometer,CHRIS)和机载多角度多光谱成像仪系统(airborne multi-angle TIR/VNIR imaging system,AMTIS)试验样机;③通过在摆镜扫描成像系统中设计比较独特的扫描方式,使不同的扫描线具有不同的倾角,典型的传感器如沿轨迹扫描辐射仪(abstract along track scanning radiometer,ATSR)试验样机;④借助宽视场的画幅式成像,通过多幅宽视场图像的重叠来提取多角度观测信息,如多角度多通道偏振探测器(polarization and directionality of earth's reflectances,POLDER)样机,这种成像模式对航空遥感平台的稳定性要求不高,但在一定程度上牺牲了空间分辨率;⑤采用宽视场镜头及多个线阵探测器推扫成像,典型的传感器如机载多波段数字传感器(airborne digital sensor,ADS40)和探月卫星的三线阵光电耦合器件(charged-coupled device,CCD)样机,该成像模式对航空遥感平台的稳定性要求较高。

3.5.1 国外机载多角度观测

1. AirMISR

AirMISR 传感器是 MISR 的机载试验传感器(图 3.24),服务于地球观测系统(earth observing system,EOS)MISR 的真实性检验。二者不同之处在于,EOS MISR 包含了九个单独的相机,分别指向不同的角度。而 AirMISR 只有一个相机,放置于一个绕轴旋转的方向支架上完成多角度成像。AirMISR 和 MISR 的组件是相同的,因此二者具有相似的辐射和光谱响应特性。

2. ASAS

美国 NASA Goddard 空间飞行中心在 1987 年研制的高级固态扫描成像光谱辐射计(advanced solid-state array spectroradiometer,ASAS),是一个机载多角度成像光谱仪(图 3.25),用于地表目标二向反射数据的获取,传感器覆盖可见光和近红外(404~

仪器罩

相机电子元件　　相机后端

(a)　　　　　　　　　　　　　(b)

图 3.24　AirMISR 外观

1020nm)共 62 个波段,光谱分辨率为 15μm。空间分辨率由飞行平台的高度决定,如当飞行平台高程在 5000m 时,其视场的横向宽度约为 4.25m。ASAS 自身的机械结构使传感器可以沿飞行方向向前或向后转动扫描,实现多角度观测。常搭载于 NASA C-130 或 NASA P-3 飞机上对目标进行观测,可获取天底方向前后 8 个角度(角度从前向 70°到后向 55°)的多角度数据,多用于验证森林观测反射模型、估算森林生物物理参数、研究生态系统模型和反演大气参数信息等。

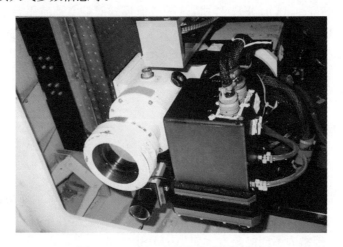

图 3.25　ASAS 光学成像系统构造图

3. CAR

CAR(the cloud absorption radiometer)是一种机载的多光谱(包含了 0.3～2.3μm 内的 13 个窄波段光谱通道)扫描辐射计(图 3.26),它具有 190°的扫描光圈和 1°的瞬时视场角。CAR 可搭载于多种飞行平台上,如在 SCAR-B(the smoke, clouds, and radiation-brazil)系统试验中,CAR 架设在华盛顿大学的 C-131A 式飞机上对植被和云的多角度光谱反射率进行观测。CAR 可对云和地表成像，因此可用于研究云的短波反照率、地物的二向性反射特性等。此外，该传感器在阿拉斯加、巴西、科威特、墨西哥、葡萄牙、美国等国家组织的观测和研究云、气溶胶、大气化学和辐射平衡的试验中发挥了重要的作用。

图 3.26　CAR 集成

3.5.2　国内机载多角度观测

1. AMTIS

机载多角度多光谱成像仪系统是在我国国家"九五"863 计划项目"机载多角度多光谱成像仪"支持下，由中国科学院遥感应用研究所（现为中国科学院遥感与数字地球研究所）与上海技术物理研究所共同研制的光学成像仪器（图 3.27）。该样机采用画幅式成像，可获取可见、近红外和热红外 3 个波段 9 个角度的机载多角度多光谱图像，是我国第一台多角度遥感传感器，填补了我国高空间分辨率多角度遥感传感器的空白，也是国际上第一台能同时获取 9 个角度热红外波段遥感图像的高空间分辨率多角度遥感传感器，仪器具体性能指标见表 3.1（Wang，2000）。

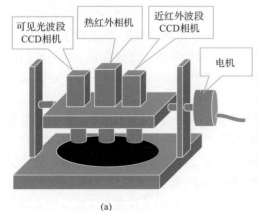

(a)

(b)

图 3.27　机载多角度多光谱成像仪 AMTIS

表 3.1　AMTIS 实验样机技术指标

参数	指标
波段	可见光、近红外、热红外
图像像元	1024×1024(可见和近红外),256×256 或 128×128(热红外)
瞬时视场	0.5mrad(可见光、近红外),2mrad(热红外)
总视场	30°
等效噪声反射率	0.5%
等效噪声温度	0.2K
观测角度	±45°范围内 9 个角度
地面分辨率	可见和近红外 1.5m,热红外波段 6.0m(飞行高度 3000m 时)

中国科学院遥感应用研究所与北京师范大学针对机载 AMTIS 多角度多光谱数据的特点开发了机载多角度图像数据的处理和分析系统。该系统具有几何、辐射、大气校正等数据处理功能,具备地表反照率、叶面积指数、冠层和土壤温度等关键地表参数的反演与生产能力,其中以多角度遥感图像的自动配准、角度信息提取、冠层和土壤温度反演等功能最具特色。系统充分利用多角度遥感理论研究的最新成果,操作简单方便,实用性强,是我国研制的第一套多角度遥感数据处理与定量反演系统。

2001 年,在北京顺义组织进行了我国第一次定量遥感综合试验——北京顺义星机地定量遥感综合试验,围绕农田生态系统中的七个主要时空多变要素(地表反照率、地表温度、叶面积指数、叶绿素含量、土壤水分含量、地表蒸发与植被蒸腾)的遥感定量反演研究这一目标,获取以冬小麦为主的多光谱、多角度、多时相和多尺度典型地物遥感数据(地面、航空和航天)以及气象数据、农田小气候数据和田间各种基本参数,开展时间尺度效应、空间尺度效应等方面的基础研究。在此次综合试验中,AMTIS 作为主要的航空遥感仪器,获取了多角度多光谱遥感数据(图 1.3),支撑定量遥感研究。

2. WiDAS

红外广角双模式成像仪(wide-angle infrared dual-mode line/area array scanner,WiDAS)由 4 个 CCD 相机、1 个中红外热像仪(AGEMA 550)和 1 个热红外热像仪(S60)组成(图 3.28),能准同时获取可见光/近红外(CCD 波段)波段 5 个角度、中红外波段(MIR)7 个角度和热红外波段(TIR)7 个角度的数据(见表 3.2 所示的成像系统基本参数)。在多线阵组推扫成像和画幅式成像两种模式下进行数据采集,既获取了多波段广角图像,也获取了多角度图像。WiDAS 一方面利用宽视场画幅式成像弥补了线阵推扫成像给几何校正带来的困难,另一方面采用多线阵组推扫代替单线阵推扫来弥补对传感器平台稳定性的要求(方莉等,2009)。

2008 年和 2012 年,我国在以高寒与干旱伴生为主要特征的黑河流域开展了生态水文遥感综合试验(WATER2008 和 HiWATER2012)(Li et al.,2013),其中,WiDAS 是获取可见光/近红外和热红外多波段多角度数据的重要传感器,为黑河流域科学研究提供了高分辨率高质量的观测数据集,为生态环境要素的主被动定量遥感建模、反演和验证提供了多尺度、多时相的星机地同步遥感数据集。图 3.29 显示了甘肃省张掖市七星湖公园附近 WiDAS 观测数据的波段合成图。

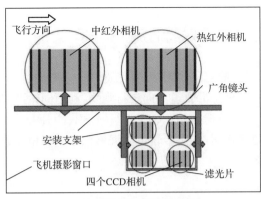

(a) WiDAS系统结构示意图

(b) WiDAS系统实物图

图 3.28 红外广角双模式成像仪

表 3.2 WiDAS 成像系统基本参数

参量	CCD 相机	MIR 热像仪	TIR 热像仪
像元数	1392×1040	320×240	320×240
波段	550nm,650nm,700nm,750nm	3~5μm	8~11μm
角度设计/(°)	30(最大)	40(最大)	40(最大)
分辨率/m	1.2	7.9	7.9
成像模式	画幅式＋多线阵组推扫		

图 3.29 WiDAS 获取的多波段多角度遥感图像

3.6 卫星遥感地表二向反射特性观测

利用卫星遥感技术可提取大尺度长时间序列的对地观测多角度数据集,一般而言,卫星遥感多角度数据集的构成方式主要有两种:一种是沿轨道方向进行观测,利用同轨道观测数据组成多角度数据集,常用的星载多角度传感器包括 POLDER、MISR、CHRIS 等;另一种是沿垂直轨道方向扫描,实现跨轨多角度观测,利用多轨道数据累积形成多角度数据集,常见的传感器包括 MODIS、AVHRR 等。

3.6.1 POLDER

POLDER 是法国和美国合作的"卫星列车"(A-train)计划中的主要传感器之一(图 3.30)。以 POLDER 为代表的传感器采用面阵相机进行广角成像,从同一轨道相邻影像中或者相邻轨道影像中提取对同一地物表面的重复观测,各个观测值具有不同的观测角度,构成了多角度观测数据集。由于这种观测方式通过多天数据联合能够在同一轨道和临近轨道获取多角度观测,因此所获得的观测角度采样最多,在半球空间内分布也较为均匀。从 POLDER 中提取的 BRDF 数据集也是目前质量较好并被广泛应用的二向反射率观测数据集之一。

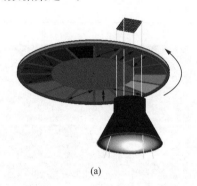
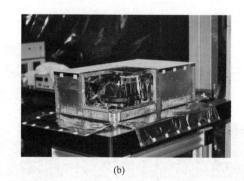

(a)　　　　　　　　　　　　　　　　(b)

图 3.30　POLDER 传感器外观

POLDER 具有对可见光、近红外波段进行偏振观测和在轨道方向进行多角度观测的特点,并于 1996 年 11～1997 年 6 月、2003 年 4～2003 年 10 月和 2005 年 7～2006 年 8 月期间分别搭载在 ADEOS-1、ADEOS-2、PARASOL 三颗卫星上(表 3.3)。

表 3.3　POLDER 传感器运行时间

卫星名称	传感器名称	发射时间	采集数据时间
ADEOS-1 卫星	POLDER-1	1996 年 8 月	1996 年 8～1997 年 5 月,共 8 个月数据
ADEOS-2 卫星	POLDER-2	2002 年 12 月	2002 年 12～2003 年 10 月,共 10 个月数据
PARASOL 卫星	POLDER-3	2004 年 12 月	2005 年至今

POLDER 传感器运行期间收集了大量多角度观测数据。其沿轨道方向视场角为 43°,垂直轨道方向视场角为 51°,最大观测角度为 60°～70°,一轨最多达到 16 个角度。

POLDER 影像幅宽为 2400km,通过不同轨道的重叠,可以获取更多的观测角度。

3.6.2 CHRIS

CHRIS 是搭载在 PROBA 卫星的多角度高光谱传感器。该卫星是欧空局于 2001 年 10 月 22 日发射的新一代太阳同步轨道卫星,轨道高度 615km,倾角 97.89°。

CHRIS 利用同一传感器通过调整卫星姿态对同一地点在 2.5min 内 5 次成像(图 3.31),以形成 5 个不同观测角度,分别为 −55°、−36°、0°、36° 和 55°,角度为正表示前向观测,为负表示后向观测。CHRIS 传感器也是高光谱仪器,光谱范围是 415～1050nm,根据观测空间分辨率不同,提供了 5 种模式的高光谱图像。例如,天顶观测分辨率为 34m 时,有 62 个波段,而通常在天顶观测分辨率为 17m 时,有 18 个波段。因此,CHRIS 具有多角度,高空间分辨率,高光谱分辨率的特点,对于验证 POLDER、MISR 和 MODIS 都具有重要的意义。

图 3.31 CHRIS 多角度观测示意图

3.6.3 MISR

MISR 是搭载在对地观测系统 EOS Terra 卫星上的多角度传感器,传感器的星上校正保证了足够高的辐射校正精度和数据的稳定性。以 MISR 为代表的传感器多角度观测方式与地面观测相似,搭载了多个不同角度的相机,在传感器沿轨道运行过程中始终对准同一地面目标,获取沿轨道方向的若干个观测角度的数据(图 3.32)。MISR 传感器的幅宽为 364km,重访周期约为 9 天。

MISR 与 PROBA 卫星上的 CHRIS 传感器多角度获取方式不同,CHRIS 只搭载一个传感器,通过调整卫星平台姿态来调整观测角度,这种观测方式获得的多角度观测同步性好,但观测角度有限且难以均匀分布。

而 MISR 使用了 9 个相机沿卫星运行方向按不同的角度排列,其中一个沿天顶方向垂直向下观测,其余 8 个相机分别向前和向后观测,角度依次为 26.1°、45.6°、60.0° 和

图 3.32　MISR 多角度观测示意图

70.5°。因此,即使在同一景影像中,传感器也可以从这九个不同的相机中获得多角度的观测信息。

3.6.4　多时相多角度观测

NOAA/AVHRR,SPOT/VGT,Terra(Aqua)/MODIS 等宽视场中低分辨率卫星传感器可以利用多时相重复成像获得多角度遥感观测。这些传感器图幅较宽,相邻两天的采样中有大量的重叠部分。在一个循环观测周期内,传感器就会对地面同一目标进行不同角度的观测。在假设观测周期内地物目标无变化的情况下,可以将这些观测近似地认为是对同一目标的多角度观测(图 3.33)。Terra 与 Aqua 双星搭载的 MODIS 可实现每日上午和下午分别对同一地点观测一次,并由卫星轨道漂移形成累积连续多天的多角度观测,为地物目标的二向反射特性观测提供了更多的角度数据。

图 3.33　MODIS 多时相重复观测提取多角度数据

但实际情况下,地物很可能在构成多角度数据集的观测周期内发生变化,所以这类传感器并不是真正意义上的多角度传感器。另外,多角度数据观测角度也有限且分布不均,传感器的观测倾角较大时,观测的地物目标反射率信噪比较低,影响了观测数据的质量。

3.7　国内外具有二向反射特性观测的遥感试验

地表的复杂性,遥感传感器获取地表信息的单一性,决定了遥感模型的建立和参数反演面临着极大的挑战。为了获取准确的信息和规律,遥感试验的开展必不可少。传感器定标、模型验证、真实性检验、尺度转换等都离不开遥感试验数据的支持,遥感试验已成为强化遥感基础研究,产出创新性研究成果的前提。随着遥感定量化的快速发展,在试验中,地表的二向反射特性观测已成为试验中最基本的观测项目。本书已从实验室、地面、近地面、航空和卫星多种观测尺度就地表二向反射特性的观测技术及仪器做了介绍,这些观测技术和仪器发展来自于试验过程中的经验总结,同时这些技术和仪器又不断推动着遥感试验的发展,对于提高遥感理论研究水平,促进遥感应用具有积极的意义。

3.7.1　国内二向反射特性观测

1. 主要遥感试验发展

1978 年,正值改革开放初期,中国科学院、高校和各部委等 16 个部委局 68 个单位共 706 名科技人员汇集腾冲,参加了我国腾冲航空遥感试验。这是我国独立自主进行的第一次大规模、多学科、综合性的遥感应用试验。从 1978 年 12 月到 1980 年 12 月,实现了三大目标:进行航空遥感仪器的检验、勘察自然环境和资源环境、探索遥感技术在科学研究和生产中应用的可能性。通过腾冲航空遥感试验,在遥感技术、经济效益和社会效益上取得了一系列进步(陈述彭、周上益,1986)。在当时我国遥感技术尚处于起步阶段的情况下,腾冲航空遥感试验促进了机载遥感仪器和特种胶片的研制,开拓了航空遥感应用新领域,是我国遥感技术发展中的一个重要里程碑。

在腾冲航空遥感综合试验的基础上,各个部门、地区结合各自的专业特点,陆续开展了针对城市环境质量的津渤环境遥感试验、北京航空遥感试验、重庆航空遥感试验、南京资源环境综合试验、安徽国土资源综合试验及上海综合遥感调查、山西农业遥感试验、洪水监测与灾情评估遥感实验、黄土高原水土流失及风沙遥感实验等,既解决了部门、地方的实际问题,又为遥感应用的深入发展作了铺垫。

然而在这些相对较早的遥感试验中,主要是资源调查和地质找矿等航空摄影遥感应用,因此我们的野外试验还没有涉及地物表面的二向反射特性观测。2001 年 4 月,遥感科学国家重点实验室以研究定量遥感在农业生态中的应用为目的,以北京顺义为重点试验区,组织了星机地遥感综合试验,获取了 AMTIS 可见光近红外和热红外波段的机载多角度影像、地面多角度数据及其田间植被生化理化参数,支持地物表面二向反射特性模型的构建及其反演方法研究,因此这次试验属于真正意义上的地表二向反射特性观测的综合试验。随后,我国一系列包含地物表面二向反射特性观测的综合试验相继展开。

2005 年 10 月至 11 月,中国科学院遥感应用研究所联合北京师范大学等几家单位在江西千烟洲地区进行了遥感综合试验,开展了以小麦和森林为主要地表类型的二向反射多角度观测。

2008 年,由中国科学院寒区旱区环境与工程研究所、中国科学院遥感应用研究所、北京师范大学和中国林业科学研究院资源信息研究所组织实施了"黑河综合遥感联合试验"（WATER）。该试验是以流域为主要尺度，以水循环及与之密切联系的生态过程为主要研究对象的星机地同步或准同步观测科学试验（李新等，2008），获取了黑河流域中游森林和绿洲主要农作物的地面二向反射多角度数据及机载WiDAS传感器的多角度影像，支持流域生态水文定量遥感研究。

2012年，以黑河流域已建立的观测系统以及2007～2009年开展的"黑河综合遥感联合试验"成果为基础，由国家自然科学基金委员会重大研究计划"黑河流域生态-水文过程集成研究"（HiWATER）和中国科学院"西部行动计划"联合发起组织，联合多学科、多机构、多项目的科研人员，在黑河流域再一次开展了卫星遥感、航空遥感及地面观测互相配合的多尺度综合观测试验（Li et al.，2013），机载WiDAS多角度航空遥感试验再一次成为获取黑河流域典型地表二向反射特性的重要手段。

2. 我国主要的遥感试验站

基于遥感试验数据积累与长时间序列观测的需求，中国科学院依据地域特点和研究所优势，首先在全国建立了三个遥感试验站，即河北怀来遥感试验站、黑河遥感试验站和长春净月潭遥感试验站。这些试验站自然条件相对稳定，是具有定位观测条件的天然固定实验场所，可用于遥感基础研究和技术试验，并都具备室内外地表二向反射特性观测的能力。

2014年5月，中国科学院遥感与数字地球研究所联合寒区旱区环境与工程研究所、东北农业与地理生态研究所，以及北京师范大学等科研机构，启动了我国国家科技基础性工作专项"建立测绘典型地物波谱数据库"。该专项以怀来遥感试验站、黑河遥感试验站和长春净月潭遥感试验站三个我国主要遥感站为依托向全国辐射，依靠遥感站的地物波谱特性测量优势和条件，利用5年时间建设形成我国典型地物波谱数据库，为支撑科学研究和深化推广遥感应用提供重要的数据。在规划建设的我国典型地物波谱数据库中，典型地物的二向反射特性已成为地物波谱数据的重要组成部分。

1）河北怀来遥感试验站

河北怀来遥感试验站，隶属于中国科学院特殊环境网络，地处河北怀来东花园镇，所属区域具有华北平原和华北平原向蒙古高原过渡的双重生态地理特征（图3.34）。试验站周边10km范围内，地表类型丰富，有农田、水域、山地、草场和湿地滩涂。试验站现有遥感车、遥感塔等近地面观测平台，通过研制的自动二维转台，搭载全波段的遥感设备满足地面和近地面二向反射特性观测试验，支撑遥感机理研究的华北典型下垫面波谱先验知识库。

试验场周边还拥有自动气象站、波纹比系统、涡动相关仪、气象梯度观测塔（40m）、LAI自动观测系统、6谱段辐射观测系统、漫散射辐射观测系统、大孔径闪烁仪、蒸渗仪、土壤多参数监测系统、太阳辐射仪等多套连续观测系统，提供该试验站周边气象和水文信息。

2）黑河遥感试验站

黑河遥感试验站隶属于中国科学院，位于中国干旱区第二大内陆河流域黑河流域中游的张掖市甘州区党寨镇，在张掖市绿洲现代农业试验示范区内（图3.35），距离甘州城

(a)
(b)

图 3.34 河北怀来遥感试验站

区 10km。在黑河上游的冰沟积雪、阿柔冻融、中游的大满绿洲农田、花寨子山前荒漠、张掖城北湿地、下游的四道桥天然绿洲分别建设了遥感像元尺度的试验场,配备涡动、大孔径闪烁仪、自动气象站、无线传感器网络等多尺度嵌套观测系统。

(a)
(b)

图 3.35 黑河遥感试验站

黑河遥感试验站在张掖党寨基地建设了遥感控制性试验场,并购置了无人机、全波段地基遥感器(散射计、微波辐射计、红外波谱仪、地物波谱仪)等观测仪器。可为寒旱区关键生物物理参数和其他陆面参数遥感反演和真实性检验、水文和生态建模及陆面数据同化系统发展提供地面数据支撑。其全波段地基遥感观测系统和遥感塔近地面观测平台将进一步加强和提升区域遥感地面观测能力,支持中国寒旱区典型下垫面波谱特征时间系列数据集的积累。

3)长春净月潭遥感试验站

中国科学院长春净月潭遥感实验站(图 3.36)以净月潭国家级森林公园及其周边的农田、水体、城市农地为主体工作区,同时设有 4 个东北典型生态系统辐射实验区,依次为:长白山森林生态遥感辐射区、三江平原洪河湿地遥感辐射区、辽河口滨海湿地生态系统辐射区、大安碱地生态系统辐射区。遥感实验站及辐射实验区大面积的覆盖范围,使东北地区的湿地、生态和东北地区特有的气候环境资源的探测成为可能。在净月潭主体工作区和 4 个典型生态系统辐射实验区内布设遥感塔和高光谱、微波辐射计等观测仪器,对区域内典型地物(土壤、植被、农田、冰雪、湿地等)进行长期定位观测,支撑东北地区典型地物目标的动态波谱数据库。

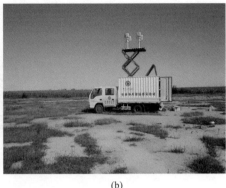

(a)   (b)

图 3.36　长春净月潭遥感试验站

3.7.2　国外二向反射特性观测

国际上以遥感作为主要观测手段的试验往往针对于某一领域或多学科联合,旨在提供多时空尺度地表生物地球化学等参数。这些试验往往都将地表二向反射特性的观测作为主要的试验内容之一,并通过辐射传输模型建立地表二向反射特性与生物物理特性之间的关系,以支持遥感定量反演算法的发展和多尺度数据遥感综合应用。

1. FIFE

从 20 世纪 80 年代开始实施的陆面过程试验中,就把遥感作为主要的观测手段之一。例如,第一次国际卫星陆面气候学项目野外试验(the first international satellite land surface climatology project (ISLSCP) field experiment,FIFE)是由美国 NASA 主导的影响深远的一次陆面过程遥感试验,以研究碳循环和水循环为主要目标,是一次大尺度的气候试验,也是第一个国际性的陆地表面和大气野外遥感试验。试验目的包括增进对碳循环、水循环、生物在控制大气和陆地表面相互作用的角色认识;对地面、机载、卫星多尺度数据的协同应用;发展适用于像元尺度的遥感方法;研究如何把像元尺度信息升尺度到模型和地球过程本身的区域尺度;利用卫星遥感数据反演关键的气候陆地表面参数。

试验中选择各地表类型代表性站点对草地进行了二向反射特性观测,并优先观测太阳主平面。采用 PARABOLA 多角度观测架配套 SE-590 辐射计,观测高度约 4.5m,仪器架设在站点周围 $50\sim70m^2$ 大小的均一区域中央。多个站点的地面观测数据均同步于卫星和航空试验,以支持多尺度信息的综合利用与尺度转换研究。

2. BOREAS

北方生态系统-大气研究(the boreal ecosystem-atmosphere study,BOREAS)是继 FIFE 之后另一次更大尺度的以陆气相互作用为科学目标的遥感综合试验。BOREAS 强调嵌套的多尺度观测,从 1990 年到 1998 年,在加拿大北部针对北方森林生态系统,建立了不同尺度上的观测系统,通过系列地面、机载和卫星观测数据,发展多尺度模型,并将这些模型应用于卫星遥感反演。BOREAS 以全球变化为关注点,研究辐射能量、水、热、碳、痕量气体等交换中的生物和物理过程。

试验中采用 PARABOLA 多角度观测架,通过地面加密采样(样点间距 30~40m),连续采集了北方森林在各高度层(冠层上部和冠层内部地表以上分成的多层)的二向反射数据,提取多种天气条件下多种冠层类型的辐射特征,分析了各种冠层二向反射特性的日变化与季节变化特征。并利用机载 ASAS 传感器获取了北方森林冠层的多角度多光谱数据,以反演生物物理状态参数(包括反照率、FAPAR、叶面积指数)。并采用 3D 辐射传输模型模拟了不同森林类型方向性反射率和透过率的观测值,服务于 FAPAR 与反照率等森林生态系统关键参数的卫星遥感数据定量反演。

3. HAPEX-Sahel

水文大气示范性试验(hydrology-atmosphere pilot experiment in the sahel, HAPEX)是一个国际性的陆面大气观测计划,通过探索荒漠草原的年变化特征,发展关于大气环流与荒漠草原持续干旱间联系的相关理论。从 1990 年中期到 1992 年后期,开展了野外地面、航空和卫星遥感观测,并在 1992 年的中期和后期草原生长季节,进行了加强观测。

试验中,利用机载可见近红外辐射计 POLDER 和被动微波辐射计 PORTOS 对地表进行了二向反射特性观测(航高分别为 4500m 和 450m),提取了植被和裸土表面的二向反射率数据集,支持土壤水分、植被生物量、地表粗糙度、大气水汽含量与地表等效温度等参数定量反演。

4. OTTER

俄勒冈州断层生态系统研究项目(the oregon transect ecosystem research, OTTER)是一个多学科多单位联合的观测试验,通过遥感数据辅以地面观测研究西部针叶林生态系统。该观测从 1989 年一直持续到 1991 年。

试验中,利用机载 ASAS 对多种针叶林冠层进行了太阳主平面上−45°、0°、45°三个角度的二向反射特性观测,这些观测数据对验证和改进针叶林辐射传输模型起到了重要作用。

5. SAFARI 2000

SAFARI 2000(S2K)是一个国际联合项目,旨在研究南非陆地和大气之间相互作用过程,增进对非洲生态和气候系统的理解。从 1999 年到 2001 年,遥感作为其中的一种重要手段,开展了获取地面、机载 Air MISR 传感器、星载传感器的多尺度多角度遥感观测,支持多尺度模型发展与卫星观测数据产品验证。

参 考 文 献

陈玲,阎广建,李静,等. 2009. 行播作物地面方向性测量的视场不确定性分析. 地球科学进展,24(7):793-802
陈述彭,周上益. 1986. 腾冲航空遥感试验回顾. 遥感信息,2:11-12
方莉,刘强,肖青,等. 2009. 黑河试验中机载红外广角双模式成像仪的设计及实现. 地球科学进展,24(7):696-705
李新,马明国,王建,等. 2008. 黑河流域遥感-地面观测同步试验:科学目标与试验方案. 地球科学进展,23(9):897-914

宋芳妮，范闻捷，刘强，等. 2007. 一种获取野外实测目标物 BRDF 的方法. 遥感学报，11(3)：296-302

周烨，柳钦火，刘强. 2008. 两种 BRDF 室外测量方法的 RGM 模拟对比与误差分析. 遥感学报，12(4)：568-578

Barnsley M，Strahler A，Morris K，et al. 1994. Sampling the surface bidirectional reflectance distribution function (BRDF)：1. Evaluation of current and future satellite sensors. Remote Sensing Reviews，8(4)：271-311

Brakke T W. 1994. Specular and diffuse components of radiation scattered by leaves. Agricultural and Forest Meteorology，71(3)：283-295

Brakke T W，Wergin W P，Erbe E F，et al. 1993. Seasonal variation in the structure and red reflectance of leaves from yellow poplar，red oak，and red maple. Remote Sensing of Environment，43(2)：115-130

Combal B，Baret F，Weiss M. 2002. Improving canopy variables estimation from remote sensing data by exploiting ancillary information. Case study on sugar beet canopies. Agronomie，22(2)：205-216

Li X，Cheng G，Liu S，et al. 2013. Heihe Watershed Allied Telemetry Experimental Research (HiWATER)：Scientific objectives and experimental design. Bulletin of American Meteorological Society，94(11)：1145-1160

Sandmeier S，Müller C，Hosgood B，et al. 1998. Physical mechanisms in hyperspectral BRDF data of grass and watercress. Remote Sensing of Environment，66(2)：222-233

Schönermark M V，Geiger B，Röser H P. 2004. Reflection Properties of Vegetation and Soil-with a BRDF Data Base. Berlin：Wissenschaft und Technik Verlag

Vanderbilt V C，Grant L. 1985. Plant canopy specular reflectance model. Transactions on Geoscience and Remote Sensing，IEEE，(5)：722-730

Vermote E，Tanré D，Deuzé J L，Herman M，Morcrette J J，Kotchenova S Y. 2006. Second Simulation of a Satellite Signal in the Solar Spectrum-Vector (6SV). 6S User Guide Version，3：1-55

Walter-Shea E A，Hays C J，Mesarch M A，et al. 1993. An improved goniometer system for calibrating field reference-reflectance panels. Remote Sensing of Environment，43(2)：131-138

Wang J. 2000. An airborne multi-angle TIR/VNIR imaging system. Remote Sensing Reviews，19(1-4)：161-169

Woessner P，Hapke B. 1987. Polarization of light scattered by clover. Remote Sensing of Environment，21(3)：243-261

第4章　植被冠层二向反射特性计算机模拟模型

相比辐射传输模型、几何光学模型和混合模型，计算机模拟模型可以利用计算机图形学方法建立虚拟场景，对地表植被真实结构进行详细描述，并进行逼真的辐射传输模拟，因此，二向反射特性模拟的精细度和准确程度是以往由模型假设和统计方法所不能比拟的。计算机模拟能够对有限的测量进行时空尺度扩展，弥补野外试验的不足；模拟的二向反射特性作为先验知识，可支持植被结构参数反演及数据同化研究。因此，计算机模拟模型是定量遥感研究的重要手段。

本章以植被冠层二向反射特性的计算机模拟为例，阐述计算机模拟模型的原理和特点，选择基于蒙特卡罗方法的 DART 模型和基于辐射度方法的 RGM 模型，从场景生成、二向反射特性模拟及软件实现等方面阐述该领域的主要研究进展。

4.1　模型概述

植被冠层二向反射特性计算机模拟模型主要有蒙特卡罗方法与辐射度方法，均是基于三维场景，模拟光线在场景中的辐射传输过程。蒙特卡罗(Monte Carlo)模型追踪光线在植被中的传输路径，直至其被吸收或散射出冠层。模拟中大量应用到随机数，由于最终被特定方向捕捉到的光子数十分有限，因此，为保证模拟精度，初始需生成数百万的光子，计算量非常大。辐射度(radiosity)方法是继光线追踪算法后，植被冠层二向反射计算机模拟的一个重要进展。该方法将散射单元表达为多边形单元，引入观测因子的概念，以描述多边形之间的可见性，通过构建观测因子稀疏矩阵，从而计算场景的二向反射。由于模拟一个典型的场景需要一万至百万个多边形，因此，模拟过程对计算机性能的要求较高。近年来，随着计算机技术的发展，计算机模拟模型已可以用于像元尺度复杂场景的植被冠层二向反射特性模拟。

4.2　基于蒙特卡罗方法的植被冠层二向反射
特性计算机模拟模型

Kimes 和 Kirchner(1982)最早提出并建立了可描述空间异质性的植被冠层二向反射蒙特卡罗模型。模型把场景划分为规则格网，并采用离散坐标方法剖分天空半球，为后续模型的发展提供了借鉴。DART 模型(Gastellu-Etchegorry et al., 1996)是发展较为成熟的蒙特卡罗模型之一，模型将场景划分为规则的三维体元，经过不断改进与完善，DART 模拟系统可实现城镇和自然地表的可见光至热红外波段($0.3\sim15\,\mu m$)卫星影像的模拟(Grau and Gastellu-Etchegorry,2013)。该模型耦合了地表和大气的辐射传输模型，考虑地形、大气、地球曲率等的影响，以及单次散射、多次散射、热点效应、叶片镜面反射等物理

过程,通过模型优化,在保证模拟精度的情况下提高了运算速度。DART 模型的优势在于:

(1) DART 采用三维体元的方式计算复杂场景的二向反射,避免了采用独立模型造成的模型耦合问题;

(2) DART 充分考虑了影响辐射传输的关键因素,如植被(冠层、树木)的叶片特性、叶面积指数、树冠形状等,土壤、水体及人工建筑等均考虑了各自的光学特性和相函数;

(3) DART 提供了构造高分辨率三维复杂地表场景的功能,实现了所建即所得,与其他三维辐射传输计算模型相比,其场景构建过程大大简化;

(4) DART 可以实现 10cm 空间分辨率的 100km² 大场景高分辨率模拟。

本节以 DART 模型为例,阐述蒙特卡罗模型的原理及方法。

4.2.1　DART 模型真实结构场景生成

图 4.1 解释了 DART 模型如何将场景表示为若干规则立方体的网格,根据场景的复杂程度,体元在 x、y、z 方向的大小可以不同。底层地表和大气体元(bottom atmosphere and earth landscape,BA)划分的最为细致,中层大气体元(mid-altitude atmosphere,MA)次之,顶层大气体元(high altitude atmosphere,HA)最为稀疏。这种排列组合方式,有效降低了计算机内存的需求,节省了计算时间。

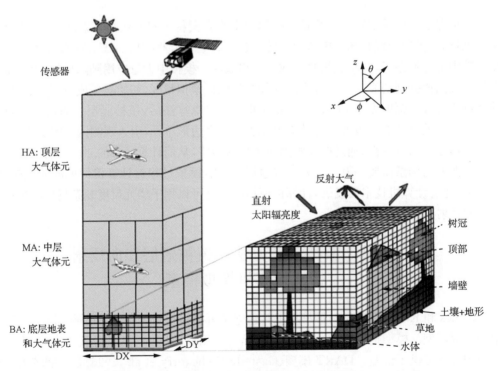

图 4.1　地表-大气-传感器模拟场景示意图(Gastellu-Etchegorry,2007)

体元中可包含大气、叶片、土壤、草地、水体和树干等不同成分,或根据研究需要也可以不包含任何成分,将其设为空。一般来说,体元可分为混浊介质体元和包含实体面元的体元:对于浑浊介质体元(如大气),遵循体散射机理,而对于包含实体面元(如墙面、水面)的体元,遵循面散射机理。

对于场景中的树木,DART 模型可把树木看成由一系列几何体拼接而成:树冠可表达为椭球形、圆锥形、台形等;树干由相互重叠的平行八面体构成,如图 4.2～图 4.4 所示。树枝为底面与树干重合,侧向生长的四棱锥,如图 4.3 所示,其中,A、B、C、D 分别为与树干重叠的底四边形,E_b 为树枝的顶点,θ_b 和 ϕ_b 分别为控制树枝倾角的天顶角和方位角。

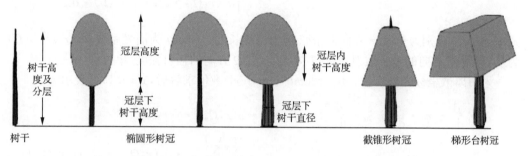

图 4.2　树干与树冠形状(Gastellu-Etchegorry,2007)

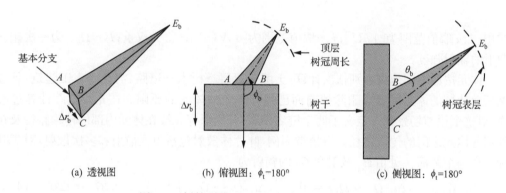

(a) 透视图　　　　　(b) 俯视图：$\phi_t=180°$　　　　　(c) 侧视图：$\phi_t=180°$

图 4.3　树枝形状(Gastellu-Etchegorry,2007)

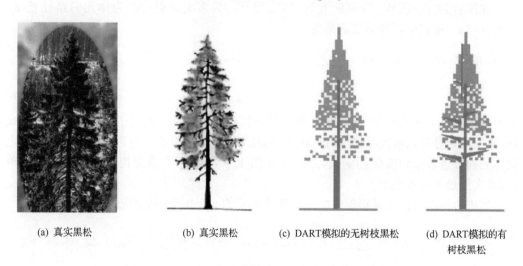

(a) 真实黑松　　　(b) 真实黑松　　　(c) DART模拟的无树枝黑松　　　(d) DART模拟的有树枝黑松

图 4.4　DART 模拟生成树(Gastellu-Etchegorry,2007)

4.2.2 DART 模型模拟地表二向反射特性的原理

DART 模型基于 Hapke(1993)提出的辐射传输理论,将其扩展到三维空间,通过场景内多个体元的辐射传输计算,得到场景的二向反射,基本公式可表达为

$$\left[\mu \cdot \frac{\mathrm{d}}{\mathrm{d}z} + \eta \cdot \frac{\mathrm{d}}{\mathrm{d}y} + \xi \cdot \frac{\mathrm{d}}{\mathrm{d}x}\right] I(r,\Omega) = -\alpha(r,\Omega) \cdot I(r,\Omega) \\ + \int_{4\pi} a_{\mathrm{d}}(r,\Omega' \to \Omega) \cdot I(r,\Omega') \cdot \mathrm{d}\Omega' \tag{4.1}$$

式中,μ、η、ξ 分别为 z、y、x 方向的余弦;r 为路径长度;$\alpha(r,\Omega)$ 为消光系数;$a_{\mathrm{d}}(r,\Omega' \to \Omega)$ 为从 Ω' 到 Ω 方向的光子散射系数;I 为 r 处,沿 Ω 方向的辐射强度,单位为 $\mathrm{W} \cdot \mathrm{sr}^{-1}$。

采用离散坐标方法(discrete-ordinates method)数值求解后,式(4.1)可表示为

$$\left[\mu_{ij} \cdot \frac{\mathrm{d}}{\mathrm{d}z} + \eta_{ij} \cdot \frac{\mathrm{d}}{\mathrm{d}y} + \xi_{ij} \cdot \frac{\mathrm{d}}{\mathrm{d}x}\right] I(r,\Omega_{ij}) = -\alpha(r,\Omega_{ij}) \cdot I(r,\Omega_{ij}) \\ + \sum_{u=1}^{U} \sum_{v=1}^{V(u)} C_{uv} \cdot a_{\mathrm{d}}(r,\Omega_{uv} \to \Omega_{ij}) I(r,\Omega_{uv})$$

$$\tag{4.2}$$

式中,i、u 取值范围为 $[1, U]$;j、v 取值范围为 $[1, V(u)]$;C_{uv} 为权重;$I(r,\Omega_{ij})$ 为一次碰撞散射的辐射强度。

体元按照不同地物类别依次计算:土壤→冠层→树木→道路、河流→人工建筑,且遵循后面计算的体元覆盖或删除掉前面已经计算完的体元的原则。在光线追踪计算过程中,对整个模拟场景预先定义了两个链表模版,分别保存光线在体元内部的传输路径及在外部各体元之间的传输路径。以植被为例,叶片体散射包括单次散射和多次散射,对于叶片任意一个侧面 f 处由 Ω_{s} 散射向 Ω_{v} 的辐射为

$$W_{\mathrm{scatt}}(f,\Delta l_{\mathrm{i}},\Omega_{\mathrm{s}} \to \Omega_{\mathrm{v}}) = W_1(f,\Delta l_{\mathrm{i}},\Omega_{\mathrm{s}} \to \Omega_{\mathrm{v}}) + W_{\mathrm{M}}(f,\Delta l_{\mathrm{i}},\Omega_{\mathrm{s}} \to \Omega_{\mathrm{v}}) \tag{4.3}$$

方程右侧第一项 W_1 为单次散射;第二项 W_{M} 为多次散射;Δl_{i} 为体元的路径长度。将所有向 Ω_{v} 散射的辐射累加起来为

$$\sum_k W_{\mathrm{scatt}}(f,\Delta l_{\mathrm{i}},\Omega_{\mathrm{sect},k} \to \Omega_{\mathrm{v}}) = \sum_k \left[W_1(f,\Delta l_{\mathrm{i}},\Omega_{\mathrm{sect},k} \to \Omega_{\mathrm{v}}) + W_{\mathrm{M}}(f,\Delta l_{\mathrm{i}},\Omega_{\mathrm{sect},k} \to \Omega_{\mathrm{v}})\right]$$

$$\tag{4.4}$$

式中,$\Omega_{\mathrm{sect},k}$ 为经离散后的 4π 空间。体散射过程中的辐射衰减取决于植被空间分布方式(随机或均匀分布)、植被结构(树冠、树干、树枝等)、叶倾角分布及叶面积指数等参数确定的体元内部透过率和散射相函数,图 4.5 和图 4.6 为 DART 模型构造的植被场景和单次、多次散射过程示意图。

如果再同时考虑入射辐射可能来自邻近体元的 6 个平面,则相应的辐射计算为

$$W_{\mathrm{scatt}}(\Delta l_{\mathrm{i}},\Omega_{\mathrm{sect},k} \to \Omega_{\mathrm{v}}) = \sum_{i=0}^{5} \sum_k \left[W_1^*(f,\Delta l_{\mathrm{i}},\Omega_{\mathrm{sect},k} \to \Omega_{\mathrm{v}}) + \sum_{i=0}^{5} \sum_k W_{\mathrm{M}}(f,\Delta l_{\mathrm{i}},\Omega_{\mathrm{sect},k} \to \Omega_{\mathrm{v}})\right.$$

$$\tag{4.5}$$

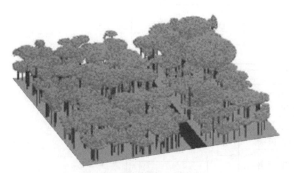

(a) DART构造的热带林场景

(b) DART影像，观测天顶角0°，太阳天顶角30°，100×100个体元

图 4.5　DART 模型构造的三维植被场景（随机方式生成）（Gastellu-Etchegorry，2007）

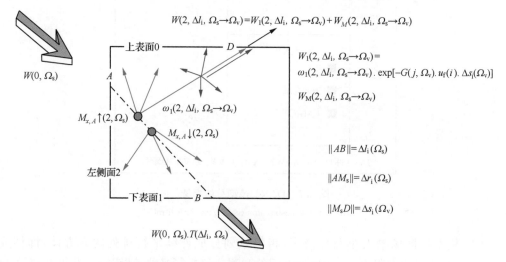

图 4.6　单次和多次散射过程（Gastellu-Etchegorry，2007）

　　按照上述过程，在给定太阳入射、组分光谱、观测角度等参量后可依次计算各离散方向内接收的辐射，从而确定场景的二向反射。

4.2.3　DART 模型软件系统

　　DART 模型基于 JAVA、JAVA 3D 环境开发，利用 OpenGL 或 Direct3D 三维图形库函数，进行复杂三维体的光线追踪计算。利用 XML 建立复杂三维场景，并利用节点方式来记录光线在三维体内与三维体间的传输过程。辐射传输计算采用精确的离散坐标法，在离散的有限方向和有限角度上进行单次、多次散射计算。DART 模型总体框架如图 4.7 所示。

　　DART 模型的运行过程可分为以下四部分：

　　（1）配置 DART 运行的外部环境，如 JAVA、JAVA 3D 等。

　　（2）利用 DART 的场景模板或者直接编辑相应 XML 文件建立地表模拟场景，设置场景中各个地物散射特性和温度，设置模型运行的控制参数和输出结果的种类、格式等。

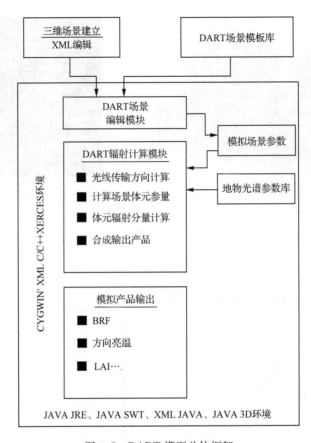

图 4.7　DART 模型总体框架

http://www.cesbio.ups-tlse.fr/us/dart.html

（3）模型根据场景大小及分辨率，将场景划分成连续平行排列的立方体，即体元（图 4.1）；由给定的太阳-体元-卫星三者间的观测几何进行光线追踪计算，获得在离散 4π 空间上光线传输过程中发生的一次和多次散射。与其他辐射传输模型不同的是，DART 是依次计算在各体元内部、体元之间发生的散射过程，最终得到场景的二向反射。

（4）如果同时设置了大气参数和传感器参数，模型可直接模拟标准产品。

4.3　基于辐射度方法的植被冠层二向反射特性计算机模拟模型

辐射度模型模拟植被冠层二向反射有很多优点。首先，它全面考虑了光线与冠层之间相互作用的反射、透射、吸收和多次散射过程，以及冠层内部叶片之间和树冠相互之间的遮蔽现象。其次，这种真实结构模型可以细致地模拟目标的各种形态及生长结构特征对光线作用的影响，克服了理论模型中过多简化和假设的缺点。Borel 等（1991）是早期研究辐射度方法并将其引入遥感领域研究植被冠层反射的主要学者。Goel 等（1991）发展了 DIANA 模型，基于 L 系统生成植被冠层三维场景，利用辐射度方法计算了可见光和近红外波段的 BRF。Qin 和 Gerstl 等（2000）进而发展了基于真实结构场景的辐射度模型,提出了 RGM,将模型应用于半干旱地区植被(稀疏的草和灌木冠层)的二向反射分布模拟。近年来随着遥感技术的提高和计算机计算能力的增强,辐射度模型受到越来越多学者的重视。围绕 RGM,许多研究人员开展了模型的扩展和应用(谢东辉等,2007;Huang et al.,2009,2013;张阳等,2009)。

本节以可用于大场景模拟的扩展 RGM 为例,以张阳(2009)和陈敏(2007)的相关研究为基础阐述辐射度模型的原理及方法。

4.3.1 RGM 真实结构场景生成

RGM 中的真实结构场景生成包括虚拟地表生成和长在虚拟地表的虚拟植被生成两部分,二者相结合构建地表三维场景。下面分别描述虚拟地表和虚拟植被的生成。

1. 虚拟地表的生成

以土壤为虚拟地表下垫面为例,由于土壤的粗糙不平对遥感观测产生了较大的影响,这种影响主要来自两部分:一是粗糙土壤本身的反射和辐射;二是因地表起伏不平导致的地表植被冠层起伏。前者主要体现在对短波和微波波段的稀疏植被遥感有较大影响,而后者则对各波段遥感都有影响。符锴华(2005)对地表作了改进,采用 Diamond-Square 算法,生成具有指定粗糙度的地表,如图 4.8 所示,使场景更加接近于真实情况。具体步骤如下:

(1) 设置角点坐标;

(2) 生成区域中心点——diamond 步;

(3) 生成区域边线中点——square 步;

(4) 针对更小的区域,重复(2)、(3)步操作。

其中,diamond 步:取四个点的正方形,两对角线交点为中点,在正方形中点生成一个随机值,由平均四个角值再加上一个随机量计算得到,形成一个棱锥,当网格上分布着多个正方形时,表面看上去类似钻石。

square 步:取每个四点形成的棱锥,在棱锥的中心生成一个随机值。平均角值再加上与 diamond 步相同的随机量,计算出每条边中点值,又得到一个正方形。

依照这种方法,在给定地表四角点的高程之后,便可产生一个地表。

图 4.8　粗糙地表场景

在自然场景范围较大时,地形起伏成为模拟需要考虑的主要因素,微地表粗糙度影响则相对较弱。因此,在大场景模拟的场景构建中,需要依据 DEM 或其他高程数据生成有地形起伏的虚拟地表。通常情况下,由于 DEM 的空间分辨率比较低,依据 DEM 空间分辨率对地表所划分的网格较粗糙,一般不能逼真地反映植被的阴影。所以,必须对 DEM 作细化处理,要求地表多边形的大小与构成植被的多边形大小相似。细化 DEM 最常用方法是插值,陈敏(2007)采用二元全区间插值方法生成了如图 4.9 所示的虚拟地表。

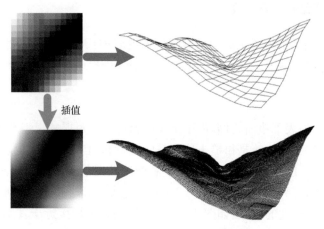

插值

图 4.9　基于 DEM 的虚拟地表的生成

2. 虚拟树木的生成

植被结构本身的复杂性,分布方式的随机性和随时间的变化性,使植被结构的定义、描述和定量表示方面存在较大困难,如何定量描述植被结构仍然是精确描述辐射与植被相互作用的前提。

虚拟植物就是利用虚拟现实(virtual reality)技术在计算机上模拟植物在三维空间的生长发育过程,它是以植物个体为对象,具有三维效果和可视化功能。生成的植物可以反映现实植物的形态结构,形成具有真实感的三维植物个体或群体,获得植物生态生理过程和形态过程的共同结果(宋有洪等,2000)。

作为一种生物体,植物的构造机理、生长过程及与环境的交互作用相当复杂,因此应用计算机模拟植物生长过程涉及多学科的知识融合,如生物学、植物学、生态学、信息科学、应用数学等。在实现植物生长的建模与可视化仿真中,一般先计算植物的生长过程,然后应用计算机图形方式显示植物形态结构。这种可视化植物生长模型除了可以用于模拟植物冠层光强分布外,还可以用于植被的光合作用产量、水分蒸腾、趋光效应、种植间距、植物体的变形、倒伏等方面的研究(马新明等,2003)。国内外众多植物学和计算机学方面的专家开发了多种虚拟植物生长的建模方法。

L 系统是一种典型的分形生成方法,以自动机理论为基础,用符号空间的一个符号序列来表示状态,通过符号序列的变化来描述形态生成过程(Prusinkiewicz et al.,1990)。Smith(1984)将 L 系统与计算机图形学结合起来,显示了 L 系统具有较好地模拟植物生长过程的能力。但是,对于结构较复杂的高大植物来说,L 系统形式语言规则难以提取,因此适用性较差。苏理宏等（2000）研究了扩展的 L 系统，吴门新（2003）、谢东辉（2005）和宋金玲（2006）等基于扩展的 L 系统生成了阔叶树场景，如图 4.10 所示。

图 4.10　基于扩展的 L 系统生成的阔叶树结构（宋金玲，2006）

陈敏（2007）等结合法国农业发展国际合作研究中心（CIRAD）建立的 AMAP 系统，生成了更为逼真的树，图 4.11 为使用 AMAP 系统生成的一棵年龄为 15 年，季节为夏季的杨树，其包含 13259 个多边形。

图 4.11　用 AMAP 生成的白杨树结构

在模拟玉米、小麦、棉花等农田场景以及青海云杉等森林场景时（Huang et al.，2009，2011；张阳等，2009），引入了多孔物体的概念，实现了场景的动态生成（Huang et al.，2013），如图 4.12 所示。在保证模拟精度的前提下，显著提高了运算速度。

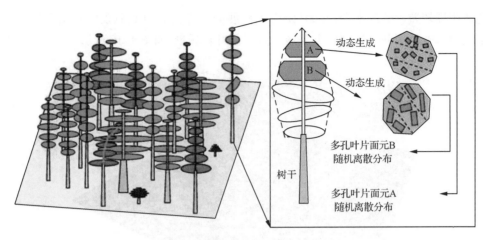

图 4.12 RAPID 动态生成的树结构(Huang et al. ,2013)

3. 虚拟场景的生成

将虚拟地表与虚拟植被合成即可得到虚拟场景。合成实质上是把独立树"栽到"指定坐标地表的过程。在获取栽种地点后,程序计算出该点高程,根据坐标平移公式,计算出多边形的新坐标。通过将所有多边形平移,完成虚拟场景的生成,如图 4.13 所示。

(a) 单木   (b) DEM   (c) 合成场景

图 4.13　虚拟场景的生成

4.3.2　RGM 模型模拟地表二向反射特性的原理

1. 基本原理

RGM 假定反射和透射都发生于朗伯表面,基于能量平衡原理,采用数值求解技术近似模拟场景中每个表面的辐射度(辐射通量密度)分布,并考虑了光线与表面之间相互作用的反射、透射和多次散射。一般由三个计算模块组成,即真实冠层结构场景的生成、冠层场景中各组分辐射度的计算,以及场景的 BRF 和反照率等参量的计算。

RGM 的模拟场景被分割为许多离散的多边形,这些多边形的表面被称为面元。由于一个多边形有上表面和下表面,场景中的面元数是场景中多边形数的 2 倍。定义场景

内离开某面元的辐射通量密度由出射、反射和透射三部分组成,用下面的数学公式描述:

$$B_i = M_i + \rho_i \sum_{j=1}^{N} B_j F_{ij} + \tau_i \sum_{k=1}^{N} B_k F_{ik} \tag{4.6}$$

式中,B_i 为第 i 个面元的表面辐射度;M_i 表示第 i 个面元的出射辐射度;ρ_i 表示面元 i 的表面反射率;F_{ij} 称作面元 i 与面元 j 之间的形状因子,描述离开第 j 个面元到达第 i 个面元的辐射度比例;τ_i 为面元 i 的透射率;N 是场景中的面元总数。式(4.6)描述了场景内面元的辐射收支平衡关系,进一步可将式(4.6)简化为

$$B_i = M_i + \xi_i \sum_{j=1}^{N} B_j F_{ij} \tag{4.7}$$

式中,ξ_i 表示面元 i 的反射率或透射率,由面元 i 和面元 j 的相对位置决定:

$$\xi_i = \begin{cases} \rho_i, & (\vec{n}_i \cdot \vec{n}_j) < 0 \\ \tau_i, & (\vec{n}_i \cdot \vec{n}_j) > 0 \end{cases} \tag{4.8}$$

式中,n_i 和 n_j 分别为面元 i 和 j 的法向量。于是有

$$B_i - \xi_i \sum_{j=1}^{N} B_j F_{ij} = M_i \tag{4.9}$$

由于模拟的对象场景所包含的面元数为 N,因此可以得到一个线性方程组,记为

$$AB = M \tag{4.10}$$

其中,

$$A = \begin{pmatrix} 1 & -\xi_1 F_{12} & \cdots & -\xi_1 F_{1N} \\ -\xi_2 F_{21} & 1 & \cdots & -\xi_N F_{2N} \\ \vdots & \vdots & & \vdots \\ -\xi_N F_{N1} & -\xi_N F_{N2} & \cdots & 1 \end{pmatrix}, \quad B = \begin{pmatrix} B_1 \\ B_2 \\ \vdots \\ B_N \end{pmatrix}, \quad M = \begin{pmatrix} M_1 \\ M_2 \\ \vdots \\ M_N \end{pmatrix} \tag{4.11}$$

于是,辐射度方法归结为求解方程式(4.10)。其中,形状因子 F_{ij} 和面元出射辐射度 M_i 是求解该方程的关键参量。

1) 形状因子 F_{ij}

形状因子 F_{ij} 描述了场景中面元间的可见程度,即离开面元 i 到达面元 j 的辐射度比例。如图 4.14 所示,微面元 i 和微面元 j 之间的距离为 r,二者法线方向与其中心连线方向之间的夹角分别为 θ_i, θ_j。假设两微面元间无遮挡,则离开微面元 i 而到达微面元 j 的辐射通量可以表示为 $B_i\cos\theta_i \mathrm{d}A_i \mathrm{d}\omega_i/\pi$,其中,$\mathrm{d}\omega_i = \cos\theta_j \mathrm{d}A_j/r^2$ 表示微面元 i 对微面元 j 张开的立体角。而微面元 i 向外发出的总辐射能量可以表示为 $B_i \mathrm{d}A_i$。于是,根据形状因子的定义,可以得到

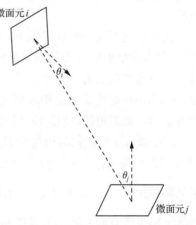

图 4.14 形状因子计算图示

$$F_{dA_idA_j} = \frac{B_i \cos\theta_i dA_i d\omega_i / \pi}{B_i dA_i} = \frac{\cos\theta_i \cos\theta_j dA_j}{\pi r^2} \qquad (4.12)$$

同理,

$$F_{dA_jdA_i} = \frac{\cos\theta_i \cos\theta_j dA_i}{\pi r^2} \qquad (4.13)$$

于是,微面元 i 与面元 j 间的形状因子可以表示为

$$F_{dA_i,j} = \int_{A_j} \frac{\cos\theta_i \cos\theta_j dA_j}{\pi r^2} \qquad (4.14)$$

从而,

$$F_{ij} = \frac{1}{A_i} \iint_{A_iA_j} \frac{\cos\theta_i \cos\theta_j dA_i dA_j}{\pi r^2} \qquad (4.15)$$

式(4.15)即是计算形状因子的理论公式。

Pietrek(1993)证明了形状因子的计算占整个辐射度方法消耗时间的 90%。通常情况下,根据上述公式获得解析解是很困难的,尤其当面元不规则或环境中有相互遮挡的面元时,上述公式便无法直接进行计算。为了提高形状因子计算的速度和精度,目前发展了一些实用的计算方法,如改进的 Nusselt 方法(Goel et al.,1991),在 RGM 中对形状因子的计算发挥了重要作用。

2) 面元出射辐射度 M_i

RGM 中,面元出射辐射度(即单次散射)主要来自于太阳直射光和天空漫散射光的贡献。因此,需要分别计算每个面元所能获得太阳直射光或天空漫散射光能量。

对太阳直射光,RGM 将所有面元按照离太阳远近排序后逐个投影,投影的结果保存了面元对太阳的可见信息,而面元对太阳的可见程度反映了太阳直射光对面元初始辐射度的贡献。

同理,对天空散射光,RGM 将其等效为均匀剖分的若干个方向的直射入射。把计算太阳直射光贡献的方法用到每个方向上的入射上,得到天空散射光对面元初始辐射度的贡献。

在计算出面元间形状因子 F_{ij} 和面元出射辐射度 M_i 之后,就可以对方程组(4.10)求解,得到多次散射后各面元的表面辐射度,并计算冠层场景的 BRF 以及反照率等重要参数。一般通过数值求解技术来给出方程组(4.10)的解,常用的方法有 Gauss-Seidel 迭代法、Southwell 迭代法和逐步求精迭代法等。由于植被系统中,多数形状因子为 0,该方程组通常为一稀疏矩阵,所以 RGM 中采用了 Gauss-Seidel 迭代法进行求解计算。

由于面元 i 的表面辐射度为 B_i,则对于任何方向,其观测强度为 B_i/π;所以在观测方向 v(其方向矢量记为 s_v),假设面元 i 的单位法向矢量为 n_i,面积为 area(i),对观测方向的可见面积比例为 $a(i,v)$,于是该观测方向上观测的辐射亮度为 $\frac{B_i}{\pi} | n_i \cdot s_v | a(i,v)$area($i$)。观测方向上所有面元的辐射亮度和即为冠层总辐射亮度。根据冠层 BRF 的定义,将观测的冠层辐射亮度与理想漫反射辐射亮度相比:

$$\mathrm{BRF}(v) = \frac{\displaystyle\sum_i \frac{B_i}{\pi} \mid n_i \cdot s_v \mid a(i,v)\,\mathrm{area}(i)}{\displaystyle\sum_i \frac{1}{\pi} \mid n_i \cdot s_v \mid a(i,v)\,\mathrm{area}(i)} \tag{4.16}$$

冠层反照率是上半球空间所有方向冠层反射率的积分。实际计算中,将场景的上半球空间离散化,按等立体角分成 $\dfrac{N_s}{2}$ 个完全相等的部分,即有 $\dfrac{N_s}{2}$ 个方向。假设观测方向天顶角为 θ_v,近似得到反照率为

$$\mathrm{Albedo} = \frac{1}{\pi} \sum_v \mathrm{BRF}(v)(4\pi/N_s)\cos\theta_v \tag{4.17}$$

2. 虚拟场景的分割

由于计算机的内存容量有限,当参与计算的数据量超过一定限度时,计算机的内存分配将会出现错误,进而导致程序无法正常运行。一般来说,能够保证 RGM 程序正常运行的场景多边形数目不应超过 500000 个。为了基于 RGM 方便地对超大场景进行模拟,采用空间分割的方法,把整个场景剖分成若干个子场景,分别作模拟计算。然后利用子场景的投影作为信息传递的途径,考虑子场景间相互作用和能量交换,合并后得到与整个场景计算结果相同或相似的模拟结果。

分割场景算法面临的最大挑战是如何考虑与邻近场景之间的相互作用。这些相互作用包括对入射光(天空散射、太阳直射)的相互遮蔽及相互间的多次散射。入射光的相互遮蔽可以通过投影叠加来考虑,而多次散射是通过整体求解得出的,因此多次散射在每个场景的辐射度求解中都得到体现。如图 4.15 所示,从天顶竖直向下观测场景,场景被划分为 16 个小格,每一小格是一个正方形小区域,Ⅰ 是一块 3×3 小格的区域。当正方形的边长达到一定大小时,把区域Ⅰ作为场景进行模拟计算,小区域 6 的面元多次散射发生范围仅限于其八邻域内,即小区域 1、2、3、5、7、9、10、11。这是因为当场景中两面元相隔

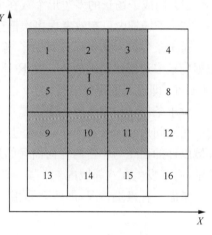

图 4.15　影响多次散射的八邻域

一定距离时,它们之间的形状因子可以小到忽略不计,因此它们之间的多次散射也就微乎其微。至于这个距离是多少,下面将仔细讨论。

基于上述八邻域的分析,将图 4.15 中场景划分为 4 个部分重叠的八邻域,八邻域Ⅰ包括小格 1、2、3、5、6、7、9、10、11,模拟时发生并保留多次散射的小格区域有 1、2、5、6;八邻域Ⅱ包括小格 2、3、4、6、7、8、10、11、12,模拟时发生并保留多次散射的小格区域有 3、4、7、8;八邻域Ⅲ包括小格 5、6、7、9、10、11、13、14、15,模拟时多次散射的小格区域有 9、10、13、14;八邻域Ⅳ包括小格 6、7、8、10、11、12、14、15、16,模拟时多次散射的小格区域有 11、12、15、16。这些八邻域就是要划分的子场景。这个过程可以借鉴图像处理中 mask 来解

释分割算法:首先将场景划分为 $n \times n$ 个小格。取 mask 为一个 3×3 的模板,在划分为 $n \times n$ 个小格的场景的 XY 平面上移动时,产生 $(n-2) \times (n-2)$ 个子场景。如图 4.16 所示。

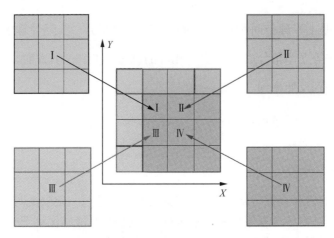

图 4.16　子场景的划分

经过八领域分割算法,子场景的划分就归结到小格的划分问题上来。定义的子场景需要满足以下两个条件:

(1) 构成子场景的多边形个数在 RGM 计算的允许范围之内;

(2) 子场景内可有效考虑多次散射。

对于条件(1),需要保证每个子场景内的多边形数目在 RGM 的运算范围之内,可以根据场景多边形数目来估算。在 RGM 中,认为每个 3×3 的子场景中多边形数目不超过 50000 个,即可保证程序运行。

对于条件(2),主要影响因素是小格的边长。小格边长会影响小格内某面元与八邻域内的面元间形状因子的大小,并通过形状因子影响多次散射。所以,需要保证某小格的八邻域以外的面元与小格内任何面元的形状因子小于某一阈值,八邻域外面元无多次散射贡献,而仅发生在八邻域内。

考虑一种极端情况,即两面元相互正对,即 $\theta_i, \theta_j = 0$。这样,可以得到

$$F_{ij} = \frac{1}{A_i} \int_{A_i} \int_{A_j} \frac{\mathrm{d}A_i \mathrm{d}A_j}{\pi r^2} = \frac{A_j}{\pi r^2} \tag{4.18}$$

假设面元为相等的正方形,其边长为单位 1。给定的阈值为 δ,即

$$F_{ij} = \frac{1}{\pi r^2} \leqslant \delta \tag{4.19}$$

所以当 $r^2 \geqslant \frac{1}{\pi \delta}$ 时,形状因子大小可以忽略。

事实上,为了计算的精确度,场景中的多边形大小是基本一致的,简便起见,可以以组成地表的小多边形 p 为其代表。如果 $\delta = 0.01$,那么当 $r \geqslant 5.6$,也即两面元距离大于或等于小多边形 p 边长的 5.6 倍的时候,形状因子就可以忽略,它们之间的多次散射也就可以

忽略。依据实际操作中的经验,一方面要求 r 满足大于等于 6 倍地表多边形边长,另一方面也要求划分尽量简单,被划分的子场景个数比较少,通常 r 的值大于 10。

3. 子场景间对太阳直射光部分的纠正

RGM 中,对于可见光近红外波段,面元表面的初始辐射度来自于入射光的照射。作为方程组(4.10)的关键输入参数,准确计算场景中各面元表面辐射度的初始值是整个算法实现的重要前提。

RGM 与其他遥感模型一样,对入射光的考虑通常分为太阳直射光和天空漫散射光两部分。太阳直射光被假设为平行入射光,天空漫散射光被假定为来自于天空半球的漫射光,可将天空半球剖分为若干个立体角来实现。太阳位置、立体角个数及太阳直射光与天空散射光的能量比例均由用户定义。一般将天空散射光剖分为 40 个方向的入射,天空散射光占总入射光的 5%～20%,随着波段的不同而不同。

如图 4.17 所示,地形的遮蔽不仅能影响太阳直射光的传播,同样对天空散射光的传播也有非常大的影响。因此,在分子场景模拟的方法中,需要分别就太阳直射光和天空散射光来考虑子场景间的遮蔽问题。

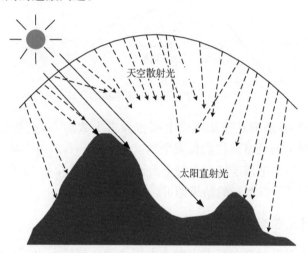

图 4.17　地形起伏的遮蔽效应

考虑子场景间相互遮蔽效应的思路可以表述为:把这些子场景沿太阳入射光作深度排序,按离太阳由远到近的顺序投影,再根据投影之间的重叠情况,得到子场景间对太阳光的遮蔽情况,并将结果保存到文件中。具体步骤为:

(1) 使各子场景按相同的投影比例进行投影,保存各子场景的投影图像。

(2) 计算子场景间的相对位置关系,按照画家算法依次将这些投影图像叠加到一起。

(3) 统计叠加后各多边形投影的像素个数。

(4) 用第(3)步得到的各多边形的投影像素个数去更新文件中的对应项,重新计算各面元的光照比例。

RGM 中,场景的投影关系由下面的线性方程决定:

$$\begin{cases} x_p = ax + b \\ y_p = cy + d \end{cases} \tag{4.20}$$

式中，x、y 是场景中的平面坐标值；x_p 和 y_p 是投影平面上对应的坐标值；a、b、c 和 d 是投影参数，它们分别反映了场景坐标对投影坐标的缩放比例和位移，并使得投影图像中心与投影平面中心重合。

子场景离太阳的距离以太阳光线在 xy 平面上的投影矢量和从坐标系原点到子场景中心点的矢量的内积来描述，内积越大，离太阳越远(图4.18)。

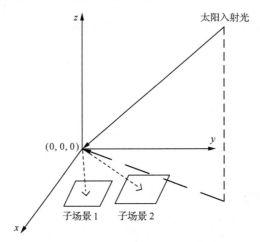

图 4.18　子场景距太阳距离的计算

记某面元的投影叠加前在投影平面上所占像素个数为 N，叠加后所占像素个数为 N_{new}，那么它被其他子场景遮挡住的像素个数就是 $N_{new} - N$。纠正某子场景受到其他子场景遮蔽的效应时，只要把该子场景中每个面元的投影像素个数(也即被太阳直射光照亮的面积)更新为投影图像叠加后的结果即可。

4. 子场景间对天空漫散射光部分的纠正

一般来说，天空漫散射光在所有入射光中所占的比例较小，在 RGM 中，天空漫散射光被等效为上半球空间内若干个方向的入射光之和，可采用天空可视因子(Dozier and Frew，1990)V_d 来纠正子场景模拟对天空散射光的遮蔽影响。

V_d 是用来描述地表某点可见的天空半球部分，定义为地表某点所接收的天空漫散射与未被遮挡的水平表面所接收的漫散射之比。显然，V_d 的值在 0 和 1 之间。于是，地表某点接收的天空漫射光的辐度可以表示为

$$E = V_d E_f \tag{4.21}$$

式中，E_f 为无遮挡的水平地表某点的所接收到的天空漫散射光辐度。

根据式(4.21)，假设地表有两点，它们接收到的天空漫射光的辐度分别是 E_1 和 E_2，这两点的天空可视因子分别是 V_{d1} 和 V_{d2}，那么有

$$E_1 = V_{d1} E_f, \quad E_2 = V_{d2} E_f \tag{4.22}$$

从而,

$$\frac{E_1}{E_2} = \frac{V_{d1}E_f}{V_{d2}E_f} = \frac{V_{d1}}{V_{d2}} \tag{4.23}$$

式(4.23)说明,地表上任意两点接收到的天空漫散射与它们各自的天空可视因子成正比。

在子场景模拟方法中,分割子场景前后带来某点接收天空漫散射辐射不同的根本原因是子场景的分割造成某点的天空可视因子发生变化。如图 4.19 所示,弧线代表地形的起伏,谷中某点的天空可视因子为 V_{d1}。如果在虚线处将整个场景切分为两个,则该点处的天空观测因子变为 V_{d2},显然,分割后该点接收的天空漫散射辐射大于分割前。

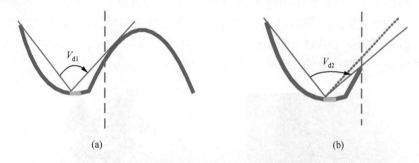

图 4.19　分割子场景对天空观测因子的影响

V_d 的计算依赖于地形数据。基于 DEM 计算各子场景和整个大场景的 V_d,然后按照式(4.23)中所示的关系,利用子场景模拟中得到的天空漫散射辐射度值,来求出大场景模拟时得到的真实天空漫散射辐射,其数学关系可表示为

$$E_{\text{whole}} = E_{\text{sub}} \cdot \frac{V_{d\_\text{whole}}}{V_{d\_\text{sub}}} \tag{4.24}$$

式中,E_{whole} 和 E_{sub} 分别是大场景和子场景相对应的某点接收到的天空漫散射辐射;V_{d_whole} 和 V_{d_sub} 分别是大场景和子场景相对应的某点天空可视因子。

对于 V_d 的计算,目前较为成功的是 Dozier 和 Frew(1990)提出的快速算法,认为 V_d 的近似表达式可以表示为

$$V_d \approx \frac{1}{2\pi}\int_0^{2\pi}\left[\cos S \sin^2 H_\phi + \sin S \cos(\phi - A)(H_\phi - \sin H_\phi \cos H_\phi)\right]\mathrm{d}\phi \tag{4.25}$$

式中,ϕ 表示为 $0 \sim 2\pi$ 的方位;H_ϕ 为在 ϕ 方向的最大天空张角;S 为坡度角。

该方法在若干方向搜索与研究点所形成的最大天空张角 H_ϕ,然后基于式(4.25)计算 V_d,一般 16 个方向对 V_d 的计算就足够了。为了进一步加快计算的速度,阎广建等(2000)对该算法加以改进,采用了图 4.20 所示的非均匀分布的 16 个方向。这种处理方法减少了在均匀分布时搜索最

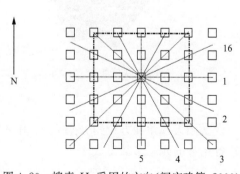

图 4.20　搜索 H_ϕ 采用的方向(阎广建等,2000)

大高度角时所需进行的三角函数计算及内插处理,加快了计算 V_d 的速度。

为了对子场景的天空漫散射进行纠正,必须求出每个子场景以及大场景的 V_d 分布,也就是计算出某面元所在点及其在大场景中对应点的 V_d,并将计算出的 V_d 保存为图像。实现对子场景天空散射遮蔽的纠正。

4.3.3 大场景 RGM 敏感性分析及其应用

1. 大场景 RGM 的误差分析

为了对分子场景模拟的方法进行误差分析,基于 RGM 构建了一个有地形起伏的真实森林场景(图 4.21)。以整体场景 RGM 模拟结果作为真值,分别验证分子场景方法模拟得到的太阳直射光、天空漫散射光、单次散射和多次散射的精度。该场景由 1342800 个多边形构成,远超 RGM 中对于多边形 500000 的上限。其中,地表由 130×130 个多边形构成,每棵树的多边形个数为 13259,共计 100 棵树。

(a) 插值后的DEM

(b) 虚拟枫树

(c) 观测角度(天顶角 80°,方位角 145°)

(d) 观测角度(天顶角 0°,方位角 0°)

图 4.21 示例虚拟场景

设太阳天顶角和方位角分别为 60°和 220°,天空漫散射光剖分为均匀的 40 个入射角度。各组分的光学参数见表 4.1。

表 4.1　示例场景的光学参数

组分	反射率				透过率			
	447.0nm	556.1nm	671.2nm	867.1nm	447.0nm	556.1nm	671.2nm	867.1nm
叶片	0.0537	0.1220	0.0702	0.5143	0.095	0.081	0.033	0.4324
枝干	0.1368	0.2000	0.2215	0.5434	0	0	0	0
土壤	0.0506	0.1455	0.2880	0.5624	0	0	0	0

　　将 r 设为 26 倍地表多边形边长,这样将会把整个场景划分为 9 个子场景。经估算,每个场景的多边形个数为 480000 个左右,符合子场景的两个划分条件,划分结果如图 4.22 所示。

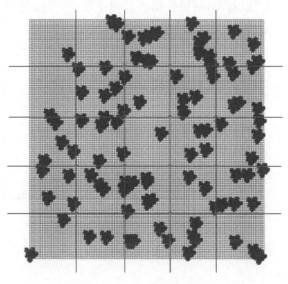

图 4.22　场景划分结果

1) 太阳直射光

　　将子场景拼接后,将得到的整个大场景的直射反射效果图与大场景直接模拟得到的效果比较如图 4.23 所示。

(a) 大场景直接模拟得到的直射反射结果　　　　(b) 分子场景模拟方法得到的直射反射结果

图 4.23　分子场景模拟方法和大场景直接模拟方法的直射反射结果对比

在 RGM 模拟的 darea. dat 文件中(有关诸如 darea. dat 文件的含义,读者可以参考本书 4.3.4 节),darean 项反映了太阳直射光对场景中面元初始辐射度的贡献,是参与辐射度求解的重要参量。将每个子场景模拟的 darea. dat 按面元序号融合为整个大场景模拟的 darea. dat 后,用融合后的 darea. dat 中的 darean 值(newdarean)与大场景直接模拟得到的 darea. dat 中的 darean(daeran)比较。发现两组数据的相关系数为 0.989,均方根误差为 0.027,标准差为 0.026。

误差分布直方图反映了误差分布的范围、集中程度,其横坐标为误差,纵坐标为该误差的样本数。将 newdarean 减去 darean,统计误差的分布,得到图 4.24 所示的误差直方图。从误差分布直方图可以看出,两组数据的差别非常小,可以忽略(darean 的均值约为 0.07,-0.01~0.01 的误差约占所有误差的 97.5%)。

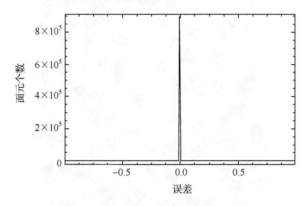

图 4.24　darean 误差分布直方图(总面元数 919820)

2) 天空漫散射光

在 RGM 模拟文件中的 fd. dat 项反映了天空漫散射对场景中面元初始辐射度的贡献。将天空光剖分为均匀分布的 40 个方向入射,每个子场景模拟的 fd. dat 按面元序号融合为整个大场景模拟的 fd. dat,用融合后的 fd. dat 中的 fd 值(newfd)与大场景直接模拟得到的 fd. dat 中的 fd(fd)作比较。发现相关系数为 0.993,均方根误差为 0.0276,标准差为 0.0272。将 newfd 和 fd 相减,统计误差的分布。从图 4.25 所示的误差分布直方图上看,用分子场景方法模拟纠正后的 fd 值与实际值总体相符(fd 均值约为 0.15,

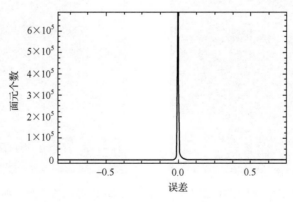

图 4.25　fd 误差分布直方图(总面元数 919820)

$-0.01\sim0.01$ 的误差约占所有误差的 81%），但相对偏高（在图 4.25 中显示为误差分布曲线在 0 值右侧有很小的隆起）。其主要原因是天空可视因子搜索的方向有限，没有覆盖所有的天空光入射方向，导致纠正不足。但是，由于天空漫散射光占入射光比例较小，计算误差也非常小，因此，在可接受范围之内，仍然可以忽略此误差。

3）单次散射部分

太阳直射光和天空漫散射光的入射贡献共同构成了面元表面的单次散射。文件 selfflux.dat 中将单次散射后各面元的辐射度分布分为光照和阴影两部分。因此，单次散射后的面元辐射度分布应当由下式计算得到：

$$B_i = B_{i-\text{lit}} \cdot \text{darean}_i + B_{i-\text{shd}} \tag{4.26}$$

图 4.26 为分子场景方法的单次散射和大场景直接模拟方法的单次散射的差值直方图。其中，self(band X)指在波段 X 大场景直接模拟得到的单次散射值。可以看出，分子场景模拟方法与大场景直接模拟方法分别得到的单次散射结果接近，在比均值小一个数量级的范围内的误差均占到所有误差的 90% 以上。

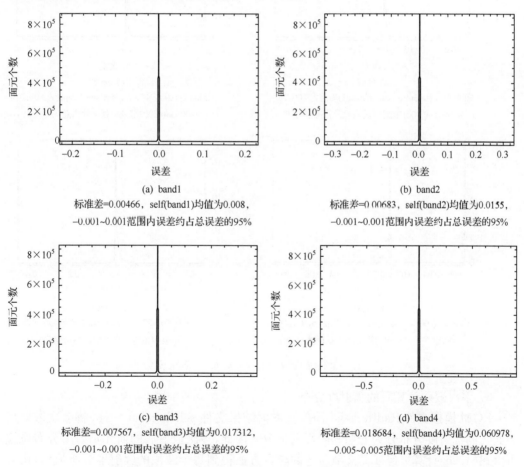

(a) band1
标准差=0.00466，self(band1)均值为0.008，
$-0.001\sim0.001$范围内误差约占总误差的95%

(b) band2
标准差=0.00683，self(band2)均值为0.0155，
$-0.001\sim0.001$范围内误差约占总误差的95%

(c) band3
标准差=0.007567，self(band3)均值为0.017312，
$-0.001\sim0.001$范围内误差约占总误差的95%

(d) band4
标准差=0.018684，self(band4)均值为0.060978，
$-0.005\sim0.005$范围内误差约占总误差的95%

图 4.26　分子场景模拟方法与大场景直接模拟单次散射误差分布直方图（总面元数 919820）

4) 多次散射部分

子场景模拟结果融合首先需要判断每一个子场景中哪些部分是考虑到周围多次散射的，然后综合这些周围多次散射的结果合并成整个大场景的模拟结果。图4.27显示了用分子场景方法和大场景直接模拟方法差值的直方图，其中，scatter(band X)指在波段 X 大场景直接模拟得到的多次散射值。从图中可以看出，对于多次散射，分子场景方法得到的值偏小（误差分布曲线在0值左侧的隆起）；随着波长的增加，由于反射率增大，多次散射增强，误差有增大的趋势。说明分子场景方法对多次散射的计算仍有影响。但是这种误差数值很小，在低于均值一个数量级的范围内集中了60%左右的误差，而且绝大多数误差都集中在0值附近，因此，可以忽略该误差。

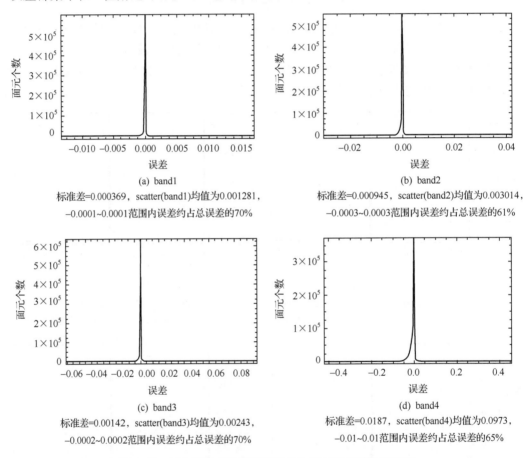

(a) band1
标准差=0.000369，scatter(band1)均值为0.001281，
−0.0001~0.0001范围内误差约占总误差的70%

(b) band2
标准差=0.000945，scatter(band2)均值为0.003014，
−0.0003~0.0003范围内误差约占总误差的61%

(c) band3
标准差=0.00142，scatter(band3)均值为0.00243，
−0.0002~0.0002范围内误差约占总误差的70%

(d) band4
标准差=0.0187，scatter(band4)均值为0.0973，
−0.01~0.01范围内误差约占总误差的65%

图4.27　四个波段多次散射的误差分布（总面元数 919820）

5) 多次散射计算后的辐射度分布

RGM模拟文件 Radflux.dat 同单次散射结果文件 selfflux.dat 一样，将多次散射后各面元的辐射度分布分为光照和阴影两部分。因此，多次散射后的面元辐射度分布也应可由式(4.26)计算。经4.3.2节所述的融合方法得到每个波段的辐射度分布值后，用分子场景模拟的方法经多次散射计算后场的效果图与大场景直接模拟得到的效果图相比较，如图4.28所示。

从效果图上看，两种方法的模拟结果形状完全相同，色调和色度有非常好的一致性，

大场景直接模拟效果图　　　　　　　分子场景方法模拟效果图

(a) 热点方向(观测角度：天顶角为60°，方位角为220°)

大场景直接模拟效果图　　　　　　　分子场景方法模拟效果图

(b) 天顶方向(观测角度：天顶角为0°，方位角为0°)

图4.28　分子场景方法与大场景直接模拟方法效果图比较(波段3、2、1 对应 R、G、B)

阴影明显，所占区域一致，对应区域的亮度一致，两种方法的模拟结果几乎没有差别。

图4.29 显示了该两种方法计算的各波段辐射度值的差值，用分子场景方法得到的辐射度结果减去大场景直接模拟得到的辐射度结果。其中，rad(bandX)指在波段 X 大场景直接模拟得到的辐射度值。由于单次散射几乎完全一致，所以误差基本来自于多次散射部分。可以看到，误差随波长的增加有增大的趋势，这与前面所述多次散射误差的变化特征相一致。

通过对比，两种方法的差异很小，绝大多数误差集中在 0 值附近，60%以上的误差集中在比均值低一个数量级的范围内。由于误差很小，在 10% 的置信区间内，分子场景模拟的方法可以得到可靠的模拟结果。

2. 大场景 RGM 的敏感性研究

地形影响和子场景设置是大场景 RGM 敏感性分析的两个主要因素。在山区，卫星传感器所探测的辐射受以下因素的影响：①大气、地形的影响导致地表所接收的辐射能量发生变化；②地形改变了太阳、地表和卫星传感器三者所构成的相对观测几何而造成的方向性反射变化；③地形引起的多次散射。分子场景的方法使每个子场景与其周边场景的相互影响被剥离，从而不符合实际情况。在模拟过程中必须考虑子场景之间的相互遮蔽。

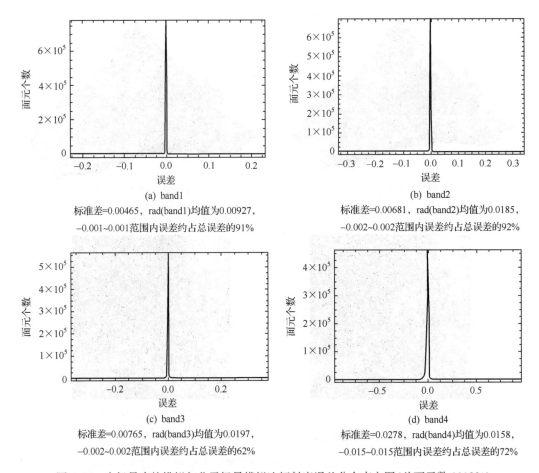

(a) band1
标准差=0.00465，rad(band1)均值为0.00927，
−0.001~0.001范围内误差约占总误差的91%

(b) band2
标准差=0.00681，rad(band2)均值为0.0185，
−0.002~0.002范围内误差约占总误差的92%

(c) band3
标准差=0.00765，rad(band3)均值为0.0197，
−0.002~0.002范围内误差约占总误差的62%

(d) band4
标准差=0.0278，rad(band4)均值为0.0158，
−0.015~0.015范围内误差约占总误差的72%

图4.29　大场景直接模拟与分子场景模拟法辐射度误差分布直方图(总面元数919820)

对于面元之间的多次散射,由于只考虑了八邻域对中心场景的影响,划分的子场景越多,单个场景的面积越小,它对中心场景的贡献也就越小,导致结果不准确。理论上讲,子场景个数越多,结果偏差也就越大。因此,应分析划分子场景的个数对模拟结果的影响。

模拟设计了三种典型的地形:平地、V型山谷和Λ型山丘。其中,V型山谷和Λ型山丘采用30°倾角。每种地形再细分为9个子场景、16个子场景、25个子场景、36个子场景、49个子场景分别进行模拟。

设置太阳天顶角为40°,方位角为180°,天空光剖分为均匀的40个入射角度。观测角度为沿太阳主平面方向,场景大小30m×30m,随机生成树50棵。投影平面为5000×5000像素。整个场景的多边形个数为189950。场景的具体光学参数设置见表4.2。

表4.2　场景的光学参数

参量	反射率				透过率			
	470.0nm	556.0nm	670.0nm	792.0nm	470.0nm	556.0nm	670.0nm	792.0nm
叶片	0.0136	0.184	0.0177	0.625	0.0278	0.0379	0.0418	0.0900
树干	0.0364	0.114	0.136	0.345	0	0	0	0
土壤	0.0401	0.0834	0.0686	0.283	0	0	0	0

单株树的结构参数设置见表 4.3。

表 4.3 单株树的结构参数

叶片面元边长/m	0.05
单棵树 LAI	5.0
场景 LAI	2.035
树冠高/m	12.0
冠幅/m	3.60
树干高/m	1.50
树干横截面直径/m	0.30

首先模拟生成了平地、V 型山谷和 Λ 型山丘三种典型地形的虚拟地表,基准高程为 0m,山谷和山丘的坡度为 30°,分辨率为 1m。然后根据表 4.2 所给的结构参数生成虚拟植被,最后将虚拟地表与虚拟植被合成得到虚拟场景(图 4.30)。

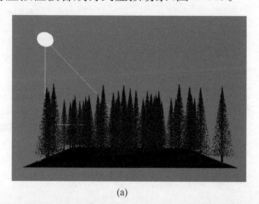

(a)

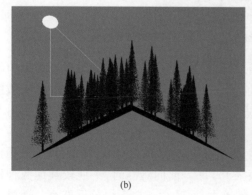

(b)

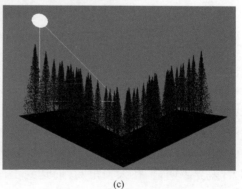

(c)

图 4.30 虚拟场景

1) 地形对二向反射分布函数的影响

图 4.31 分别显示了为山丘、平地和山谷地形条件的近红外波段与红光波段 BRF 模

拟结果。可以看出,地形对BRF有一定的影响,表现在后向观测方向的增强作用和前向观测方向的减弱作用。

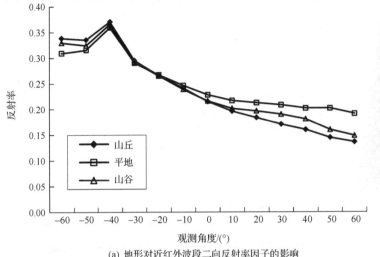

(a) 地形对近红外波段二向反射率因子的影响

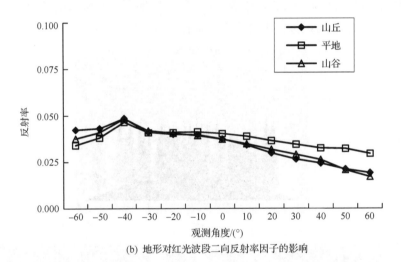

(b) 地形对红光波段二向反射率因子的影响

图4.31 地形对近红外波段和红光波段二向反射率因子的影响

近红外波段的后向观测方向,山丘的反射率值最高,山谷次之,平地最低。天顶角越大,差异越大,但差异最大不超过0.029。后向观测时,面元接收太阳及天空的单次散射强弱依次为:山丘、山谷、平地,单次散射对BRF的贡献大于多次散射,因此,二向反射率强弱依次为山丘、山谷、平地。

近红外波段的前向观测方向,平地的反射率值最高,山谷次之,山丘最低,观测天顶角越大,差异越明显,在天顶角60°时达到了最大0.056。前向观测时,平地较其他两种地形,由于不受地形遮挡的影响,叶片反射率贡献较大,而叶片与树干组分反射率与透过率高于土壤的反射率与透过率,因此值较高,山谷次之,而山丘由于存在地形的遮挡,反射率值最低。

近红外波段的反射率值高于红光波段,这主要是植被多次散射造成的。与近红外波段相似,红光波段山丘后向反射率高于山谷和平地后向反射率。前向平地反射率明显高于山丘和山谷前向反射率。究其原因,主要是因为后向山丘地形较山谷与平地,接收的太阳直射光较多,因此值较高,而前向,山丘地形阴面受遮挡,值较低。

无论近红外波段还是红光波段,在热点方向的反射率值出现最大,三种地形条件下结果相近,这说明地形在热点方向对反射率影响不大。

2) 子场景个数对反射率分布的影响

以山丘地形为例,图 4.32 分别显示了近红外波段与红光波段,划分不同子场景个数模拟得到的 BRF。

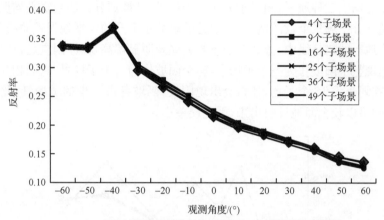

(a) 山丘地形近红外波段子场景个数对二向反射率因子的影响

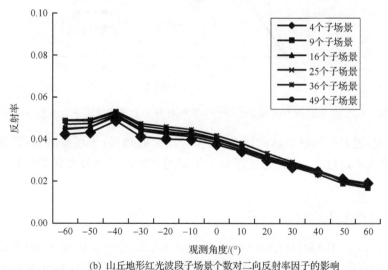

(b) 山丘地形红光波段子场景个数对二向反射率因子的影响

图 4.32 山丘地形近红外波段和红光波段子场景个数对二向反射率因子的影响

虽然考虑了子场景间单次散射、多次散射相互遮蔽的影响,理论上讲,划分的子场景个数越少,由人为分割而导致的场景间相互作用的剥离程度越弱。所以,以四个子场景的 BRF 曲线为基准,认为它是最接近实际情况的。

从图 4.32 可以看出,总的来说,子场景的个数对模拟结果影响较小,近红外波段最大出现在分 9 个子场景时,偏差为 0.0132。平地地形最大偏差出现在 36 个子场景时,为 0.0086,山谷地形最大偏差出现在 36 个子场景时,为 0.0129。

热点效应明显,BRF 呈丘状分布。随着观测天顶角增大,土壤的贡献减小,叶片的贡献增大,而土壤的反射率与透过率低于叶片与树干组分反射率与透过率,因此,BRF 随观测天顶角的增大迅速减小。

可以看出,在山丘地形,红光波段后向观测方向,分四个子场景的反射率值最低。这是因为地形的影响,分四个子场景时,子场景面积最大,但由于山丘地形的遮挡,子场景之间的相互作用反而越弱,多次散射相对其他划分方法要低。

图 4.33 显示了三种地形,相对于分 4 个子场景,其他划分方法与之平均误差趋势图。可以看出,随着分子场景个数的增加,误差总的趋势是上升的。平地误差曲线上升较为平缓,而在山丘地形的趋势线中,分 9 个子场景的误差明显偏高,其原因应是,在划分 9 个子场景时,会出现整个阳坡作为一个子场景,整个阴坡作为一个子场景,它们相互割裂开来,误差大。而在划分为 16 个子场景时,会出现阳坡、阴坡各占一半的子场景,此时,子场景间的相互影响可以较全面地反映出来,因此误差小。

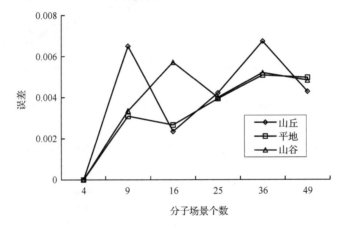

图 4.33　红光波段不同划分子场景个数相对分 4 个子场景的平均误差趋势图

总的来说,随着子场景个数的增多,误差有增大的趋势,子场景数越多,规律越不明显,但误差最大不超过 0.007。因此用分子场景的方法进行大尺度场景的计算机模拟是可行的。

3. RAMI 场景模拟及误差分析

RAMI(Europa-RAMI)(Radiation Transfer Model Intercomparison)是由欧盟欧洲委员会联合研究中心的环境与可持续性研究所(Institute for Environment and Sustainability, Joint Research Centre, European Commission, European Union)组织的针对辐射传输模型的竞赛,RAMI 提供了对用于模拟地球陆地表面(如植被冠层等)辐射传输的二向反射模型一种检验手段。作为一个开放持续的活动,RAMI 利用一系列连续的事例来检验各种最新的辐射传输模型。RAMI 迄今已经举办了四期,分别是 RAMI-1、RAMI-2、RAMI-3 和 RAMI-4。RAMI-3 还提供了 ROMC 平台(RAMI on-line model checker),以三维蒙特卡罗模型的模拟结果为基准,帮助用户比较验证自己的模型模拟结果。

本节主要介绍分子场景的 RGM 在 RAMI-3 的高斯分布地形针叶林场景及 RAMI-4 中的混合场景的模拟结果及误差分析。

1）RAMI-3 高斯分布地形针叶林场景模拟及误差分析

Huang 等（2009）运用扩展后的大尺度 RGM 对 RAMI-3 中非均匀场景（高级）中的第二个场景进行了模拟，该场景是基于二维高斯分布地形上的离散的针叶林场景，如图 4.34 所示。

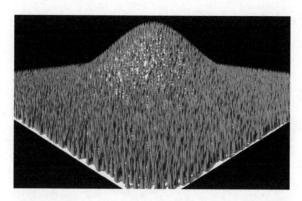

图 4.34　试验场景(http://rami-benchmark.jrc.it/HTML/Home.php)

场景中，针叶树被抽象为表 4.4 中所示的圆锥圆柱复合体（圆锥：树冠；圆柱：树干）。

表 4.4　场景的主要结构参数

参量		参数
场景大小(DeltaX×DeltaY×DeltaZ)/m³		$500.0 \times 500.0 \times 113.5$
场景范围坐标	$(X_{min}, Y_{min}, Z_{min})/m$	$-250.0, -250.0, 0.0$
	$(X_{min}, Y_{max}, Z_{min})/m$	$-250.0, +250.0, 0.0$
	$(X_{max}, Y_{min}, Z_{min})/m$	$+250.0, -250.0, 0.0$
	$(X_{max}, Y_{max}, Z_{min})/m$	$+250.0, +250.0, 0.0$
	$(X_{min}, Y_{min}, Z_{max})/m$	$-250.0, -250.0, 113.5$
	$(X_{min}, Y_{max}, Z_{max})/m$	$-250.0, +250.0, 113.5$
	$(X_{max}, Y_{min}, Z_{max})/m$	$+250.0, -250.0, 113.5$
	$(X_{max}, Y_{max}, Z_{max})/m$	$+250.0, +250.0, 113.5$
	散射单元形状	无厚度圆盘
	散射单元半径/m	0.05
	单棵树 LAI(锥形树冠)	5.0
	散射单元法向公布（单棵树）	均一公布
	场景中树的数目	10000
	场景中树的空间分布(X,Y)	随机（泊松分布）
	树密度（棵/ha）	400
	场景中树冠覆盖度	0.4072
	场景的 LAI	2.0358

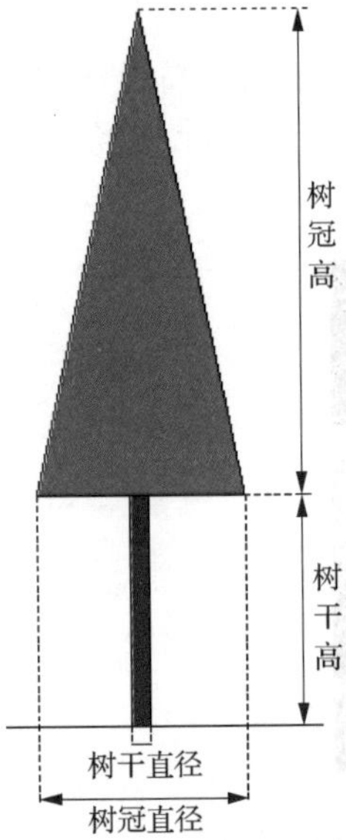

参量		参数
	树冠高/m	12.0
	冠幅/m	3.60
	树干高/m	1.50
	树干直径/m	0.30
	高程计算公式(Z_{soil}, X, Y, $MaxE_1$)/m	$Z_{soil}=MaxE_1\times exp[-((X/100.0)^2$ $+(Y/100.0)^2)]$
	最大高程（$MaxE_1$）/m	100.0
	最大高程点坐标（X,Y)	(0.0,0.0)

生成的虚拟场景中,总多边形数为 2120000,根据子场景的划分规则,将整个场景划分为 36 个子场景。虚拟场景中与辐射相关的光学参数见表 4.5。

表 4.5　场景的主要光学参数

参量	红光	近红外
太阳天顶角(SZA)/(°)	40	40
太阳方位角/(°)	180	180
叶片散射类型	双朗伯	双朗伯
冠层内叶片散射单元的反射率	0.08	0.45
冠层内叶片散射单元的透过率	0.03	0.30
树干反射率(树皮)	0.14	0.24
树干透过率	0.00	0.00
土壤散射类型	朗伯	朗伯
土壤反射率	0.86	0.64

通过虚拟场景,分别计算太阳直射光和天空漫散射光的贡献及面元间的形状因子,并按 4.3.2 节中的方法对太阳直射光和天空漫散射光的贡献作纠正。与 RAMI-3 中其他模型的模拟结果比较如图 4.35 所示。

由图 4.35(a)红光波段太阳主平面 BRF 模拟结果可以看出,RGM 与其他参与 RAMI 比较的计算机模拟模型具有很好的一致性,都较好地模拟了红光波段森林冠层典型的二向反射特征,即 BRF 呈"丘状"分布,最大值出现在热点方向,随着观测天顶角增大,土壤的贡献越来越小,叶片贡献增大,由于叶片反射率(0.08)和透过率(0.03)远小于土壤反射率(0.86),导致 BRF 随观测天顶角增大而迅速减小。RGM 与其他几个模型模拟结果出

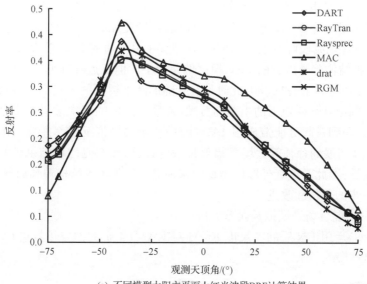

(a) 不同模型太阳主平面上红光波段BRF计算结果

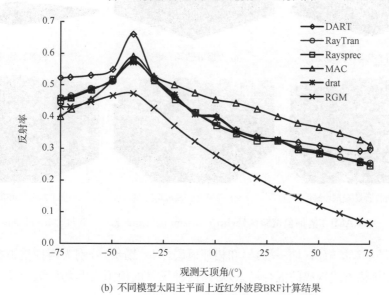

(b) 不同模型太阳主平面上近红外波段BRF计算结果

图 4.35 不同模型太阳主平面上近红外波段和红光波段 BRF 计算结果

现偏差,一方面可以归因于这些模型本身所选择的辐射传输计算方法的不同而导致的差异,另一方面在于本节所采用的场景并不是和其余模型采用的场景完全一致。由于 RAMI-3 比较活动已结束,网上并未提供场景的结构输入文件,根据其网站上(http://rami-benchmark. jrc. ec. europa. eu)提供的场景统计参数来产生森林场景,虽然视觉上很相似,但场景结构差异不可避免,比如树冠的坐标位置、空间分布及树冠间的相对位置关系等,由此会带来模拟结果的差异。

近红外波段太阳主平面 RGM 模拟的 BRF 结果如图 4.35(b)所示,反射率整体趋势较为一致,但与其他几个模型差异较大。出现较大差异的原因除了上面提到的两个因素外,模拟中对场景单元的简化,以及由此产生的辐射传输过程的差异是一个重要原因。模拟的圆锥树冠单元是由一个大的叶片构成(即树冠表面无孔隙),但其他几个模型的树冠是假定叶片随机地分布在圆锥轮廓内,这样树冠是带孔隙的。这种结构差异在红光波段影响较小,因为红光波段叶片反射、透过率很低,在单个树冠 LAI 较大(RAMI-3 给出的是 5)时,这两种结构差异造成的 BRF 模拟偏差较小。但在近红外波段,叶片反射率和透过率都较大,分别为 0.45 和 0.30,此时带有孔隙的圆锥树冠的下垫面土壤贡献要大于模拟所采用的大圆锥叶片树冠下的土壤的贡献,并且树冠内的多次散射的贡献也有较大差异,这些作用累积到一起可能造成图 4.35(b)中所示的模拟反射率差异。由于此项模拟侧重于将 RGM 拓展到森林等大场景辐射传输的计算,而红光波段结果较好地显示了这种拓展的有效性,因此对近红外波段出现的这种主要由于场景结构差异而导致 BRF 结果偏差未做进一步的分析和改进。

2) RAMI-4 混合场景模拟及误差分析

张阳(2009)运用扩展后的大尺度 RGM 对 RAMI-4 中的抽象场景进行了模拟,模拟场景如图 4.36 所示。

(a) 各向异性背景(均一场景)　　　(b) 双层冠层(均一场景)　　　(c) 相邻冠层(均一场景)

(d) 各向异性背景(离散场景)　　　(e) 双层冠层(离散场景)　　　(f) 固定倾角(离散场景)

图 4.36　RAMI-4 的抽象试验场景(http://rami-benchmark. jrc. it/HTML/Home. php)

其中,场景双层冠层(均一场景)和相邻冠层(均一场景)分别为两种植被类型以上下分层和左右拼接方式构成的混合场景,对这两种场景的模拟为非均质混合像元的研究提供了借鉴。

结合 RAMI-4 混合场景参数,模拟了小范围的混合场景。样地大小为 $2m \times 2m$,SIM1 为喜直型叶片的随机分布场景,SIM2 为喜平型叶片的随机分布场景,SIM3 为喜直型叶片和喜平型叶片各占一半的混合场景,具体参数见表 4.6,生成的场景和模拟的结果反射率分别见图 4.37 和图 4.38。

从图 4.38(a)可以看出,模拟结果热点效应明显。对于 SIM1 场景,由于叶片为喜直型,且 $LAI_{SIM1}=1$,小于 SIM2($LAI_{SIM2}=5$),因此土壤面元贡献大,反射率值较 SIM2 低。同时,在近似垂直观测时,可看到的主要是上层叶片,而大角度观测时,还可观测到下层叶片面元,碗边效应明显。对于 SIM2,叶片为喜平的,无论是近似垂直观测还是大角度观测,起主要作用的都是上层面元,因此,碗边效应不明显。

表 4.6　模拟参数

参量	SIM1	SIM2	SIM3	
场景平面坐标范围/m	(0,0)～(2,2)	(0,0)～(2,2)	(0,0)～(1,2)	(1,0)～(2,2)
叶倾角类型	喜直型	喜平型	喜直型	喜平型
叶面积指数 LAI	1	5	1	5
叶片面元边长/m	0.05	0.05	0.05	0.05
太阳天顶角/(°)	20	20	20	20
太阳方位角/(°)	0	0	0	0
叶片红光波段反射率	0.04	0.06	0.04	0.06
叶片红光波段透过率	0.04	0.02	0.04	0.02
土壤红光波段反射率	0.13	0.13	0.13	0.13
叶片近红外波段反射率	0.50	0.48	0.50	0.48
叶片近红外波段透过率	0.44	0.48	0.44	0.48
土壤近红外波段反射率	0.16	0.16	0.16	0.16

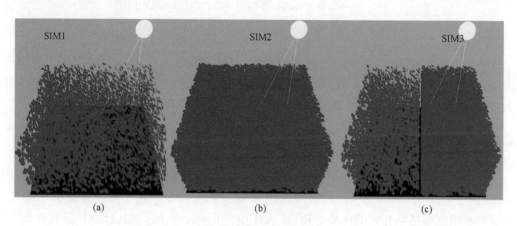

图 4.37　模拟场景

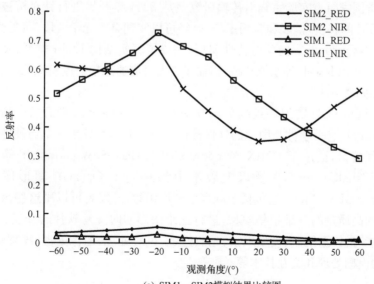

(a) SIM1、SIM2模拟结果比较图

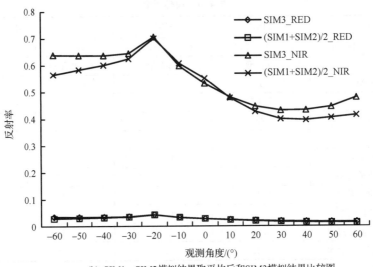

(b) SIM1、SIM2模拟结果取平均后和SIM3模拟结果比较图

图 4.38 SIM1、SIM2 和 SIM3 模拟结果比较

将 SIM1 与 SIM2 各角度的反射率取平均,并和 SIM3 比较,得图 4.38(b)。可以看出,热点方向二者反射率值一致,但是其他观测方向表现了一定的区别,且观测天顶角越大,差别越大。因此,不能简单地用纯像元加权平均替代混合像元的 BRF。

4.3.4 RGM 软件系统

RGM 软件包是 Qin 和 Siegfried 通过对 DIANA 模型修改而开发的(Qin and Gerstl 2000)。与 DIANA 和其他以前的辐射度-光谱模型相比,RGM 用于光学遥感应用研究,特别是多角度遥感具有新的优势。RGM 程序由 Fortran-77 和 C 语言编写,最初在 SUN UNIX 工作站上实现。为了保证程序的机器无关性,程序没有采用任何图形软件包。

遥感科学国家重点实验室辐射传输研究室从 2004 年开始进行针对植被冠层辐射传输特性的 RGM 的移植、扩展和应用工作,已经可以实现整个光学波段(可见光、热红外波段)、大尺度、混合像元的二向反射特性模拟,完成了真实结构 RGM 模型、大场景 RGM、辐射方向性模型(TRGM)等系统集成,研制了"大尺度遥感辐射度模拟系统软件平台(简称 LRGM 系统)V 1.0"。

系统采用 OpenGL 实现场景的显示与交互操作。OpenGL 即开放性图形库(Open Graphic Library),它是硬件与图形的软件接口。OpenGL 本身是一个与硬件无关的多平台的图形编程接口,适用于 UNIX、Windows95/98、MacOS、WindowsNT 等多种操作系统,而且在 VisualC + + 2.0 及以上版本中都封装了 OpenGL 图形库(glu32.lib,glaux.lib,OpenGL32.lib)。它包括 100 多个图形函数,开发者可以用这些函数构造出接近光线跟踪的高质量的三维景物模型,进行三维图形实时交互软件的开发。OpenGL 提供的基本功能有:模型绘制、模型观察、光照处理、色彩处理、图像处理、纹理映射、实时动画、物体运动模糊处理和交互技术等。

本节将主要介绍 LRGM 系统的架构和主要功能模块。

1. 系统技术路线

大尺度遥感辐射度模拟系统软件的技术路线可由图 4.39 所示。由六大模块组成：

（1）场景生成模块。生成植被冠层结构（如小麦、玉米、棉花等农作物和松树、杨树等针叶、阔叶树结构）；生成初始光学参数（场景中各组分的光谱反射率、透射率等）；计算组成场景的多边形面积和法向等数据。

（2）散射模块。采用 DIANA 模型的投影算法，基于植被冠层场景，计算入射散射通量在半球的每个立体角和所有面元的形状矩阵。计算入射散射通量对所有面元的辐射通量贡献。

（3）直射模块。在太阳入射方向对场景进行投影，计算太阳入射直射通量对每个面元的辐射通量的贡献。

（4）形状因子模块。整合模块（2）中输出的 HASH 表列，获得形状因子。

（5）求解模块。读取模块（2）、（3）、（4）的计算结果，计算面元表面辐射通量，利用数值算法解方程（4.10），获得多次散射后的结果。

（6）遥感参数计算模块。根据多次散射后的辐射度结果计算植被冠层 BRF 和反照率。

RGM 程序的输入、中间和最终结果的存储都采用文件方式保存，为了使用户对程序本身有更深层次的了解，下面将对主要的输入输出及中间结果文件做一简要介绍。

2. 软件平台中的主要文件

1）主要输入文件

poly. in：存储三维场景信息，包括场景中多边形个数、各自的坐标等。

soil. in：存储场景中的土壤多边形数目。

ref. in：存储环境参数，包括太阳位置、散射光比例、入射总辐射等。

optic. cat，optic. in：存储组分的光学参数，包括反射率和透射率。

viewbidir. dat：存储用于计算 BRF 的视点位置。

2）主要中间文件

table. 000：存储面元间形状因子的 Hash 表。

fd. dat：散射通量文件，记录入射散射光对各面元初始辐射度的贡献。

darea. dat：直射通量文件，记录太阳直射光对各面元初始辐射度的贡献。

3）主要结果文件

radflux. dat：存储辐射度求解结果。

brf. dat：存储 BRF 求解结果。

drt. dat：存储方向亮温结果。

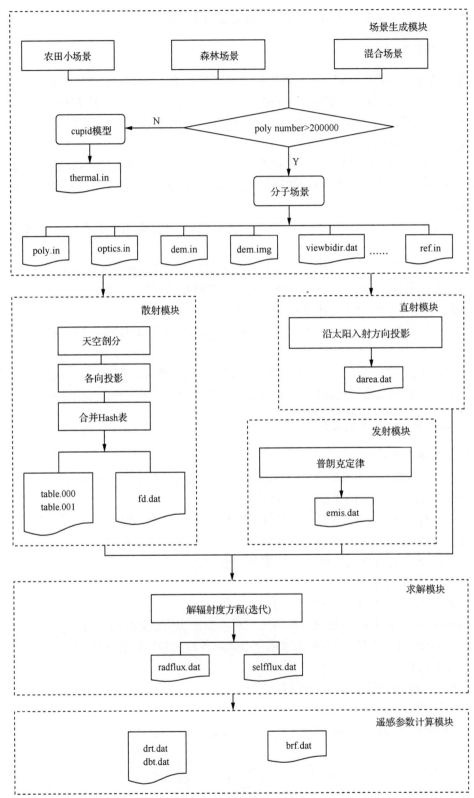

图 4.39　软件技术路线示意图

3. 软件平台主要功能模块

大尺度遥感辐射度模拟系统软件平台由场景生成、组分温度模拟、RGM 模拟、显示、分析和工具箱六个主要功能模块组成,如图 4.40 所示。

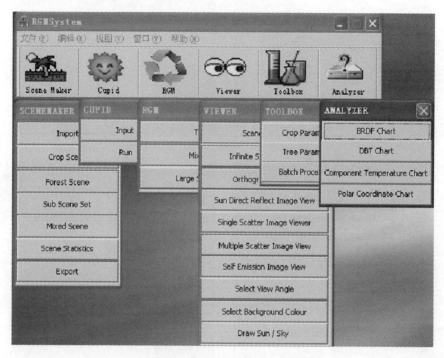

图 4.40　RGM 软件平台各功能模块

1) 场景生成模块

场景生成模块(Scene Maker)用于生成场景及后续模拟必要的中间文件,包括 poly. in、ref. in、optics. in、dem. in、dem. img 等。可以选择农田场景(Crop Scene)、森林场景(Forest Scene)、混合场景(Mix Scene)(农田、裸土、森林等)。首先,可点击 Export 按钮设置工作路径,将模拟过程产生的文件以及输出结果保存在用户指定的文件夹下。图 4.41 显示了农田场景生成模块的流程,用户可按照向导输入各类参数,生成相应的场景。

对于农田场景生成模块,用户可以手动输入玉米(小麦)结构参数,也可以通过 Import 导入结构参数文件(* . par);对于森林场景生成模拟,用户可以导入已有的相应区域的 DEM 影像(* . img),将树木栽到该地形上,也可以生成指定高程的平地或者斜坡等简单地形,由于其多边形数目巨大,需采用场景分割的算法,通过 Sub Scene Set 进行子场景划分,其界面如图 4.42(a)所示,系统将提示用户运行过程;混合场景可视为若干地块的拼接,因此,需要用户分别设置各地块的参数,如每个地块的坐标范围、每个地块各组分的参数等,如图 4.42(b)所示。

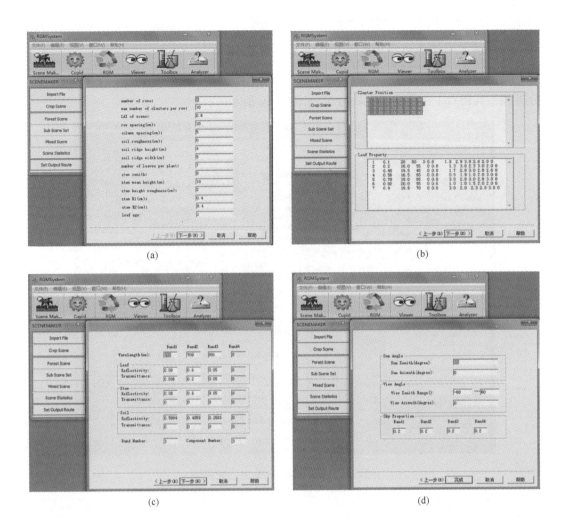

(a)   (b)

(c)   (d)

图 4.41　农田场景生成向导

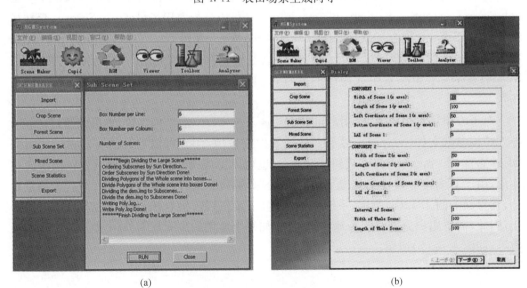

(a)   (b)

图 4.42　场景分割界面(a)及混合场景组分参数设置(b)

2）组分温度模拟模块

组分温度模拟模块（CUPID）通过输入作物结构、土壤纹理、土壤湿度和气象数据等参数，得到叶片的温度分布、光照土壤温度和阴影土壤温度（thermal. in）；如果有穗，可得到穗的温度分布。

CUPID 采用 Excel 开发的录入界面，集成了气象要素模拟功能。图 4.43 描述了模型的总界面，可以录入和保存成 input. in 文件，并可以直接调用 ECupid 程序。根据类别找到 Excel 表格中对应的地方，进行更多的修改。通过点击"Cupid-Input"调用图 4.43 的界面。

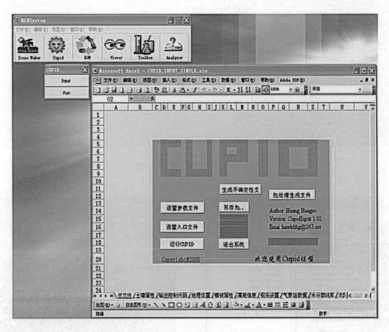

图 4.43　组分温度参数设置

通过此步的运行，可以生成 TRGM 运行时的重要文件 thermal. in。

3）模拟模块

在生成模拟所需的各种文件后，运行 RGM-TRGM，即可得到农田场景的 BRF；运行 RGM-Large Scale RGM，可以得到森林场景的 BRF；同样，运行 RGM-Mix RGM，可得混合场景的 BRF。图 4.44 为农田场景 BRF、DBT 模拟运行时的截图。右下侧对话框显示模拟的进程，可以让用户了解当前程序运行到何处。

4）工具箱模块

工具箱模块（Tool Box）里面的命令行功能可以进行批处理控制。例如，用户只需进行某几步的操作，便可以编写相应的批处理文件，进行模拟。

5）显示模块

为了使用户直观的查看生成的场景，设计了软件显示模块（Viewer）。用户可以选择观测角度，调节背景颜色，绘制太阳和天空等。可以显示软件运行的中间结果图，包括单次散射图、多次散射图、自身发射图等（图 4.45）。软件还提供了无限场景与正射投影显示功能。

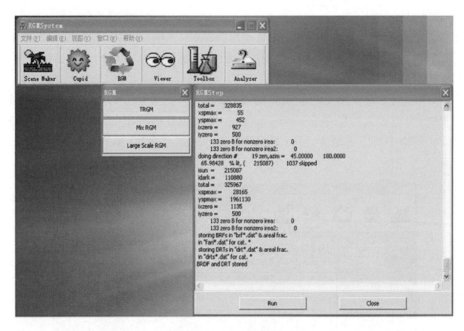

图 4.44　BRF 模拟界面

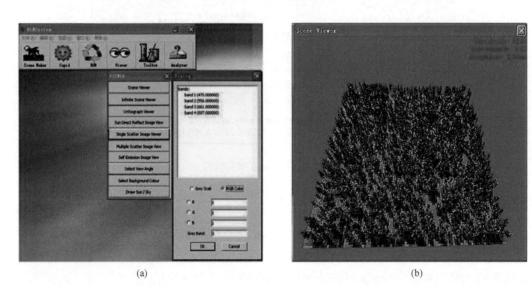

(a)　　　　　　　　　　　　　　　　　(b)

图 4.45　多次散射图显示模块,可设置显示的波段组合

6) 分析模块

分析模块(Analyser)通过将模拟的 BRF 绘制不同类型的图,如极坐标图、散点图、折线图、柱状图等,便于数据分析和规律总结。

4.4 小　结

植被冠层二向反射特性计算机模拟模型可以利用计算机图形学方法对地表植被真实

结构进行详细的再现描述,通过建立虚拟实验环境,模拟光线在场景中的辐射传输过程。本章以基于蒙特卡罗方法的 DART 模型和基于辐射度方法的 RGM 为例,介绍了植被冠层二向反射特性计算机模拟模型的原理和系统实现。重点介绍了大场景 RGM,包括划分子场景的方法、模型的敏感性分析及其在 RAMI 竞赛中的应用。随着计算机性能的提高和研究方法的改进,计算机模拟模型将有更为广阔的应用前景,在定量遥感中将发挥更为重要的作用。

参 考 文 献

陈敏.2007.大尺度森林场景辐射特性的计算机模拟研究.北京师范大学硕士学位论文

符锴华.2005.基于 3-D 模拟的典型植被热辐射方向性研究.中国科学院研究生院硕士学位论文

马新明,杨娟,熊淑萍,等. 2003. 植物虚拟研究现状及展望. 作物研究,17(3):148-151

宋金玲.2006.植被冠层的多尺度计算机模拟及参数敏感性分析.北京师范大学博士学位论文

宋有洪,贾文涛,郭焱,等. 2000. 虚拟作物研究进展. 计算机与农业,(6):6-8

苏理宏,李小文,王锦地. 2000. 扩展的 L 系统与三维自然景物图形. 计算机应用,20(2):1-4

吴门新.2003.植被真实场景模拟与遥感建模.北京师范大学博士学位论文

谢东辉.2005.计算机模拟模型的研究与应用.北京师范大学博士学位论文

谢东辉,王培娟,覃文汉,等. 2007. 叶片非朗伯特性影响冠层辐射分布的辐射度模型模拟与分析. 遥感学报,11(6):868-874

阎广建,朱重光,郭军,等. 2000. 基于模型的山地遥感图象辐射订正方法. 中国图象图形学报,5(1):11-15

张阳.2009.大场景混合像元遥感辐射特性的计算机模拟模型研究与软件系统集成.中国科学院研究生院硕士学位论文

张阳,柳钦火,黄华国,等. 2009. 大尺度辐射度模型敏感性分析及在祁连山林区的应用. 地球科学进展,24(7):834-842

Borel C C, Gerstl S A, Powers B J. 1991. The radiosity method in optical remote sensing of structured 3-D surfaces. Remote Sensing of Environment,36(1):13-44

Dozier J, Frew J. 1990. Rapid calculation of terrain parameters for radiation modeling from digital elevation data. IEEE Transactions on Geoscience and Remote Sensing,28(5):963-969

European Commission. Europa-RAMI. http://rami-benchmark. jrc. ec. europa. eu/HTML/Home. php[2014-01-28]

Gastellu-Etchegorry J. 2007. DART handbook. CESBIO website:http://www. cesbio. ups-tlse. fr/dart/license/documentations Dart/DART_User_Manual. pdf[2014-05-21]

Gastellu-Etchegorry J P, Demarez V, Pinel V, et al. 1996. Modeling radiative transfer in heterogeneous 3-D vegetation canopies. Remote Sensing of Environment,58(2):131-156

Goel N S, Rozehnal I, Thompson R L. 1991. A computer graphics based model for scattering from objects of arbitrary shapes in the optical region. Remote Sensing of Environment,36(2):73-104

Grau E, Gastellu-Etchegorry J P. 2013. Radiative transfer modeling in the earth-atmosphere system with DART model. Remote Sensing of Environment,139:149-170

Hapke B. 1993. Theory of Reflectance and Emittance Spectroscopy. New York:Cambridge University Press

Huang H, Chen M, Liu Q, et al. 2009. A realistic structure model for large-scale surface leaving radiance simulation of forest canopy and accuracy assessment. International Journal of Remote Sensing,30(20):5421-5439

Huang H, Liu Q, Qin W, et al. 2011. Temporal patterns of thermal emission directionality of crop canopies. Journal of Geophysical Research:Atmospheres (1984-2012),116(D6).DOI:10. 1029/2010JD014613

Huang H, Qin W, Liu Q. 2013. RAPID:A radiosity applicable to porous indiviDual objects for directional reflectance over complex vegetated scenes. Remote Sensing of Environment,132:221-237

Kimes D, Kirchner J. 1982. Radiative transfer model for heterogeneous 3-D scenes. Applied Optics,21(22):4119-4129

Pietrek G. 1993. Fast calculation of accurate formfactors. Fourth Eurographics Workshop on Rendering, pages 201-220,June 1993. R. J. Renka

Prusinkiewicz P, Lindenmayer A, Hanan J S, et al. 1990. The Algorithmic Beauty of Plants. New York: Springer-Verlag

Qin W, Gerstl S A. 2000. 3-D scene modeling of semidesert vegetation cover and its radiation regime. Remote Sensing of Environment, 74(1): 145-162

Smith A R. 1984. Plants,fractals, and formal languages. ACM SIGGRAPH Computer Graphics,18(3),1-10

第5章 基于陆表二向反射特性先验知识的地表反照率反演方法

地表反照率需要对所有角度方向及所有波段上的反射率进行积分,需要有效的 BRDF 模型对不同角度反射率进行描述。因此地表反照率反演往往是与地表二向反射模型的反演同步完成,特别是对于中低分辨率的宽视场卫星遥感数据。但是对于高分辨率数据或者静止轨道卫星数据,由于很难获取地表二向反射特性的观测数据,往往在地表反照率反演中采用直接算法,即建立地表反射率或者大气层顶反射率与地表反照率之间某一数据关系,根据单一方向反射率直接估算地表反照率。这时往往需要考虑地表的方向反射特性,利用以往数据建立地表二向反射特性的先验知识,来改进模型的不足,提高反照率估算的精度。

本章提出地表二向反射特性和反照率先验知识的构建方法,并基于先验知识开展角度网格的反照率算法和反照率产品的时空滤波算法研究。

5.1 先验知识在地表二向反射特性和反照率反演中的作用

遥感信息的正向传输过程是地物辐射信号经过大气辐射传输到遥感传感器,由感应器件转化为电信号,进而成为数字图像。反之,从遥感的图像数据中定量提取地表或大气的物理参数的过程就被称为遥感反演。遥感获取的信号需要经过反演才能成为人们可利用的知识,因此人们常说遥感的本质是反演。随着遥感传感器性能的不断提升及定量遥感模型的日益丰富,通过反演定量遥感模型来确定更多的陆地、海洋和大气物理参数成为可能,人们对遥感反演的期望也越来越高。然而,定量遥感反演仍然存在巨大的困难与挑战,主要表现为观测目标的复杂性和遥感数据的局限性,因此很大一部分遥感反演问题是病态(ill-posed)反演。最初人们认识的病态反演是指方程组欠定,即求解方程组时未知数个数大于方程组的个数,Verstraete 等(1996)发表了他们的研究成果(简称 VPM),试图从理论上和概念上界定遥感反演提取地表信息的潜力与局限,文中提出的 10 个命题之一就是观测数据个数须大于待反演的未知数个数。当然,这篇文章并非意在设立一些教条,来限制丰富的遥感实践,而是为了引起讨论,使人们对定量反演的潜力及其局限有更深刻的理解,以求更完善的研究与应用。针对病态反演问题,李小文等(李小文等,1998;Li et al.,2001)认为 VPM 命题的主要不足之处是忽略了先验知识在从数据反演状态参数这一过程中的应用,并系统地阐述了先验知识用于遥感反演的基本原理及贝叶斯理论用于定量遥感反演的合理性。李小文等(2000)把先验知识分为两类:一类是对模型参数的物理限制,称为"硬边界",范围较宽,如反照率只能在 0 到 1 之间取值;另一类是我们对研究对象的观测数据的积累,范围比物理边界要窄,但不确定性较物理边界大,称为"软边界"的先验知识。例如,反演高质量的地面观测数据后统计了核驱动模型参数的均值和方差,作为反演遥感数据的约束条件。

目前,使用先验知识的贝叶斯反演理论在遥感领域已经被广泛接受和应用,对于先验知识在反演中的应用可以建立更为宽泛的理解。近几十年来的研究中,提出了多种遥感反演算法,如经验公式、迭代优化、查找表、人工神经网络、支撑向量机、遗传算法、多阶段目标决策、贝叶斯网络、卡尔曼滤波等。在这里把他们分成两大类别:第一类在实施反演的过程中用到了正向模型;第二类在实施反演的过程中不使用正向模型。第一类反演算法都建立在最优化的原则上,即根据观测数据与正向模型计算的结果之间的差别来调整正向模型的参数,直到获得差别最小的最优估计,最优估计对应的模型参数即反演结果。最优化方法中的病态问题表现为最优解不唯一、局部最优解不是全局最优解及最优解对于数据噪声或模型误差敏感等,其最本质的问题还是遥感数据中没有包含关于目标参数的足够信息量。人们常常通过增加约束条件来改善病态反演,约束条件有边界约束、正则化约束和贝叶斯先验知识约束等(Wang et al.,2007,2009)。现在看来,除了贝叶斯方法使用先验知识以外,正则化约束等其他形式的约束条件也都是基于人们对于参数取值分布特点的不同形式的知识,即都需要先验知识。第二类反演算法建立在训练数据集的基础上,通过分析一批高质量、具有一定代表性、同时包含遥感观测和目标参数的训练数据,从而形成一个计算目标参数的流程,而该流程可以推广应用到训练数据集以外遥感观测数据。虽然很多人认为第二类反演算法缺乏明确的物理意义和受到训练数据集的局限,但事实上目前大多数业务化运行的遥感反演算法都是第二类算法,这是因为这类算法在计算效率方面具有优势,且这类算法也可以通过多种处理技巧缓解病态反演问题。第二类反演算法在建立回归模型或是训练神经网络的过程中也可以使用边界约束、正则化约束和贝叶斯先验知识约束等方法来缓解病态反演问题。更重要的是,第二类反演算法的核心——训练数据集本身就是一种先验知识。训练数据集通常来自大量的观测数据,而贝叶斯反演中使用的先验知识则是大量观测数据的统计知识,可以看到二者的本质是一样的。现在还有一类称为"混合反演"的算法(Fang and Liang,2005),它们通过辐射传输物理模型的模拟(而不是野外观测)来生成训练数据集,在本章中把它们归为第二类反演算法。混合反演算法中把辐射传输物理模型及其参数分布作为一种先验知识。

可以看到,广义的先验知识可以是参数的取值范围、实测数据、实测数据的统计量、模拟数据、辐射传输物理模型或前人提出的经验模型等。对于基于数据统计量先验知识的贝叶斯反演方法在王彦飞等(2011)、Tarantola(1987)和 Li 等(2001)的书中已有系统的阐述,本章重点介绍 BRDF 和反照率反演中,如何在分析大量观测数据的基础上改进反演算法和结果。

5.2 全球二向反射特征和反照率先验知识

5.2.1 BRDF

人们最早是从测量数据中认识到地表二向反射现象的,特别是对于人造材料或其他小样品表面二向反射特性的测量要早于对自然地表的测量。由于测量自然地表的二向反射需要特殊的观测架,所以早期的二向反射野外观测数据非常有限(Kriebel,1978;Kimes,et al.,1986)。Deering 的 PARABOLA 仪器提供了较多的地面多角度观测数据(Deering 1989),再加上 Strugnell 和 Lucht(2001)收集的一些观测数据集,形成了最初的BRDF 先验知识。在李小文等(2000)的工作中,首先对二向反射观测数据集进行质量筛选,然后用一个半经验的二向反射率模型——核驱动模型拟合观测数据,模型参数称为BRDF 特征参数。一共从 73 组观测数据中统计了 BRDF 特征参数的均值和方差(表5.1、表 5.2),用于支持观测数据不足条件下的核驱动模型反演。他们的工作构建了先验知识支持下的二向反射模型反演的基本框架,其他很多研究都继承和发展了这一思路(秦军等,2005;杨华等,2002;Wang et al.,2007)。

表 5.1　由 73 组数据归纳的核驱动模型参数先验分布(红光波段)

核驱动模型	均值			协方差阵
	f_{iso}	f_{vol}	f_{geo}	
Li_Transit	0.134637	0.042630	0.036743	$\begin{pmatrix} 0.0199 & 0.0000 & 0.0041 \\ 0.0000 & 0.0016 & -0.0003 \\ 0.0041 & -0.0003 & 0.0027 \end{pmatrix}$
Li_SparseR	0.129050	0.077541	0.016408	$\begin{pmatrix} 0.0186 & 0.0040 & 0.0013 \\ 0.0040 & 0.0034 & 0.0007 \\ 0.0013 & 0.0007 & 0.0004 \end{pmatrix}$

表 5.2　由 73 组数据归纳的核驱动模型参数先验分布(近红外波段)

核驱动模型	均值			协方差阵
	f_{iso}	f_{vol}	f_{geo}	
Li_Transit	0.387107	0.203322	0.059089	$\begin{pmatrix} 0.0146 & -0.0059 & 0.0051 \\ -0.0059 & 0.0248 & -0.0111 \\ 0.0051 & -0.0111 & 0.0088 \end{pmatrix}$
Li_SparseR	0.34280	0.21450	0.02820	$\begin{pmatrix} 0.0139 & -0.0014 & 0.0005 \\ -0.0014 & 0.0089 & -0.0008 \\ 0.0005 & -0.0008 & 0.0011 \end{pmatrix}$

　地面观测的二向反射数据虽然具有精度高、角度采样密集等优势,但是其观测的视场直径往往只有几十厘米到几米的尺度,而多数遥感数据的像元分辨率(即遥感传感器的瞬时视场)很低,二者之间存在空间尺度不匹配的问题。由于二向反射又是与尺度密切相关的一个自然现象,所以地面观测的二向反射数据不能代表中低分辨率遥感像元尺度的二向反射现象。直接分析卫星遥感数据,从中提取典型像元的二向反射特征,是获取中低分辨率遥感像元尺度的二向反射先验知识的重要方法。

　一般来说,依据 1.5 节描述的多角度观测方式,可获取多角度观测数据的典型卫星传感器有 MISR/CHRIS、POLDER 和 MODIS 三种,但遗憾的是目前尚没有形成具有广泛影响的 MISR 或 CHRIS 的多角度观测数据集。POLDER-3 BRDF 数据集是从一个月内多个轨道提取的典型均匀像元晴空观测数据,可以包含数百个经角度采样、云去除、大气校正等处理后得到的地表方向反射率。POLDER BRDF 数据是能够较为全面反映中低分辨率下地表 BRDF 特性的遥感数据源,被广泛用于 BRDF 特征分析、BRDF 模型和参数反演方法的验证等。而对于 MODIS 这种选取不同日期获取的同一像元数据组成的多角度观测数据集,地表状态可能在数天内发生显著变化(如雨雪过程、植被快速生长、收割等),多天获取的多角度观测数据除了反映 BRDF 特征外还包含很多其他干扰因素,一般来说需要谨慎使用这些数据。但由于 MODIS 的多角度数据具有大量的用户,所以从中提取的 BRDF 参数也具有很大的影响力,如 MODIS 的 BRDF 产品就被用于多种遥感数据的观测角度归一化、植被聚集指数的计算、气溶胶参数反演等,从MODIS的 BRDF 产品中提取的 BRDF 形状因子也被用于 MODIS 反照率备份算法及其他反照率算法的先验知识。焦子锑等(2011)从 MODIS 的 BRDF 产品中计算得到各向异性平整指数(AFX),基于 AFX 对地表各向异性反射的指示特征提取地表 BRDF 原型,提出了以 BRDF 原型作为先验知识,在多角度数据空间采样不足时,估算地表反照率的 BRDF 原型反演算法。

5.2.2 反照率

地表反照率的地面测量数据常常可以从世界范围分布的地表辐射通量观测台站获得,如 FLUXNET、BSRN(Baseline Surface Radiation Network)、GC-NET(Greenland Climate Network)全球观测网络及我国的中国生态系统研究网络(CERN)、中国北方协同观测实验、黑河遥感联合观测试验等观测网络或大型科学实验。

以 FLUXNET 为例,它是一个以全世界各地区分布的通量塔为基础组成的全球通量观测网络,负责收集、存档和发布从世界各地的通量塔观测的二氧化碳、水汽和辐射等通量数据。FLUXNET 对收集到的全球通量数据进行定标,使来自各地区不同通量塔的数据之间可以相互比较,提供平台供科学家们交流数据,以研究各种通量与大气和陆地生态系统间的关系。FLUXNET 的通量塔网络遍布世界各大主要国家,在北美、欧洲、亚洲和非洲都有它的子网络(如 Ameriflux、Asiaflux、Fluxnet-Canada、CarboEurope 等)。截至 2009 年,共有超过 500 个可长期观测数据的通量塔站点加入到 FLUXNET 中,可以获得这些站点的植被、土壤、水文、气象等信息。FLUXNET 提供的数据中有相当一部分站点进行了太阳短波辐射入射与出射的观测(提供每半小时的观测数据),可以用于计算地表反照率。然而,地面台站的观测尺度显著小于卫星遥感的观测尺度,如果地表非均匀,则尺度差异造成的地面观测与遥感产品的差别远远超过遥感产品算法可能带来的误差,所以用台站观测数据验证遥感反照率产品时必须分析台站周边的均匀性及观测数据的代表性。在 Cescatti 等(2012)通过使用半方差分析方法,从全球 FLUXNET 站点中筛选了 53 个相对均匀且数据质量较好的站点,用于验证 500m 分辨率的 MODIS 地表反照率数据。

另一个重要的观测网络是 BSRN,其目标是为了观测地表辐射在气候系统中的重要作用,始于 1992 年,现在有超过 40 个站点。这些站点分布于从南纬 90°到北纬 80°的广阔空间,其中,部分站点提供每分钟间隔的短波辐射输入与输出通量数据。一般来说,BSRN 的反照率数据观测精度高于 FLUXNET,这是因为:一方面 BSRN 采用的仪器性能更好,定标也更严格;另一方面 BSRN 台站的观测塔一般都比较高,反照率观测数据代表的空间范围更大。

极地反照率的大量观测数据来自 GC-NET,它始于 1999 年,收集格陵兰岛上 18 个自动天气观测站对气象信息、地表可见光近红外辐射(400～1200nm)通量、热通量等的观测数据。GC-NET 数据被用于验证冰雪地表的反照率数据产品,但是需要注意其波段不能涵盖整个短波辐射范围。

与地面观测数据相比,卫星遥感的反照率产品在反映全球地表反照率的时间、空间分布特点和规律方面更有优势。目前一些卫星反照率产品已经业务化生产并发布,空间分辨率为 250m～20km,时间分辨率从日到月不等(Schaaf et al.,2008)。其中,基于核驱动模型的 BRDF/反照率遥感反演算法是目前地表反照率遥感反演中应用最广泛的方法,包括 MODIS(Gao et al.,2005;Lucht et al.,2000;Schaaf et al.,2002)、MISR(Martonchik et al.,2002)、POLDER、MERIS(Schaaf et al.,2008)等极轨卫星传感器的数据产品,以及 GlobAlbedo(Muller et al.,2012)这种多传感器联合的反照率产品算法中都采用了反演核驱动模型的技术途径。而一些静止轨道气象卫星 Meteosat(Pinty et al.,2000a,2000b;Govaerts et al.,2006)、MSG(Geiger et al.,2005;van Leeuwen and Roujean,2002)的反照率产品则是通过地表和大气参数联合优化的方式生成的。

以 MODIS 反照率产品为例,它是目前世界上最有影响力的反照率遥感产品,时间跨度为 2000～2013 年,最高空间分辨率 0.5km,产品算法经过多次改进更新,目前其第 6 版本的 BRDF/反照率产品已经即将发布。如前所述,MODIS 反照率产品算法采用反演核驱动模型的技术途径,具有清晰的物理意义,再加上具有严密的质量控制/质量标识及大量的验证,因此其精度得到广泛认可,是提取全球反照率时空分布先验知识的理想数据源。陆表反照率具有明显的季相特征,以年为周期变化,因此我们选取 2000～2010 年中同一天(day of year,DOY)的 MODIS 反照率产品,对其有效数据进行平均值和标准差的统计,并降低空间分辨率至 5km,成为全球反照率的背景知识。图 5.1 给出了 DOY 为第 9 天(北半球冬季)和第 193 天(北半球夏季)平均黑空反照率分布图。从图中可以看到低纬度地区地表反照率的季节变化较小,空间分布格局基本与植被的分布一致,即沙漠地区具有较高反照率,热带雨林区域具有低反照率;中纬度区域地表反照率具有一定季节变化,这在很大程度上是与植被生长密切相关的,夏季植被茂盛,反照率低,冬季植被稀疏,反照率有所升高,内陆干旱区则反照率始终较高;高纬度区域的地表反照率则主要受到冰雪分布的主导,呈现出明显的季节变化,常年冰雪覆盖或出现降雪的区域具有非常高的反照率,达到 0.6 以上,而无雪区域的反照率则通常在 0.3 以下。另外,我们看到在高纬度地区的冬季有 MODIS 反照率数据产品缺失的现象,这是由于高纬度地区冬季的太阳角度太低,不能获取有效的光学遥感数据;在热带雨林和亚热带季风区域也有少量产品缺失,这是由于云的影响使得该区域长期不能获得晴空遥感数据。全球反照率的统计知识不仅可以反映地表反照率的时空分布特点和规律,还能够用于遥感反演算法中直接支持反照率产品的生产,在5.4节将详细介绍。

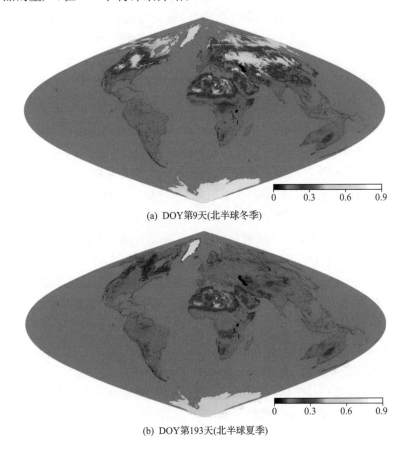

(a) DOY第9天(北半球冬季)

(b) DOY第193天(北半球夏季)

图 5.1　全球平均黑空反照率分布图

5.3　基于二向反射先验知识的地表反照率遥感反演算法

5.3.1　角度网格算法基本思路

基于角度网格(angular bin,AB)的反照率反演算法通过对太阳/观测角度空间划分成网格的方式来校正地表反射率各向异性的影响,从而提高单一角度遥感观测数据估算宽波段的黑空反照率和白空反照率的精度。其中,为了刻画不同地表的反射各向异性特征,以 POLDER-3 BRDF 数据集为全球范围内像元尺度地表 BRDF 的先验知识,建立了"多波段方向反射率/宽波段反照率"的训练数据集,用于获得不同角度网格的回归系数。下面以经过大气校正的 MODIS 地表反射率产品(MOD/MYD09GA)作为输入数据为例,介绍使用地表反射率估算反照率的 AB1 算法,计算宽波段反照率的整体流程,如图 5.2 所示。

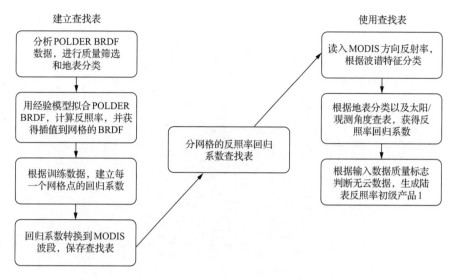

图 5.2　AB1 算法流程图

AB1 算法流程分为建立查找表和使用查找表两个部分。第一部分中,首先对 POL-DER-3/PARASOL BRDF 数据集筛选和插值,然后采用改进的线性核驱动模型进行半球积分,获得 POLDER 窄波段反照率,再通过窄波段向宽波段转换公式得到地表宽波段反照率,同时,通过波段转换得到模拟的 MODIS 地表方向反射率。然后通过分格网回归分析的方法建立 MODIS 地表方向反射率与地表宽波段反照率的回归关系,建立网格查找表。在第二部分,即业务化运行流程中,读入 MODIS 的地表反射率产品,根据太阳/观测角度查表获得回归系数后,生成地表宽波段反照率数据产品。AB1 算法具有简单、高效、不要求多角度数据的优点,同时充分考虑了地表的 BRDF 和波谱特性。

5.3.2　网格划分方案

太阳/观测角度空间共有太阳天顶角、观测天顶角和相对方位角 3 个变量。为了提高反演精度,划分网格越细越好,但是网格过密会占用较多的计算机资源,因此需要在二者间寻找平衡。很多研究者提出非均匀的划分方案,固然可以优化网格,却又增添了查表的计算量。考虑到地表方向反射率除在热点附近以外变化都比较平缓,而 MODIS 卫星观测到热点的概率非常小,另外,计算机技术的迅速发展允许我们不必过多考虑计算资源,所以采用了较为密集的网格划分方案。

太阳天顶角以 2° 间隔进行划分,范围是 0°~80°,网格中心点分别是 0°、2°、4° 等,共分为 41 个间隔。观测天顶角以 2° 间隔进行划分,范围是 0°~64°,网格中心点分别是 0°、2°、4° 等,共分为 33 个间隔。相对方位角以 5° 间隔进行划分,范围是 0°~180°,网格中心点分别是 0°、5°、10° 等,共分为 37 个间隔。因此太阳/观测角度空间共分成 $41 \times 36 \times 37 = 54612$ 个网格。图 5.3 给出观测半球空间的角度网格示意图,为了显示清晰,示意图中对角度网格进行了抽稀。

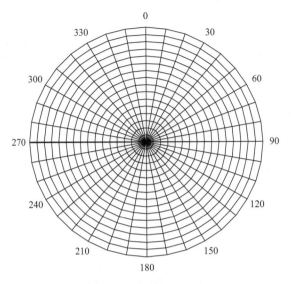

图 5.3　角度网格示意图

观测天顶角 0°~64°间隔 4°,相对方位角 0°~350°间隔 10°

5.3.3　训练数据集的生成

对于 AB 算法而言,因为要考虑全球不同地区的地表类型,用辐射传输模型来模拟工作量太大,所以使用 POLDER BRDF 数据集。POLDER BRDF 数据集虽然有很多观测角度的数据,但是因为需要对每一个格网建立回归公式,因此仍不能保证每个格网内都有足够多的观测数据,为此我们用 BRDF 模型拟合 POLDER BRDF 数据集,然后用拟合后的模型插值得到每一个网格的 BRDF。

1. POLDER-3 多角度观测数据集

由法国空间研究中心(CNES)于 2004 年 12 月 18 日发射的 PARASOL 卫星,是法国和美国合作的"卫星列车"("A-Train")计划中的一员,上面主要搭载了 POLDER 仪器,可以通过全球观测,从太空收集地气系统反射太阳辐射的偏振性和方向性数据。POLDER 产品的空间分辨率为 6km×7km,是目前能获得的最新多角度卫星遥感数据,有丰富的角度、光谱和极化信息,是多角度遥感的理想数据之一。POLDER 的特点在于每一轨可获取多达 16 个角度的观测,最大观测角度达到 60°,因此每月的合成数据集可以包含数百个观测。从 POLDER 数据中整理获得的 POLDER-3 BRDF 数据集包含经纬坐标,经过云去除、大气校正等处理得到所有轨道观测的地表反射率。数据处理算法考虑到云检测、大气分子吸收校正、平流层及对流层气溶胶等影响。POLDER BRDF 数据文件均为 ASCII 文件,每个文件包含三行头文件,第 1、2 行头文件提供了像元经纬坐标、地物类别代码、轨道号、有效观测次数(单次观测周期最多 16 个观测值),以及该像元内地物的均匀性。值得注意的是对于均匀性的概念,按照欧空局的数据手册解释,如果 POLDER 像元中主成分占 80%以上,便认为其"均匀(homogeneous)",因此在选取研究数据时,需要本着均匀性最大的原则选取。数据部分各波段的 BRDF 占主体,数据的每一行为一个观测方向的观测值,对于未能得到的 BRDF 均以"−9.990"表示。图 5.4 给出了一个理想 POLDER BRDF 数据集中 490nm 波段的反射率,从中可以看到,POLDER BRDF 数据的观测角度分布,也可以看到反射率亮度分布的规律性非常明显。

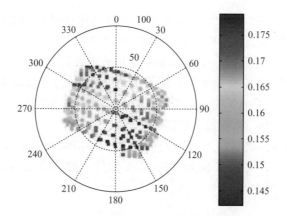

图 5.4　一个理想 POLDER BRDF 数据集的蓝光反射率角度分布(brdf_ndvi03.1261_3705.dat)

2. 多角度观测数据的拟合和插值方法

POLDER-3 算法手册推荐使用核驱动模型描述地表 BRDF,其中的核函数为 Li-sparseR 和修改后的 Ross-thick(以下称其为 RossHotspot)(Maignan et al. ,2004)。经验表明 RossHotspot 核拟合 POLDER BRDF 的效果更好。

然而,现有的核驱动模型的核函数基本都是从针对植被和土壤的 BRDF 模型中简化形成的,其 BRDF 的形状特点是后向散射(即相对方位角小于 90°)大于前向散射。我们分析 POLDER BRDF 数据集发现纯冰雪像元经常出现前向散射大于后向散射的现象。虽然目前常用的 Ross-thick/Li-SparseR 核函数组合也能够拟合冰雪像元的 BRDF,但是实际上这样得到的核函数系数往往是负值,既违背了核驱动模型作为半经验模型的物理意义,用于 BRDF 外推以及反照率计算也会带来较大误差。因此我们在核驱动模型中增加一个前向散射核函数,成为具有各向同性核、几何光学核、体散射核和前向散射核共计 4 个核的模型。

为了构建前向散射核函数,首先考虑冰雪地表前向散射占优的形成机理。冰雪地表的反射特性可由辐射传输方程较好地刻画,当散射颗粒的相函数具有前向散射占优的特性,且吸收较少,光线的多次反弹明显时,就形成了地表整体前向散射占优的 BRDF 特征。因此通过在辐射传输模型(或其简化形式)中设置适当的参数,就能够得到前向散射核。实际操作中我们选用 RPV 模型(Rahman et al. ,1993),在其中固定 k 和 g 两个参数,使之取前向散射占优的典型值,并忽略热点的影响,就得到了前向散射核公式为

$$k_{\text{fwd}}(\theta_{\text{i}},\theta_{\text{v}},\phi) = \frac{\cos^{k-1}\theta_{\text{i}}\cos^{k-1}\theta_{\text{v}}}{(\cos\theta_{\text{i}}+\cos\theta_{\text{v}})^{1-k}} \cdot \frac{1-g^2}{(1-g^2-2g\cos(\pi-\xi))^{1.5}} + \frac{1+g}{2^{1+k}(1-g)^2}$$

$$(5.1)$$

其中, $g = 0.0667$; $k = 0.846$。于是,改进的核驱动模型为

$$R(\theta_i, \theta_v, \phi; \lambda)$$
$$= f_{iso}(\lambda) + f_{geo}(\lambda)k_{geo}(\theta_i, \theta_v, \phi) + f_{vol}(\lambda)k_{vol}(\theta_i, \theta_v, \phi) + f_{fwd}(\lambda)k_{fwd}(\theta_i, \theta_v, \phi)$$
$$(5.2)$$

对于每一个 POLDER 多角度观测数据集,用改进的核驱动模型最小二乘拟合得到模型系数,然后用模型计算所有网格中心点的方向反射率。

核驱动模型也用于计算每一个数据集对应地表的波段白空反照率(WSA)和黑空波段反照率(BSA)。因为黑空反照率是太阳天顶角的函数,为了反映不同太阳角的黑空反照率,我们计算了 $0°\sim80°$ 中 $5°$ 间隔的所有黑空反照率。根据核驱动模型的原理,波段反照率是核函数积分的加权和,权重系数即是核系数。

表 3.1 给出各向同性核(k_{iso})、几何光学核(k_{geo})、体散射核(k_{vol})和前向散射核(k_{fwd})四个核函数的积分,按照惯例,不同角度的 BSA 积分一般采用太阳天顶角的三次多项式近似(式(5.3),表5.3):

$$h_k(\theta) = g_{0k} + g_{1k}\theta^2 + g_{2k}\theta^3 \qquad (5.3)$$

表 5.3　核函数积分计算 BSA、WSA 的参数表

核函数	名称	WSA	g_{0k}	g_{1k}	g_{2k}
k_{iso}	1	1	1	0	0
k_{vol}	Li-sparsR	-1.377622	-1.284909	-0.166314	0.041840
k_{geo}	Ross-hotspot	0.0952955	0.010939	-0.024966	0.132210
k_{fwd}	RPV_Forward	0.3070557	0.150770	0.0438236	0.156954

窄波段反照率向宽波段反照率转换的方法为

$$A_{sw} = c_0 + \sum_i c_i \alpha_i \qquad (5.4)$$

式中,A_{sw} 是地表宽波段反照率;c_i 为第 i 个波段的转换系数;α_i 为第 i 个波段的窄波段反照率。因为雪的光谱特征与植被-土壤体系显著不同,研究表明雪的窄波段反照率向宽波段转换需要不同的转换系数(Stroeve et al.,2005),对雪覆盖和无雪覆盖地表给出不同的宽波段反照率转换系数,见表 5.4。

表 5.4　窄波段反照率向宽波段转换系数表

短波反照率	c_0(常数项)	c_1(490nm)	c_2(565nm)	c_3(670nm)	c_4(765nm)	c_5(865nm)	c_6(1020nm)
非冰雪	0.0113	0.161	-0.0246	0.3827	-0.0023	0.0309	0.3174
冰雪	-0.0032	0.2432	0.0598	0.2526	0.0562	0.0678	0.2493

3. 训练数据集的质量分析和筛选

虽然总体上说 POLDER BRDF 数据集的质量较好,但也不是其中每一个数据集都符合需求,其中存在着两类问题:一是大气影响不可能完美地消除,部分数据集仍然受到云和气溶胶影响;二是 POLDER BRDF 数据集是将 1 个月时间跨度内所有可用数据进行合成,这期间地表状态可能发生变化(如降雨、降雪等过程),不再满足二向反射模型的假设。

因此我们对数据集进行筛选,剔除不适合作 BRDF 训练数据的数据集。

如果某个数据集满足以下 3 个判别准则之一,则认为它是无效数据集:

(1) 490nm 波段反射率的拟合残差(RMSE)大于 0.01,或者其除以 490nm 波段的平均反射率大于 0.3;

(2) 6 个波段反射率拟合残差的和大于 0.1,或者其除以 6 个波段的平均反射率的和大于 0.2;

(3) 总观测数小于 80 个,或者观测的轨数小于 4 轨。

图 5.5 给出一个被判别为无效数据的例子,可以看到,与理想条件的数据集相比,它的数据量少,仅 4 轨,而且其中一轨数据的反射率显著高于其他几轨数据。

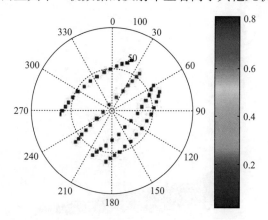

图 5.5　一个被判断为无效蓝光反射率的典型数据集(brdf_ndvi06.0898_1545.dat)

4. 地表分类

不同地表类型具有不同的 BRDF 形状。虽然 AB 算法作为一个回归算法,从一定程度上可以通过调节不同波段权重系数来适应 BRDF 形状的变化。但是,用线性回归模型来近似也是会有误差的,有必要引入地物分类信息,进一步细分训练样本,减少线性回归模型的不确定性。

虽然有可能采用全球的分类数据来支持反照率反演,但是这会增加算法的输入数据,降低算法的通用性。实际上,使用全球分类数据产品还有两方面缺点:一是全球分类数据中也有很多误差,尤其是 1km 分辨率混合像元的问题十分突出,引入分类数据也就引入了分类数据中的误差;二是地表反照率是一个变化速度很快的物理量,而地表分类则是根据地表长期覆盖状态而得出的一个主观判断,它们的时间尺度不一致,举一个简单的例子,农田下雪之后其反照率就显著变化了,但从分类上它依然是农田。

因此,选择直接根据遥感观测数据分类的策略,又因为分类可利用的信息少,所以只能采用相对简单的分类方法。具体来说,根据遥感观测值把陆地像元分为 3 类,分别大致对应植被、冰雪、裸地,分类准则是:

(1) 如果像元的归一化植被指数(normalized difference vegetation index, NDVI)大于 0.2,则判断为植被;

(2) 剩下的像元中,如果蓝光波段反射率大于 0.3,或者红光波段反射率大于 0.3,则判断为冰雪;

（3）剩下的像元判断为裸地。

在生成训练数据集时,对每一个POLDER BRDF数据集计算其每个波段的平均反射率和平均NDVI,作为分类的依据。为了让分类交界处的观测数据计算的反照率保持连续一致,设计了分类过渡区。举例来说,把平均NDVI为0.18~0.2的数据作为过渡区,蓝光反射率为0.24~0.4的作为另一个过渡区。过渡区之外的像元暂时称为纯植被、纯裸地或纯冰雪(图5.6)。

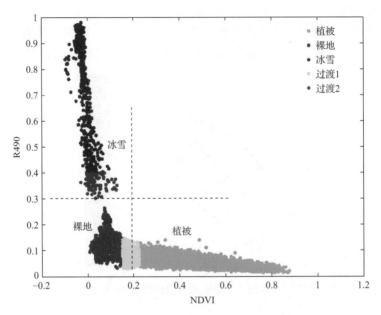

图5.6　POLDER BRDF数据集蓝光波段平均反射率和平均NDVI的散点图
蓝色像元被判别为纯冰雪;红色被判别为纯裸地;绿色被判别为纯植被;黄色为过渡1;紫色为过渡2

对每一个POLDER BRDF文件计算其蓝光、红光、近红外波段所有角度的平均反射率,然后根据上述准则将POLDER BRDF数据集分成5类。分类结果:纯植被数据集共4737组;纯裸地数据集共2401组;纯冰雪数据集共627组;过渡1数据1136组;过渡2数据123组。在生成"植被"的训练数据集时,把纯植被和过渡区数据都包含进去,纯植被+过渡1共5873组;在生成"裸地"训练数据集时,也把纯裸地和过渡区数据都包含进去,纯裸地+过渡1+过渡2共3660组;在生成"冰雪"的训练数据集时,把纯冰雪和过渡区数据都包含进去,纯冰雪+过渡2共750组。

5. POLDER波段向其他传感器波段的转换

因为算法的训练数据集来自POLDER,而算法将用于其他传感器(这里以MODIS和HJ/CCD为例),为了建立两个传感器波段的地表反射率之间的关系,需要进行波段转换。波段转换的前提假设是地物波谱存在一定的规律,不同波长的反射率之间存在相关性,这一假设在对地遥感领域基本已经得到一致认可。而且对于全球反照率算法而言,少量的异常是可以容忍的。在此,首先收集具有代表性的典型地物连续波谱,根据POLDER、MODIS、HJ/CCD波段的相应函数计算各波段的反射率,然后生成这些波段数据的统计信息并建立线性的波段转换系数。

目前选用了专著 *Quantitative Remote Sensing of Land Surface*(Liang,2004)所附光盘中提供的 119 条波谱、"我国典型地物标准波普数据库"提供的 224 条植被和土壤波谱、黑河综合遥感联合实验采集的 103 条典型地物波谱和格林兰采集的 47 条冰雪波谱数据作为样本,生成的波段转换系数见表 5.5。

表 5.5　波段转换系数表

波段	POLDER-k1-490	POLDER-k4-565	POLDER-k5-670	POLDER-k7-765	POLDER-k9-865	POLDER-k3-1020	offset	RMSE
MODIS-b1-648	0.02459	0.30628	0.69169	−0.04471	−0.00540	0.03016	0.00426	0.00309
MODIS-b2-859	0.03288	−0.03640	−0.01116	0.29962	0.64534	0.08162	0.00104	0.00355
MODIS-b3-466	0.91257	0.14322	−0.06015	0.00573	0.02161	−0.02645	−0.00746	0.00419
MODIS-b4-554	0.20753	0.61373	0.12122	0.11929	−0.02633	−0.04389	−0.00037	0.00429
MODIS-b5-1244	−0.35693	−0.01521	0.41878	−0.11777	−0.58051	1.48842	0.02299	0.02066
MODIS-b6-1631	−1.03926	−0.44159	1.54005	−0.18637	−0.79209	1.26771	0.07093	0.04196
MODIS-b7-2119	−1.15385	−0.50446	1.82251	−0.11400	−0.77605	0.91809	0.07019	0.04724
HJACCD1B1-484	0.77731	0.21193	−0.01066	0.01641	0.02962	−0.02823	−0.0065	0.00323
HJACCD1B2-570	0.19572	0.53167	0.24262	0.06561	−0.00966	−0.03228	0.00083	0.00326
HJACCD1B3-660	0.00424	0.26859	0.73985	−0.04980	−0.00921	0.05227	0.00421	0.00314
HJACCD1B4-790	0.02270	−0.00799	−0.02516	0.42633	0.53667	0.05164	0.00099	0.00236

可以看到,MODIS 前 4 个波段转化的 RMSE 较小,后 3 个波段的 RMSE 较大。因此对于 MODIS 的后三个波段而言,波段转换引入了较大不确定性,这会在后期建立反照率回归方程的过程中加以考虑。

5.3.4　基于 MODIS 的 AB1 算法

基于 AB1 算法,可以实现利用 Terra/Aqua 平台上的 MODIS 传感器地表方向反射率数据直接反演地表宽波段反照率,从而大大缩短 MODIS 地表反照率产品生成所需的时间窗口,实现日地表反照率产品的生成。

AB1 算法的回归公式可以表述为

$$\alpha_{ws} = c_0 + \sum_{j=1}^{n} c_j \rho_j (\theta_i, \theta_v, \phi) \tag{5.5}$$

$$\alpha_{bs}(\theta_k) = c'_0 + \sum_{j=1}^{n} c'_j \rho_j (\theta_i, \theta_v, \phi) \tag{5.6}$$

式中,α_{ws} 为地表宽波段白空反照率;$\alpha_{bs}(\theta_k)$ 为地表宽波段黑空反照率;θ_k 为黑空反照率的太阳天顶角,范围为 $0°\sim80°$,以 $5°$ 为步长共计 17 个间隔,$k = 1,2,3,\cdots,16,17$;j 为传感器波段($j = 1,2,3,4$);c_j 和 c'_j 为回归得到的回归系数;$\rho_j(\theta_i, \theta_v, \phi)$ 为 MODIS 传感器的地表反射率产品(MOD09)中提供的地表方向反射率。

式(5.5)和式(5.6)代表了地表多波段二向反射率与宽波段反照率之间的关系,这个关系由回归系数决定,对于 3 种地表类型以及每一个太阳/观测角度网格,就有一组回归系数。而这种回归系数可以通过训练数据来求解 $c_j \mid j = 0, \cdots, n$。

简单的方法即通过线性最小二乘法求解方程,可先把方程写成矩阵形式:

$$Y = AX \tag{5.7}$$

式中,X 为训练数据多波段反射率构成的矩阵,维数是 $(n+1) \times m$,$n = 7$ 为 MODIS 相关波段数,m 为这一网格的训练数据个数;Y 为训练数据反照率构成的矩阵,维数是 $18 \times m$,因为我们需要计算 WSA 以及 $0°$ 到 $80°$ 每 $5°$ 间隔的 BSA,故有 18 个形态的反照率;A 是回归系数矩阵,维数是 $(n+1) \times 18$。线性最小二乘解 A^* 如下:

$$A^* = (X^\mathrm{T}X)^{-1} X^\mathrm{T}Y \tag{5.8}$$

线性最小二乘法形式简单,通常情况具有很好的效果。但是如果训练数据 X 存在相关,则会出现最小二乘解不稳定的情况。经试验证明,如果我们用最小二乘法对 MODIS 7 个波段做回归计算 A^*,再用 A^* 计算反照率,则结果对 MODIS 波谱数据中的噪声非常敏感。

事实上,在设计任何一个算法时,数据中的噪声必须考虑,即要求算法具有稳定性。这里有两个途径来提高稳定性,一是减少使用的 MODIS 波段数。POLDER 传感器的 6 个波段都集中在可见/近红外谱段范围内,最大到 1020nm,实际上短波反照率是 300~5000nm 范围内的积分,POLDER 并不能提供短波红外的地物波谱信息。MODIS 的前 7 个波段分布在可见/近红外到短波红外谱段范围内,理论上用 7 个波段数据计算反照率是比较合适的。问题在于前面训练数据集生成的方法中,用了线性的波段转换公式将 POLDER 6 个波段数据转换成 MODIS 7 个波段的数据,这其中 MODIS 第 5、6、7 波段的转换不确定性是比较大的,而且从 POLDER 6 个波段数据转换出来的 MODIS 7 个波段的数据必然是线性相关的。因此,提高稳定性的途径之一是仅用 MODIS 的前 4 个波段来反演反照率。经过试验,这样的算法结果是稳定的。

实际遥感数据往往存在噪声且在波段和空间分辨率方面与使用的训练数据之间存在差异,通过在回归算法中添加对数据噪声的模拟来求取抗噪声的稳定解。具体来说,X 为由 POLDER 数据插值并转换到 MODIS 波段生成的训练数据,在其中添加服从一定统计规律的随机噪声,使之成为 $\widetilde{X}$,则设计的抗噪声最小二乘解形式如下:

$$A^* = (\widetilde{X}^\mathrm{T}\widetilde{X})^{-1} \widetilde{X}^\mathrm{T}Y \tag{5.9}$$

事实上我们并不打算真正在数据中添加噪声,因为仅仅在有限个数据中加入特定的噪声并不能代表噪声的统计规律,我们真正需要的是获得有噪声数据统计规律的 $\widetilde{X}^\mathrm{T}\widetilde{X}$ 和 $\widetilde{X}^\mathrm{T}Y$。现在假设 MODIS 7 个波段数据噪声的均值为 0,协方差矩阵为 Δ,则可以得出:

$$\widetilde{X}^\mathrm{T}\widetilde{X} = X^\mathrm{T}X + m\Delta, \quad \widetilde{X}^\mathrm{T}Y = X^\mathrm{T}Y \tag{5.10}$$

因此,抗噪声最小二乘解可以按如下方式计算:

$$A^* = (X^\mathrm{T}X + m\Delta)^{-1} X^\mathrm{T}Y \tag{5.11}$$

目前阶段我们尚未系统地分析 MODIS 波段数据噪声的统计特性,只能做简单的估计,假设 Δ 是对角矩阵,对角线上元素是各波段的噪声方差。具体来说,认为 MODIS 精度较高,数据中的噪声主要来自两个因素:一是大气校正中残余的不确定性;二是POLDER波段向MODIS波段转换过程中引入的不确定性。MODIS前4个波段数据的噪声标准差分别设置为0.01,0.01,0.02,0.02。需要说明的是,与其他形式的约束反演方法类似,约束条件往往是很难严格估算,但是另一方面,即使约束条件不准确,通常对反演结果的影响不明显,而其提高稳定性的效果却是显著的。

为了查看回归效果,统计了使用训练数据(即由POLDER数据插值并转换到MODIS波段生成的训练数据)时的WSA和45°太阳角BSA反演误差,因为共有50061个网格,表5.6统计了RMSE的平均值。

表5.6　AB1算法作用于训练数据时的残差统计

训练数据类别	WSA的平均RMSE	45°太阳角BSA的平均RMSE
植被	0.0086	0.0075
裸地	0.0122	0.0107
冰雪	0.0260	0.0209

为了展示AB1算法反演反照率的效果,选取北美Fort-Peck站点2000~2006年的晴天MODIS地表反射率产品(MOD09)数据,用AB1算法计算了白空反照率和局地正午的黑空反照率,以天空光散射比例因子0.3简单加权计算了真实反照率,与地面通量站实测反照率数据对比,结果见图5.7。作为对比,也给出了MODIS标准反照率算法结果(MOD43B3产品)。该站点位于西经105.101°,北纬48.3079°,下垫面为草地。可以看到AB1算法结果和MCD43B3产品都能够反映地面测量反照率的时间序列规律,但是因为未能完全去除有云的数据,数据噪声还比较大,特别是冬季地表反照率剧烈震荡,这一方

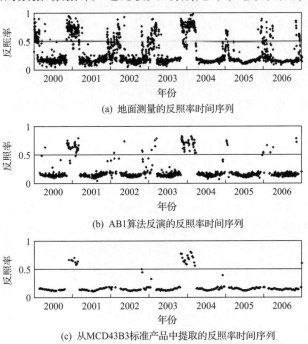

(a) 地面测量的反照率时间序列

(b) AB1算法反演的反照率时间序列

(c) 从MCD43B3标准产品中提取的反照率时间序列

图5.7　北美Fort-Peck站点2000~2006年地表反照率时间序列

面是因为降雪的影响,另一方面是因为云和雪的区分比较困难。与 MCD43B3 产品相比,AB1 算法提取反照率的时间分辨率较高,噪声也比较明显。另外,我们看到即使是地面测量数据,其起伏也是比较明显的,根据定义,反照率是与光线和测量条件相关的,因此地面测量结果也会受到天气的影响。

总的来说,AB1 产品的平均值与台站观测平均值符合较好,但是 AB1 产品的随机起伏较大,我们认为大气校正的残余误差、不同日期 MODIS 像元几何位置的偏差及 AB1 算法本身的不确定性都是潜在的误差源。因此,AB1 算法结果反映了地表反照率的基本信息,但是还需经过进一步的加工处理才能提供给用户使用。

5.3.5 大气辐射传输模拟及 AB2 算法

常规的地表参数遥感反演方法都需要经过大气校正处理,但是在宽波段地表反照率反演中有一类直接反演算法,其思路是舍弃多步骤的复杂反演过程,直接建立窄波段的大气层顶二向反射率(或者地表二向反射率)和地表宽波段反照率之间的统计关系。直接反演算法将大气校正、窄波段反照率计算、窄波段反照率向宽波段转换这三个基于物理过程的步骤融合为一个统计分析步骤来解决,算法更为简单高效,更重要的是回避了复杂的大气校正流程及不完美的大气校正带来的不确定性。

直接估算地表宽波段反照率的研究思路可以回溯到早期通过建立大气层顶反射率与地表宽波段反照率之间的线性关系来估算地表反照率的一系列算法(Chen and Ohring 1984;Koepke and Kriebel 1987;Pinker,1985)。早期的研究主要致力于寻找行星反照率与地表宽波段反照率之间的关系,Liang 等(1999)建立了大气层顶光谱反照率和地表宽波段反照率的关系,并将其应用到 MODIS 产品中,提高了反演精度(Liang et al.,2003)。早期的直接反演算法中,大气辐射传输模拟采用的是地表朗伯假设,而未考虑地表反射率的各向异性对算法结果的影响,因此,在 2005 年 Liang 等(2005)发展的算法中对此进行了改进,采用 DISORT 模型模拟冰雪地表的方向性反射,并使用角度网格技术补偿地表反射各向异性的影响。在 Qu 等(2013)的后续工作中进一步发展了直接反演算法,把它用于全球反照率产品的生产中,称为 AB2 算法。

前面已经介绍了基于 POLDER BRDF 数据集生成的"多波段方向反射率/宽波段反照率"的训练数据集,AB2 算法采用 6S 软件模拟获得不同气溶胶类型和气溶胶光学厚度下 MODIS 的"大气层顶方向反射率/地表宽波段反照率"训练数据集,然后建立角度网格的回归系数查找表。

相比于 AB1 算法,AB2 算法增加大气辐射传输模拟这一步骤,其他数据的处理过程与 AB1 算法完全相同,这里不再重复说明,而重点介绍大气辐射传输模拟和格网回归的方法。

大气辐射传输模拟方法是采用 6S 大气辐射传输模型(Vermote et al,1997)模拟获得涵盖多种大气状况、各种 BRDF 特性地表的大气层顶方向反射率。由于直接采用 6S 大气辐射传输模型模拟非朗伯地表的大气层顶方向反射率计算量较大,因此我们采用具有较高精度的近似公式(Qin et al.,2001)来计算大气层顶方向反射率式(5.12):

$$\rho^*(i,v) = t_g \left\{ \rho_0(i,v) + \frac{T(i) \cdot R(i,v) \cdot T(v) - t_{dd}(i) \cdot t_{dd}(v) \cdot |R(i,v)| \cdot \bar{\rho}}{1 - r_{hh}\bar{\rho}} \right\}$$

(5.12)

式中,矩阵 $T(i),R(i,v),T(v)$ 分别定义为

$$T(i) = \left[t_{\mathrm{dd}}(i)t_{\mathrm{dh}}(i)\right], \quad T(v) = \begin{bmatrix} t_{\mathrm{dd}}(v) \\ t_{\mathrm{hd}}(v) \end{bmatrix}, \quad R(i,v) = \begin{bmatrix} r_{\mathrm{dd}}(i,v)r_{\mathrm{dh}}(i) \\ r_{\mathrm{hd}}(v) & r_{\mathrm{hh}} \end{bmatrix}$$

$$(5.13)$$

式中,i,v 分别代表太阳入射方向和传感器观测方向;$\rho^*(i,v)$ 为大气层顶方向反射率;$\rho_0(i,v)$ 为大气层反射率;t_{g} 为气体吸收透过率;$\bar{\rho}$ 为大气球形反照率;t、r 分别代表大气透过率和地表反射率;下标 h,d 分别代表散射(半球)和直射(方向)。$t_{\mathrm{dd}}(i),t_{\mathrm{dh}}(i),t_{\mathrm{dd}}(v),$ $t_{\mathrm{hd}}(v)$ 分别代表大气下行直射透过率、大气下行方向半球透过率、大气上行直射透过率和大气上行半球方向透过率,当 $i=v$ 时,有 $t_{\mathrm{dd}}(i)=t_{\mathrm{dd}}(v),t_{\mathrm{dh}}(i)=t_{\mathrm{hd}}(v)$。$r_{\mathrm{dd}}(i,v),r_{\mathrm{dh}}(i),$ $r_{\mathrm{hd}}(v),r_{\mathrm{hh}}$ 分别为地物的二向性反射因子、方向半球反射率、半球方向反射率和双半球反照率,在考虑地表互易的情况下,当 $i=v$ 时,有 $r_{\mathrm{dh}}(i)=r_{\mathrm{hd}}(v)$。其中,地表反射特性参数 $r_{\mathrm{dd}}(i,v),r_{\mathrm{dh}}(i),r_{\mathrm{hd}}(v),r_{\mathrm{hh}}$ 为通过 POLDER-3/PARASOL BRDF 数据集经过波段转换和半球积分得到,作为参数输入,而大气状态参数 $\rho_0(i,v),t_{\mathrm{dd}}(i),t_{\mathrm{dh}}(i),t_{\mathrm{dd}}(v),$ $t_{\mathrm{hd}}(v),\bar{\rho},t_{\mathrm{g}}$ 则通过 6S 大气辐射传输模型模拟建立的大气参数查找表(look up table)获得。

该大气参数查找表是一个以大气类型、气溶胶类型、气溶胶光学厚度、目标海拔高度、太阳天顶角、观测天顶角和相对方位角为维度的 7 维大气参数查找表。在大气辐射传输模型模拟过程中,通过改变 6S 模型的输入参数来模拟各种大气状况(表 5.7);其中,大气类型设置为热带、中纬度夏季、中纬度冬季、副极地夏季、副极地冬季和 US62 标准大气 6种;气溶胶类型设置为大陆型、海洋型、城市型、沙漠型、生物燃烧型和霾型 6 种,其中,霾型气溶胶假定气溶胶中沙尘、水溶性、烟尘和海洋粒子的组成百分比分别为 15%、75%、10% 和 0%;550nm 的气溶胶光学厚度设置为 0.1、0.2、0.25、0.3、0.35、0.4 共 6 个梯度,包含了从清洁大气到较浑浊大气的情况;目标海拔高度设置为 0~3.5km,0.5km 为步长共计 8 个梯度。由于大气辐射传输模拟的计算量大,AB2 算法中把角度网格抽稀,太阳天顶角和观测天顶角以 4° 为步长;相对方位角以 20° 为步长。通过 6S 大气辐射传输模型计算格网中央点的大气参数代表整个格网的大气参数。经过参数敏感性分析,该格网划分方案可以满足大气辐射传输模拟精度的要求,且极大地减少了进行大气辐射传输模拟的计算量。因为其中水汽含量可以通过 MODIS 大气水汽含量产品(Gao and Kaufman,2003;Kaufman and Gao,1992)获得,所以在模拟过程中不改变该参数。

表 5.7 大气辐射传输模拟采用的 6S 模型参数

6S 大气参数	参数设置
大气类型	热带、中纬度夏季、中纬度冬季、副极地夏季、副极地冬季、US62 标准大气
气溶胶类型	大陆型、海洋型、城市型、沙漠型、生物燃烧型、霾型
气溶胶光学厚度	0.1,0.2,0.25,0.3,0.35,0.4
目标海拔高度/km	0,0.5,1.0,1.5,2.0,2.5,3,3.5
太阳天顶角/(°)	0,4,8,…,76,80
观测天顶角/(°)	0,4,8,…,60,64
相对方位角/(°)	0,20,40,…,160,180

考虑到 POLDER-3/PARASOL BRDF 数据与 MODIS 前 4 个光学波段在波长范围上较为一致,相对于 MODIS 后 3 个光学波段波段转换的 RMSE 更小,转换精度更高。并且 MODIS 后 3 个光学波段容易受到大气中水汽吸收的影响,因此最终选择采用 MODIS 前 4 个波段(b1-648nm,b2-859nm,b3-466nm,b4-554nm)作为回归分析中大气层顶方向反射率的输入数据。输入数据还需要经过气体吸收透过率归一化,公式为

$$\rho(\theta_i, \theta_v, \phi; k) = \rho^{TOA}(\theta_i, \theta_v, \phi; k) / t_g(k) \tag{5.14}$$

式中,k 表示波段;$\rho^{TOA}(\theta_i, \theta_v, \phi; k)$ 为大气层顶反射率;t_g 为大气吸收透过率;$\rho(\theta_i, \theta_v, \phi; k)$ 为归一化后的大气层顶方向反射率。

我们对格网回归法在不同格网大小、气溶胶状况和土地覆盖类型情况下的算法精度进行评价。为了简单起见,将由改进的线性核驱动模型计算得到的反照率称为"参考反照率(reference albedo)",AB2 算法的格网回归计算结果称为"估算反照率(estimated albedo)"。采用 R^2(coefficient of determination)和 RMSE 两个统计量来评价格网回归法的鲁棒性。

由于不同太阳/观测角度的地表方向反射特性和大气参数存在差异,因此不同格网的拟合结果也是不同的。图 5.8 展示了在 3 个太阳天顶角(SZA)情况下(太阳天顶角为 20°,40° 和 60°;相对方位角(RAA)为 100°),不同的观测天顶角(VZA)格网大小(4°~64°,4°步长)的拟合 RMSE。在 3 种太阳天顶角情况下,拟合的 RMSE 随着格网大小的增大而增大,表明格网回归算法精度要高于基于朗伯假设的算法。在大多数情况下,观测天顶角格网大小划分为 4°~10° 较为合适,能够得到较为精确的估算结果。太阳天顶角格网大小的划分与观测天顶角类似。而相对方位角的合理划分大小为 20°~60°。

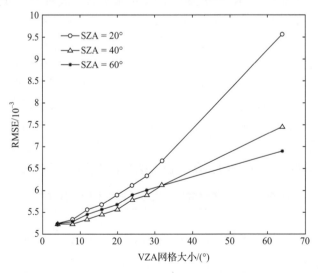

图 5.8　不同大小太阳天顶角格网回归的 RMSE

植被类型,大陆型气溶胶,太阳天顶角为 20°,40° 和 60°;相对方位角为 100°

格网回归方法精度对不同气溶胶类型(大陆型、海洋型、城市型、沙漠型、生物燃烧型和霾型)的依赖见图 5.9,分别展示了 6 种不同气溶胶类型参考反照率和估算反照率的散点图。拟合结果除了城市型气溶胶相对较差外,其他都较为理想。其中,城市型气溶胶的

估算精度依赖于气溶胶光学厚度,特别是在地表宽反照率高于 0.5 的情况下。而对于其他气溶胶类型而言,格网回归方法的估算精度没有明显差异。

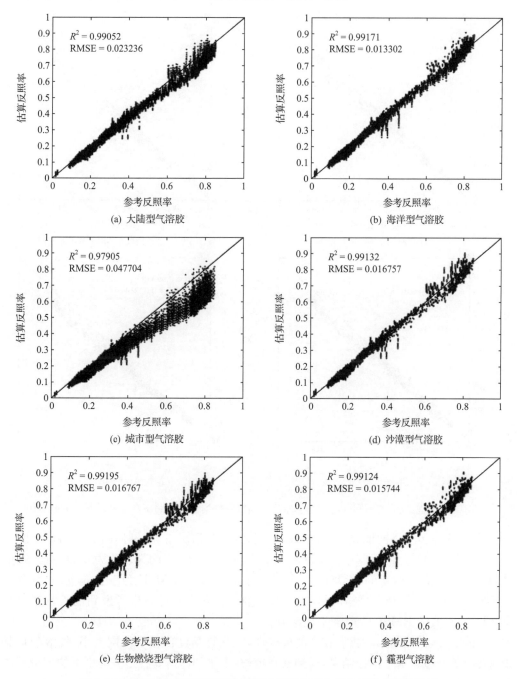

图 5.9   不同气溶胶类型训练数据集估算反照率和参考反照率的散点图

图 5.10 显示在不同气溶胶光学厚度(AOD 为 0.10、0.20、0.30 和 0.40)情况下参考反照率和估算反照率的散点图,在大陆型气溶胶类型下,格网回归方法的估算精度不随气溶胶光学厚度变化而改变。该结果表明格网回归方法与采用 6S 软件进行大气校正得出

的结果相似,以此证明不做大气校正,基于大气层顶(TOA)方向反射率数据来直接估算地表反照率的方法是可行的。

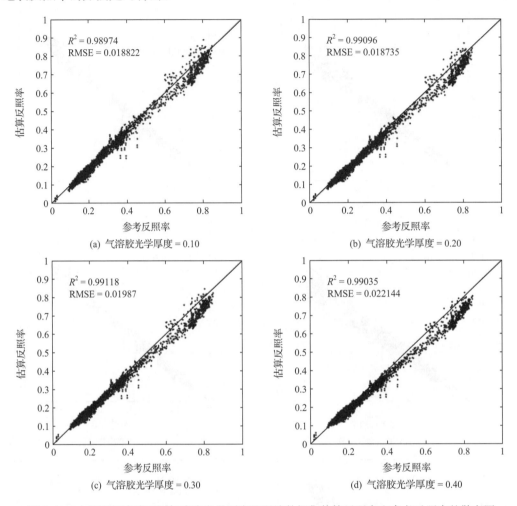

图 5.10　大陆型气溶胶不同气溶胶光学厚度的训练数据集估算反照率和参考反照率的散点图

图 5.11 显示在不同地表类型(植被、土壤和冰雪)情况下,格网回归法的估算反照率与参考反照率的散点图。其中该格网的太阳天顶角为 $32°$,观测天顶角为 $0°$,相对方位角为 $180°$。其中植被类型的 RMSE 为 0.012,土壤类型的 RMSE 为 0.013,冰雪类型的 RMSE 为 0.025。该结果是格网回归法的理论精度,在实际计算中考虑到输入数据受其他误差影响,实际 RMSE 要略高于理论值。

总体而言,格网回归法具有较高的鲁棒性,其估算精度依赖于格网大小、气溶胶状况和地表覆盖类型。基于模拟结果,得到其在植被、土壤和冰雪 3 种地表类型下的理论不确定性分别为 0.009、0.012 和 0.030。

选择典型、均匀的 FLUXNET 站点观测的局地正午(local noon)反照率值对 AB2 算法估算的地表宽波段反照率结果进行验证,图 5.12(a)是 Duke Forest Hardwoods 站点($35.9736°$N,$79.0942°$W;混交林)2004 年 2~2006 年 12 月反照率地面测量结果与 AB2 算法估算结果对比。由于冬天未下雪,该站点反照率值为 0.15 左右,没有明显的季节

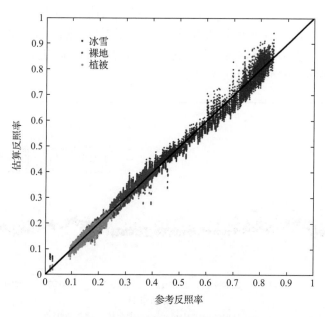

图 5.11　不同地表类型训练数据集估算反照率和参考反照率的散点图

绿色点为植被，红色点为土壤，蓝色点为冰雪；大陆型气溶胶

波动，AB2 算法估算值与地面站点测量结果较为一致。图 5.12(b)是 Flagstaff Unmanaged Forest 站点(35.0890°N,111.7620°W;常绿针叶林)2005 年 10 月～2008 年 12 月反照率地面测量结果与 AB2 算法估算结果对比图。该站点在夏季的反照率约为 0.1,冬季下雪后反照率迅速升高到 0.25 左右,而在春季融雪时反照率则急剧下降。图 5.12(b)显示 AB2 算法能够很好地描述反照率的季节变化特征,但在夏季比地面观测结果稍高,与 MCD43B3 产品数值相当,此外 AB2 算法和地面观测结果的 16 天平均值较为一致。图 5.12(c)是 Willow Creek 站点(45.8059°N,90.0799°W;落叶阔叶林)2000 年 3～2003 年 6 月反照率地面测量结果与 AB2 算法估算结果对比图。该站点的反照率在夏季从 0.1 升高到 0.15,在秋季下降到 0.1,下雪后反照率逐渐从 0.1 升高到 0.3。AB2 算法结果与地面观测站点在夏季较为一致,在冬季 AB2 算法结果略高于地面站点观测结果。图 5.12(d)是 Fort Peck 站点(48.3079°N,105.1010°E;草地)2003 年 9～2008 年 5 月反照率地面测量结果与 AB2 算法估算结果对比图。该站点冬季下雪后反照率从 0.2 急剧增加到 0.7 左右,而在雪融化时则急剧下降。可以发现 AB2 算法在较长时间序列得到的结果比较稳定,适用于进行地表长时间序列反照率产品的生成。从图 5.12(d)中还可以发现,Fort Peck 站点各年的降雪和融雪过程差异很大,对地表辐射能量平衡有显著的影响,地表参量变化特征信息量丰富,AB2 算法可以较好地刻画这种降雪和融雪过程的年际变化,得到对地表反照率年际变化更为精确的描述。如在 Fort Peck 中 2004 年具有较长的冰雪覆盖期(图 5.12(d)),在 1～60 天由于冰雪覆盖具有较高的反照率,在 90～300 天无冰雪覆盖则反照率相对较低,在 60～90 天范围内有一个非常显著的融雪过程,在 30 天内 AB2 算法获得了 10 次地表反照率数据,较为精确地刻画了该融雪过程。图 5.12(e)是 ARM SGP Main 站点(36.6050°N,97.3883°W;农作物)在 2003 年反照率地面测量结果与 AB2 算法估算结果对比图。该站点反照率在 0.1～0.3 之间波动,对比结果表明

AB2 算法可以刻画出反照率的微小变化过程,滑动平均曲线表明两者具有相似的变化趋势。对 15 个站点的 AB2 算法与 FLUXNET 晴空观测结果进行比较,总体 R^2 为 0.7162,RMSE 为 0.0321。将 AB2 算法做平滑处理后得到的 8 天产品与 MCD43B3 产品进行比较,总体 R^2 为 0.9203,RMSE 为 0.0312。

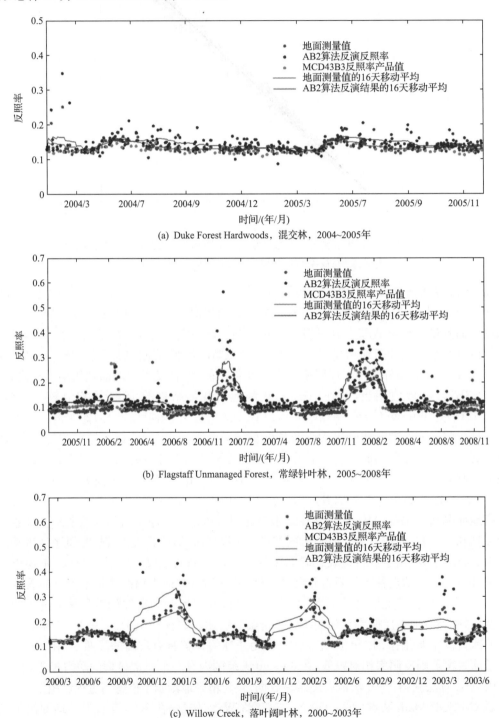

(a) Duke Forest Hardwoods,混交林,2004~2005年

(b) Flagstaff Unmanaged Forest,常绿针叶林,2005~2008年

(c) Willow Creek,落叶阔叶林,2000~2003年

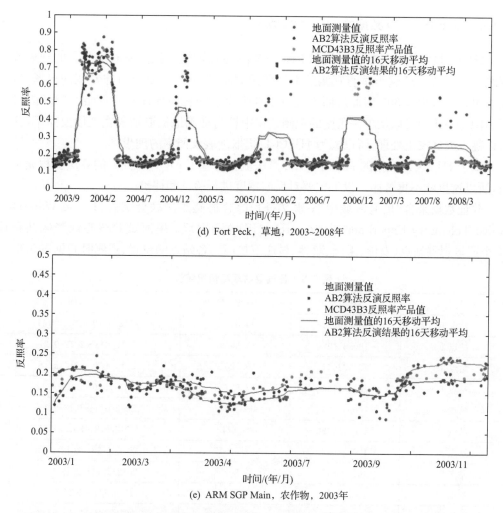

图 5.12　AB2 算法估算的地表宽波段反照率与 FLUXNET 地面站点观测值时间序列比较图

红色点为地面站点观测的宽波段反照率，蓝色站点为 AB2 算法估算地表宽波段反照率，绿色点为 MCD43B3 反照率
产品；红色线为地面站点观测反照率 16 天滑动平均值，蓝色线为 AB2 算法估算反照率 16 天滑动平均值

　　AB2 算法无需对输入数据进行大气校正处理，更适合生产长时间序列地表反照率产品。相比于传统的反照率反演算法，基于 POLDER 的 BRDF 训练数据集建立方向反射率与地表宽波段反照率之间的统计相关关系，只需要 1 次卫星观测数据即可估算出地表反照率，从而可以得到相对更高时间分辨率的地表反照率产品，更好地描述反照率迅速变化的情况（如降雪、融雪和火灾等）。AB2 算法由于仅依靠 1 次卫星观测数据估算地表反照率，因此相对于基于多天数据反演的算法对云等传感器测量噪声更加敏感，估算得到的反照率时间序列会有明显的抖动现象，需要进行滤波平滑处理。POLDER 的 BRDF 数据集空间分辨率为 6～7km，而 MODIS 数据为 1km，训练数据集与处理数据的空间分辨率差异也可能是算法的一个误差源。此外，地面观测站点代表的空间范围与反照率产品也存在差异，因此需要通过高空间分辨率的卫星观测数据作尺度转换，对 AB2 算法的反照率产品精度进行更为精确的评价。

5.3.6 基于 HJ/CCD 数据的 AB1、AB2 算法

HJ/CCD 数据具有较高时间和空间分辨率,是提取地表反照率时空分布的理想数据源之一。但与 TM 这类垂直观测的卫星传感器不同,HJ/CCD 具有非常宽的视场角,最大观测天顶角达到 30°,因此反照率计算中地表反射的各向异性不容忽略。AB 算法(包括 AB1 和 AB2)可以从单一角度的观测数据中较为准确地提取地表宽波段反照率,甚至可以跳过大气校正处理,所以成为 HJ/CCD 提取地表反照率的理想算法。

基于 HJ/CCD 数据的 AB1 和 AB2 算法流程与基于 MODIS 数据的算法流程完全一致,所以这里就不再赘述。以下主要对反演精度进行验证和评价。

验证数据来自"黑河流域生态-水文过程综合遥感观测联合试验(Heihe Watershed Allied Telemetry Experimental Research,HiWATER)"。黑河试验核心观测区共布设 16 个通量观测站点(农田、果园、菜地、村庄下垫面),各站点的位置、观测时间见表 5.8。

表 5.8　各气象站观测情况统计

测点	经度/°E	纬度/°N	起止时间
站点 1	100.35816	38.89322	2012/6/10～2012/9/17
站点 2	100.35406	38.88697	2012/5/3～2012/9/21
站点 3	100.37633	38.89057	2012/6/3～2012/9/18
站点 4	100.35754	38.87755	2012/5/10～2012/9/17
站点 5	100.35065	38.87577	2012/6/4～2012/9/18
站点 6	100.35972	38.8712	2012/5/9～2012/9/21
站点 7	100.36523	38.87677	2012/5/28～2012/9/18
站点 8	100.37647	38.87255	2012/5/14～2012/9/21
站点 9	100.38548	38.87241	2012/6/4～2012/9/17
站点 10	100.3957	38.87569	2012/6/1～2012/9/17
站点 11	100.34198	38.86994	2012/6/2～2012/9/18
站点 12	100.36633	38.86516	2012/5/10～2012/9/21
站点 13	100.37849	38.86077	2012/5/6～2012/9/20
站点 14	100.35312	38.85869	2012/5/6～2012/9/21
站点 16	100.36413	38.8493	2012/5/31～2012/9/17
站点 17	100.36974	38.84512	2012/5/12～2012/9/17
超级站	100.37225	38.85557	2012/6/25～2012/9/26

选择 2012 年 6 月至 9 月中旬段接收到的通量数据,每天选择当地正午时前后一段时间的辐射通量数据,计算得到该阶段实测反照率数据。以站点 8 为例,统计 6 月至 9 月中旬段反照率变化情况如图 5.13 所示。

可见在较长的时间序列上,上下行辐射变化趋势一致,结合相应天气记录情况,可见有云或阴天、有雨时,观测辐射量均偏低,晴天时观测值很稳定。并且,由反照率变化曲线可看出,8 月以后,反照率基本保持一条直线,无大幅度变化,这是由于 7 月底以后,整个

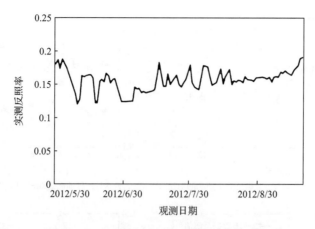

图 5.13　黑河通量观测站点 8 实测反照率变化曲线

研究区基本为玉米植被完全覆盖,地表状况均一。可见无线传感器网络在精细刻画地表状况、研究特征地表参数的动态变化及其不确定性方面,极大地丰富了地表实测数据,有利于各项同步实验研究的开展。

同时,下载 2012 年 8 月至 9 月 HJ/CCD L1 无云数据,经辐射定标、几何精纠正、裁剪等预处理,以 AB2 算法反演 HJ/ CCD 数据,得到黑空及白空反照率,代入相应天空散射光比例因子计算得到高分辨环境卫星反照率产品,提取实测站点位置对应的高分辨率像元值进行验证对比,图 5.14 为 8 月 1 日至 9 月 17 日各景实测值与反演值对比,图 5.15为每天的 RMSE 的统计值。

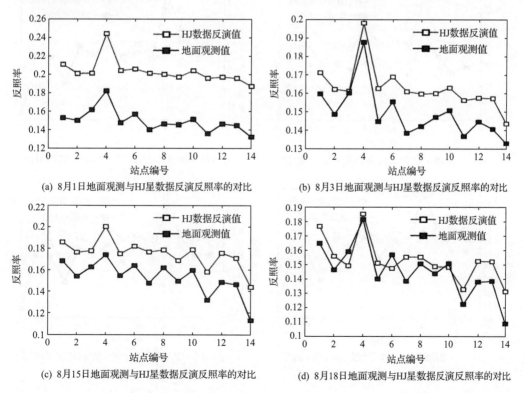

(a) 8月1日地面观测与HJ数据反演反照率的对比　　　　(b) 8月3日地面观测与HJ星数据反演反照率的对比

(c) 8月15日地面观测与HJ数据反演反照率的对比　　　　(d) 8月18日地面观测与HJ星数据反演反照率的对比

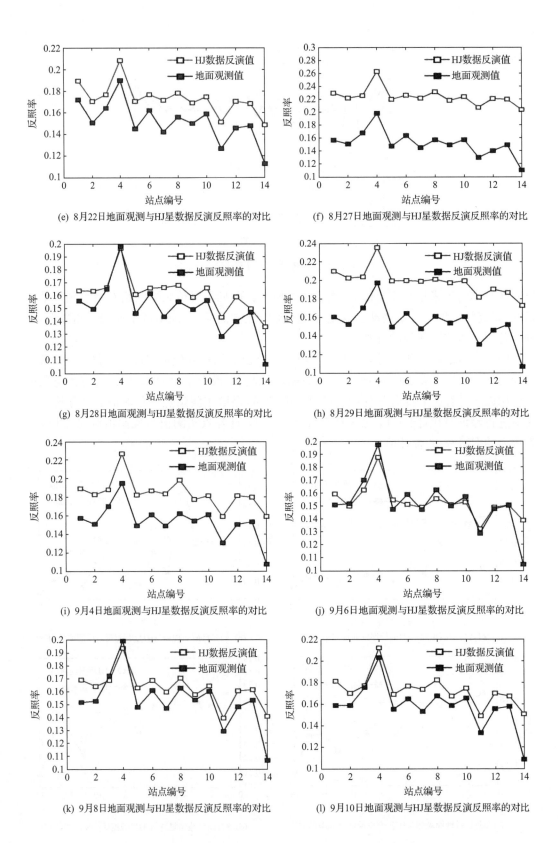

(e) 8月22日地面观测与HJ星数据反演反照率的对比

(f) 8月27日地面观测与HJ星数据反演反照率的对比

(g) 8月28日地面观测与HJ星数据反演反照率的对比

(h) 8月29日地面观测与HJ星数据反演反照率的对比

(i) 9月4日地面观测与HJ星数据反演反照率的对比

(j) 9月6日地面观测与HJ星数据反演反照率的对比

(k) 9月8日地面观测与HJ星数据反演反照率的对比

(l) 9月10日地面观测与HJ星数据反演反照率的对比

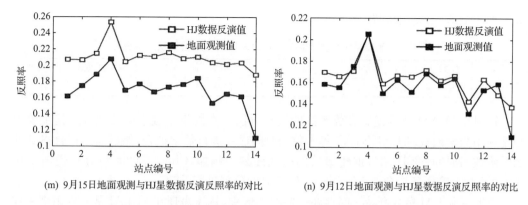

(m) 9月15日地面观测与HJ星数据反演反照率的对比　　　(n) 9月12日地面观测与HJ星数据反演反照率的对比

图 5.14　黑河观测区实测反照率与环境星反照率产品对比图

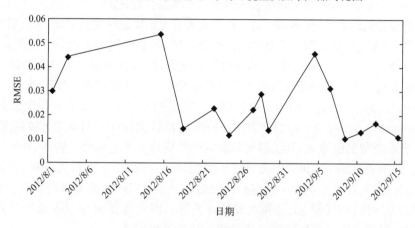

图 5.15　实测数据与 HJ 反照率精度对比图

由图 5.14 可见:①在较长的时间序列上,每景影像各站点实测数据与环境卫星反演结果均能较好地吻合,趋势一致;②环境卫星反演结果普遍高于实测结果,这是因为散射光能量的贡献,使接收到的反射率值比实际值偏高,积分得到的反照率值也相应偏高;③每景 4 号点数值均较高,这是由于 4 号点位架设于房顶上,故辐射能量值高;④单从每景对比结果分析,各个站点反演结果与实测数值的差值较为固定,可见在每个时段环境卫星反演结果是可以反映地表反照率分布情况的。

5.4　基于背景场的地表反照率产品时空滤波方法

5.4.1　基于统计知识的时空滤波算法的基本思想

由于受到云覆盖、遥感传感器故障和季节性雪的影响,现有反照率产品存在大量的数据缺失。这里以 MODIS 标准产品 MCD43B3 短波段反照率为例,统计了 2000～2009 年全球陆地表面像元每年的数据缺失比率(表 5.9)。从表 5.9 的统计结果可以发现,每年有 20%～30% 的陆地表面像元存在数据缺失。反照率数据的低时间分辨率和大量数据缺失严重阻碍了反照率产品在全球气候变化、能量平衡等研究中的进一步应用。因此,如何生产出高时间分辨率、时空连续一致的反照率遥感产品用以满足全球气候变化研究,已经成为一个亟须解决的问题。

表 5.9　MCD43B3 全球地表像元短波反照率数据年缺失率统计

年份	2000	2001	2002	2003	2004	2005	2006	2007	2008	2009
缺失率/%	32.72	37.60	28.57	22.86	21.90	21.81	21.91	22.39	23.56	23.56

　　针对 LAI、NDVI 等遥感参数产品的填补方法常常侧重于数学函数拟合。其主要思想是利用数学函数对 LAI、NDVI 等参数的时间序列进行数学拟合,然后利用拟合得到的数学函数对时间序列插值,重建参数的时间序列。例如,Chen 等(2004)分别提出了用S-G 滤波和三阶样条拟合对 MODIS 的 LAI 时间序列进行重建。

　　反照率和 LAI 参数产品之间存在一些根本区别,具体表现在:①LAI 是主要用来表现植被特征的一个参数,而反照率则是反映植被和土壤综合特征的一个参数;②与 LAI 相比,反照率更容易受到地表情况的影响,这一点在地表有无雪覆盖时尤其明显;③反照率产品存在着波段性,因此需要对反照率产品分波段填补处理,而 LAI 则不存着这一问题;④在产品验证方面,反照率产品已取得了很好的地面验证结果,而 LAI 产品在算法和验证方面需要更多的研究。这些基本差别使反照率产品的改进方式与 LAI 存在着一些差别。

　　Moody 等(2005)针对 MODIS 的 MOD43B3 反照率产品提出了一种生态曲线拟合(ecosystem curve fitting,ECF)填补方法。ECF 方法认为在一定的空间区域范围内,具有相同的生态系统类别的像元,其反照率的物候曲线应该大致上相似。譬如,在一个小的空间范围内(如 5km×5km),相同生态系统类别的像元在返青、达到最大长势、开始凋落和完全凋零的时间大致上差不多。而这些像元的反照率时间序列的差异则反映了它们之间生长条件的差异性,如气候、土壤和水分条件差异。因此在保留像元级别的差异性的同时,可以用反照率的生态物候曲线形状对像元缺失进行填补。

　　继 Moody 之后,Fang 等(2007)针对 MODIS 反照率产品又提出了一种新的填补方法,即时空滤波(temporal spatial filtering,TSF)算法。Fang 分析了 ECF 方法的结果,发现反照率多年平均值比 ECF 方法中的生态系统分类平均值(ecosystem average)更稳定,也更具有代表性。因此,在 Fang 的方法中采用了像元的反照率多年平均值作为像元的反照率背景值。TSF 方法的实质是利用像元相邻天内反照率观测值及背景值的加权平均作为像元的填补值。TSF 方法的主要步骤为:①利用 MOD43B3 反照率的质量标识挑选出完全反演的像元,统计其多年均值,以此作为像元的背景值;②对多年内没有完全反演值的像元,利用 Moody 的 ECF 方法计算该像元的背景值;③当相邻内像元没有观测值时,利用 S-G 滤波计算反照率观测值;④利用像元相邻天内的观测值和背景值加权平均得到填补值。Fang 的方法综合考虑了反照率的空间统计信息和时间相关性信息。

　　Wang 和 Liang(2011)的文章曾指出 TSF 方法存在的一些不足。首先 TSF 方法没有充分考虑到观测值误差所造成预测值的不确定性。其次 TSF 方法中权重函数的确定比较主观,并不能真实反映相邻天内反照率之间的相关性。此外,TSF 方法只采用了一种反照率产品,没有充分利用现有的多源反照率产品。

　　Liu 等(2013)在 TSF 算法的基础上发展了 STF(statistics-based temporal filtering)算法,其基本思路是:首先利用多年的 MODIS 全球地表反照率产品计算反照率的先验统计量(也称为先验知识),然后基于先验统计量对归一化后的 GLASS02A2x(x=1,2,3,4)产品进行时间序列平滑、填补和多套产品融合,整体流程见图 5.16。

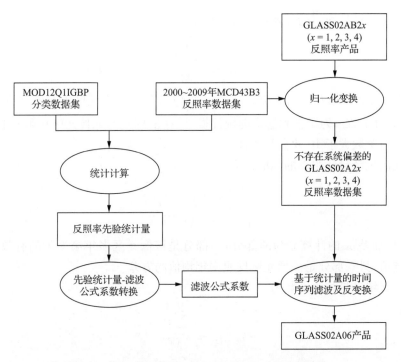

图 5.16 时空连续的地表反照率产品生产流程图

先验统计是利用多年的 MODIS 全球地表反照率产品统计计算全球地表反照率先验知识,先验统计量主要包括:反照率的多年平均值、标准差及相邻天内反照率相关系数。先验统计量主要用于计算 STF 滤波公式中的滤波系数。

反照率产品归一化是从 GLASS02A2x 产品中选取大量均一像元统计其均值和标准差,然后利用均值和标准差对反照率进行归一化处理以消除产品间系统偏差,得到的均值 0、标准差 1 的信号作为滤波算法输入。

基于统计量的时间滤波算法输入由先验知识计算得到的滤波系数及没有系统偏差的信号时间序列,输出没有数据缺失和系统偏差的均值 0、标准差 1 的信号,通过反变换即可得到时空连续一致的反照率产品。

5.4.2 全球反照率时空分布背景场

NASA 发布的 Terra-MODIS 和 Aqua-MODIS 联合反演的地表反照率产品(MCD43 系列)是现有最为成熟的全球反照率长时间序列产品。它采用双星 16 天的无云反射率观测数据联合反演地表反照率。MODIS 反照率产品反映了地表 16 天内反照率的平均状态,其数据质量相对比较稳定,可信度高。此外,MODIS 产品采用了和 GLASS 产品中 AB 算法相同的输入数据,具有很好的一致性。为此,我们采用 MODIS 的 MCD43B3 反照率产品统计全球地表反照率先验知识。

由于 MCD43B3 产品自身也存在着数据缺失,为了得到比较稳定、具有代表性的先验统计知识,同时也从数据存储量和像元配准角度考虑,我们对 9×9 像元区内像元反照率值进行统计,得到的统计量作为中间 5×5 像元区内所有像元的先验统计量。先验统计量主要包括:均值、标准差和相关系数。最终得到的先验统计量空间分辨率为 5km,时间分辨率 8 天。

某像元区统计量均值的具体计算方法如下：

$$\mu_k = \frac{\sum\limits_{j=1}^{M} \bar{\alpha}_j}{M} \tag{5.15}$$

式中，μ_k 为该像元区第 k 天均值统计量；$\bar{\alpha}_j$ 为第 j 年第 k 天像元区内有效反照率的均值；M 为 $\bar{\alpha}_j$ 有效值个数。为了得到稳定的统计量，计算 $\bar{\alpha}_j$ 时只有该像元区在第 j 年第 k 天的有效反照率值个数大于 10 才参与统计。

某像元区统计量反照率的标准差为

$$\sigma_k = \left[\frac{\sum\limits_{j=1}^{M} \delta_j^2 + (\bar{\alpha}_j - \mu_k)^2}{M} \right]^{\frac{1}{2}} \tag{5.16}$$

可以看出，标准差 σ_k 的计算分为两部分，一部分是该像元区多年第 k 天的有效反照率值方差的平均值，另一部分是该像元区反照率年均值的方差。

某像元区统计量相关系数为

$$\rho_{k,k+\Delta k} = \frac{\sum\limits_{j=1}^{M} \chi_j}{M} \tag{5.17}$$

第 k 天和第 $k+\Delta k$ 天相关系数 $\rho_{k,k+\Delta k}$ 为多年像元区相关系数 χ_j 平均值。

值得注意的是，一些地区由于有效反照率值不足，先验均值也会存在缺失的情况。例如，赤道部分地区常年受到云覆盖影响，缺少足够的有效反照率值。此外，极地地区在极夜时段里，不存在反照率观测值。然而，地表反照率是地表的固有属性，因此需要对这些地区缺失的反照率均值进行填补。

对于非极地地区，采用了一种基于 IGBP 分类的填补方法。具体步骤为：

（1）利用 MODIS 的 MOD12Q1 的 IGBP 分类数据和 MCD43B3 反照率数据，统计每个 IGBP 类别的多年均值；

（2）对于均值缺失的像元，利用（1）中的按 IGBP 类别统计的均值加权平均得到均值的填补值，权重为 5×5 像元区内不同 IGBP 类别像元比例。

图 5.17 给出了南美洲大陆部分地区（10°N～20°S, 42.57°～81.23°W）第 49 天反照率先验均值填补前后对比结果。可以看出，填补前（图 5.17（a））这块区域的反照率先验

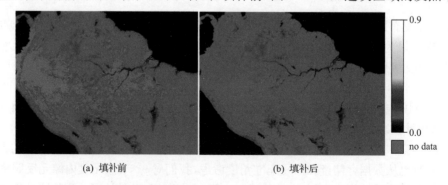

(a) 填补前   (b) 填补后

图 5.17　南美洲大陆部分地区反照率先验均值填补前后对比结果图
黑色代表海洋区域；灰色代表反照率均值数据缺失区域（第 49 天，黑空反照率）

均值存在大量的缺失（灰色区域），通过上述方法填补后（图 5.17(b)）陆地地区的反照率先验均值已经得到很好的填补。填补前数据缺失区域内一些河流特征在填补结果上仍能得到很好的再现。

对于极地地区，通过对极地地区像元反照率均值序列分析发现，极地地区反照率均值填补前时间序列存在以下几种类型：

(1) 图 5.18(a)描述了北极地区地表覆盖变化：冬季（1 月、11 月中旬至 12 月底）时受极夜现象影响，缺少反照率统计均值；2 月至 4 月初，该地区一直受到雪覆盖影响，反照率均值较高；4 月至 5 月初，有一个明显的融雪过程，反照率均值相应地迅速降低；5 月至 9 月初该地区不受雪覆盖影响，反照率均值一直稳定在 0.1～0.15；9 月至 11 月中旬，受降雪过程影响，反照率均值逐渐增大。这一反照率变化类型集中发生在 70°～80°N 北美和亚欧大陆地区。这些过程发生的具体时间和地表覆盖、所处纬度带有关。

(2) 图 5.18(b)描述了北极地区常年处在雪覆盖条件下，反照率均值一直很高（0.6～0.8），而在极夜时段（1 月、11 月中旬至 12 月底）里没有反照率统计均值。极夜时段与所处纬度带有关。这一反照率变化类型集中在格陵兰岛地区。

(3) 图 5.18(c)描述了南极地区常年处在雪覆盖条件下，反照率均值一直很高（0.6～0.8），而在极夜时段（3 月至 8 月）里没有反照率统计均值。极夜时段与所处纬度带有关。

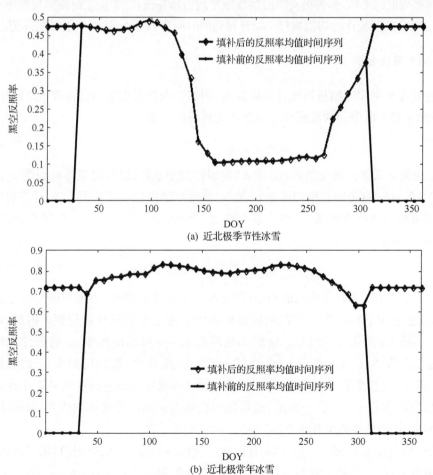

(a) 近北极季节性冰雪

(b) 近北极常年冰雪

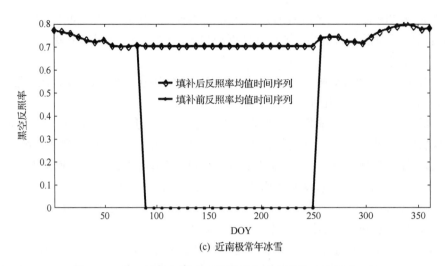

(c) 近南极常年冰雪

图 5.18　极地地区三类反照率均值序列填补前后结果对比图

基于以上分析,极地地区的反照率均值填补策略是:①对北极地区,取极夜现象之后前两天的反照率均值的平均,作为极夜时段的反照率均值填补值;②对南极地区,取极夜前两天的反照率均值的平均,作为极夜时段的反照率均值填补值;③非极夜时段的反照率均值缺失,用按 IGBP 类别统计的均值填补。填补得到的时间序列见图 5.18 中菱形筐标记点线。

5.4.3　STF 算法公式

通过对反照率实际测量值统计分析发现,相邻天内反照率之间存在着很好的相关性。因此,假设相邻天内像元的反照率之间存在线性回归关系:

$$\alpha_k = a_{\Delta k}\alpha_{k+\Delta k} + b_{\Delta k} + e_{\Delta k} \tag{5.18}$$

式中,α_k 为第 k 天像元的反照率;a_k 和 b_k 为回归模型系数,回归模型随机误差 e_k 满足高斯分布 $N(0,\eta_k^2)$。有关回归模型系数 a_k 和 b_k 及模型随机误差标准差 η_k 的计算见"5.4.2 全球反照率时空分布背景场"一节。进一步地,考虑到 GLASS02A2x 反照率观测误差,式(5.18)可写成:

$$\alpha_k = a_{\Delta k}\alpha_{k+\Delta k}^* + b_{\Delta k} + a_{\Delta k}\varepsilon_{k+\Delta k} + e_{\Delta k} \tag{5.19}$$

式中,$\alpha_{k+\Delta k}^*$ 为第 $(k+\Delta k)$ 天像元的 GLASS02A2x 反照率观测值,而观测误差 $\varepsilon_{k+\Delta k}$ 的方差 $\zeta_{k+\Delta k}^2$ 可以通过 GLASS02A2x 产品的质量标识中不确定性信息计算得到。因此,给定像元第 $(k+\Delta k)$ 天的 GLASS02A2x 反照率观测值 $\alpha_{k+\Delta k}^*$,像元反照率 α_k 的条件概率分布 $P(\alpha_k \mid \alpha_{k+\Delta k}^*)$ 为 $N(a_{\Delta k}\alpha_{k+\Delta k}^* + b_{\Delta k},a_{\Delta k}^2\zeta_{k+\Delta k}^2 + \eta_{k+\Delta k}^2)$。换言之,像元反照率 α_k 的预测值为 $a_{\Delta k}\alpha_{k+\Delta k}^* + b_{\Delta k}$,而预测值的方差分为两个部分:通过预测模型传递的观测误差方差 $a_{\Delta k}^2\zeta_{k+\Delta k}^2$ 和预测模型的方差 $\eta_{k+\Delta k}^2$。进一步地,给定像元在第 k 天的先验统计均值 μ_k 和标准差 σ_k,像元反照率 α_k 的条件概率分布 $P(\alpha_k \mid \alpha_{k+\Delta k}^*)$ 为 $N(\mu_k,\sigma_k)$。

假设 $P(\alpha_k \mid \alpha_{k+\Delta k}^*)(\Delta k=-k,\cdots,k)$ 彼此独立,给定 $k-\Delta k \sim k+\Delta k$ 天内 GLASS02A2x 反照率观测值为 $\alpha_{k+\Delta k}^*$,则像元反照率 α_k 的条件概率分布 $P(\alpha_k \mid \alpha_{k-K}^*,\cdots,\alpha_{k+\Delta K}^*)$ 为

$$N(\mu_k, \sigma_k^2) \prod_{\Delta k=-K}^{\Delta k=+K} N(a_{\Delta k}\alpha_{k+\Delta k}^* + b_{\Delta k}, a_{\Delta k}^2\zeta_{k+\Delta k}^2 + \eta_{k+\Delta k}^2) \tag{5.20}$$

由式(5.20)可知,像元反照率 α_k 的预测值为

$$\hat{\alpha}_k = \left(\frac{\mu_k}{\sigma_k^2} + \sum_{\Delta k=-K}^{\Delta k=+K} \frac{a_{\Delta k}\alpha_{k+\Delta k}^* + b_{\Delta k}}{a_{\Delta k}^2\zeta_{k+\Delta k}^2 + \eta_{k+\Delta k}^2}\right)\Bigg/c \tag{5.21}$$

其中

$$c = \frac{1}{\sigma_k^2} + \sum_{\Delta k=-K}^{\Delta k=+K} \frac{1}{a_{\Delta k}^2\zeta_{k+\Delta k}^2 + \eta_{k+\Delta k}^2} \tag{5.22}$$

c 同时也是预测值的不确定性估计。式(5.20)和式(5.21)即为反照率时间序列滤波的基本公式。实际生产中滤波的时间窗口长度为 8 天,即 $K=8$。

对滤波式(5.20)和式(5.21)分析,可以发现该滤波算法有如下几个基本特征:

(1)滤波算法的本质是相邻天内反照率值及统计均值的加权平均。

(2)滤波算法中相邻天内反照率的权重因子取决于反照率的时间相关性($a_{\Delta k}$、$b_{\Delta k}$ 和 $\eta_{\Delta k}^2$)及反照率的观测误差($\zeta_{k+\Delta k}^2$)。对于某一天的反照率观测值,其时间相关性越好、反照率观测误差越小、权重因子越大,对最终的滤波结果贡献也就越大。

(3)滤波算法兼具了缺失数据填补、时间序列平滑和多套数据融合的功能。当第 k 天反照率不存在有效观测值时,滤波结果即为填补值;当第 k 天反照率存在有效观测值时,滤波算法则有去噪、平滑的效果。此外,四套 GLASS 02A2x 反照率初级产品可以同时输入该算法中,四套产品可以融合成一套产品。其他反照率产品,如 MCD43B3 产品,在进行产品归一化之后,也可以作为输入数据,进行数据融合。

(4)滤波算法考虑了反照率多年统计均值的先验约束,当 $k-K\sim k+K$ 天内不存在任何有效反照率观测值时,填补值则为反照率多年统计均值。

(5)滤波算法还定量地给出了滤波结果的不确定性估算。

先验统计量的时间分辨率为 8 天,而滤波公式需要每日的回归系数。因此,首先将 8 天分辨率的先验统计量插值到 1 天。对于均值和标准差统计量,利用已有的前后 32 天内每 8 天的均值和标准差,通过三次多项式插值得到前后 32 天内每天的均值和标准差。对于相关系数,利用前 32 天和后 32 天内每 8 天的相关系数,分别通过指数函数插值得到前 32 天和后 32 天内每天的相关系数。插值函数如下:

$$\begin{cases} \mu(\Delta d) = \lambda_1\Delta d^3 + \lambda_2\Delta d^2 + \lambda_3\Delta d + \lambda_4 & (\Delta d = -32, -24, \cdots, 24, 32) \\ \sigma(\Delta d) = \lambda_5\Delta d^3 + \lambda_6\Delta d^2 + \lambda_7\Delta d + \lambda_8 & (\Delta d = -32, -24, \cdots, 24, 32) \\ \rho(\Delta d) = \exp(\lambda_9\Delta d^4 + \lambda_{10}\Delta d^2) & (\Delta d = -32, -24, -16, -8) \\ \rho(\Delta d) = \exp(\lambda_{11}\Delta d^4 + \lambda_{12}\Delta d^2) & (\Delta d = 8, 16, 24, 32) \end{cases} \tag{5.23}$$

利用已知的 8 天先验统计量和插值函数拟合得到拟合系数 $\Lambda = \{\lambda_1, \lambda_2, \cdots, \lambda_{12}\}$ 后,通过插值函数就可以计算得到每天的先验统计量。图 5.19 给出了某个像元的 8 天先验统计量(倒三角所示)经过插值得到的 1 天的统计量曲线(曲线所示)。可以看出,样条曲线可以很好地拟合反照率均值(图 5.19(a))和标准差(图 5.19(b))。而反照率相关系数

随着时间间隔增大而降低。这也比较符合一般认识,即时间间隔越大,相邻天内反照率的相关性降低。在实际应用中,由于滤波的时间窗口长度为 8 天,因此只采用 -8~8 天内的插值结果。

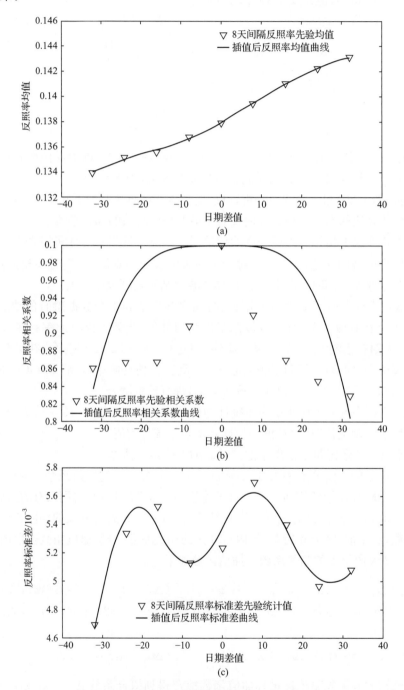

图 5.19 反照率 8 天分辨率先验统计量插值结果图

对 8 天分辨率的反照率先验统计量插值后,需要将 1 天分辨率的反照率先验统计量转换成滤波公式的回归系数,转换公式如下:

$$\begin{cases} a_{\Delta k} = \rho_{\Delta k}\sigma_k/\sigma_{k+\Delta k} \\ b_{\Delta k} = \mu_k - a_{\Delta k}\mu_{k+\Delta k} \\ \zeta_{\Delta k} = (1-\rho_{\Delta k}^2)^{1/2}\sigma_{k+\Delta k}^2 \end{cases} \tag{5.24}$$

图 5.20 给出了利用反照率先验统计量,通过转换公式计算得到的回归系数曲线(只给出了前后 8 天内结果)。

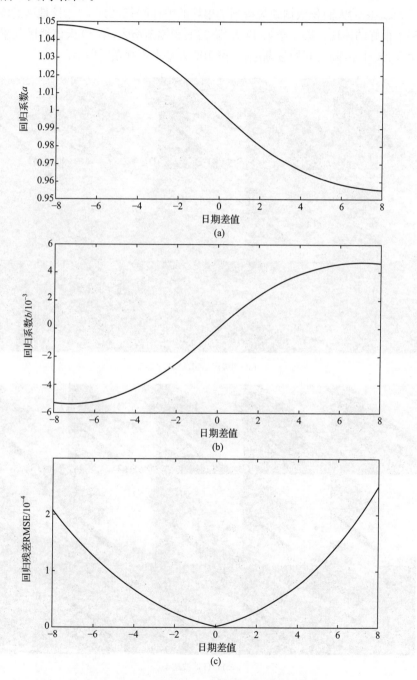

图 5.20 回归系数和均方根误差曲线拟合图

5.4.4　STF 算法结果

图 5.21 给出了一个 2007 年 h11v04 地区第 1 天至第 113 天(8 天间隔)的 GLASS02A21 反照率(图 5.21(a))和滤波之后(图 5.21(b))的反照率分布对比图。从图 5.21(a)可以看出,由于云覆盖及冬季雪覆盖的影响,该地区存在大面积的数据缺失(灰色区域)。通过时间序列滤波,该地区的大面积数据缺失得到了很好的填补(图 5.21(b))。该地区的降雪和融雪过程得到了很好的体现。第 1 至第 49 天,降雪面积逐渐增大,第 49 天该地区几乎全被雪覆盖了。第 57 天开始,降雪开始逐渐融化,第 106 天基本不存在雪覆盖。

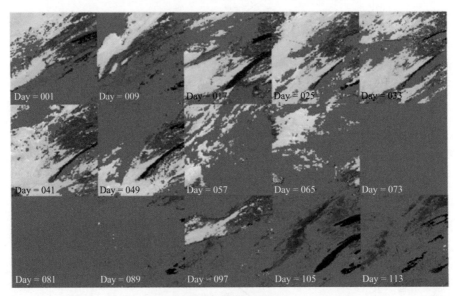

(a) 初级产品 GLASS02A21

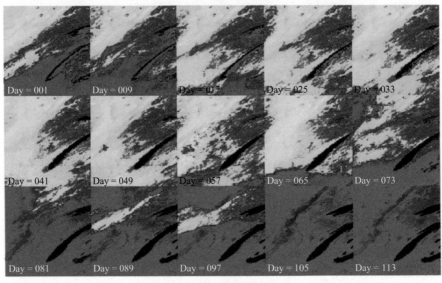

(b) STF 滤波结果

图 5.21　h11v04 地区滤波前后反照率分布图(2007 年,1~113 天,8 天间隔)

我们从全球通量网 FLUXNET 中选取了 5 个具有典型地表类型的站点一年辐射通量观测数据用于验证 STF 算法的精度。这些站点的 IGBP 分类包括了农作物（CRO）、落叶阔叶林 DBF、常绿阔叶林 ENF、草地 GRA 及冰雪 ICE 五种地物类型（表 5.10）。地面验证站点的短波反照率通过短波上行辐射除以短波下行辐射计算得到。

图 5.22 给出了五个具有不同地表覆盖类型的站点一年地面实测反照率（红色点所示）与卫星数据（蓝色线所示）时间序列的对比。还给出了利用 MCD43B3 反照率产品统计的反照率先验均值（黑色方框连线所示）和标准差（黑色虚线所示）时间序列。从站点先

表 5.10　地面验证站点基本信息

站点编号	站点名	纬度	经度	IGBP 分类
a	Barlett Experimental Forest	44.056°N	71.288°W	DBF
b	KBU	47.214°N	108.737°E	GRA
c	Metolius_Intermediate_Pine	44.452°N	121.557°W	ENF
d	FR-Aur	43.549°N	1.108°E	CRO
e	DYE-2	66.480°N	46.279°W	ICE

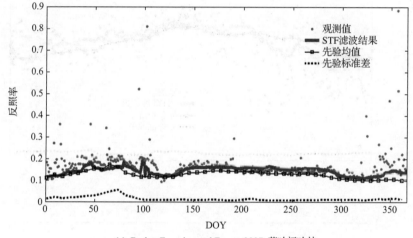

(a) Barlett Experimental Forest, 2007, 落叶阔叶林

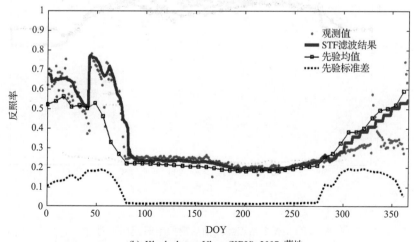

(b) Kherlenbayan Ulaan (KBU), 2007, 草地

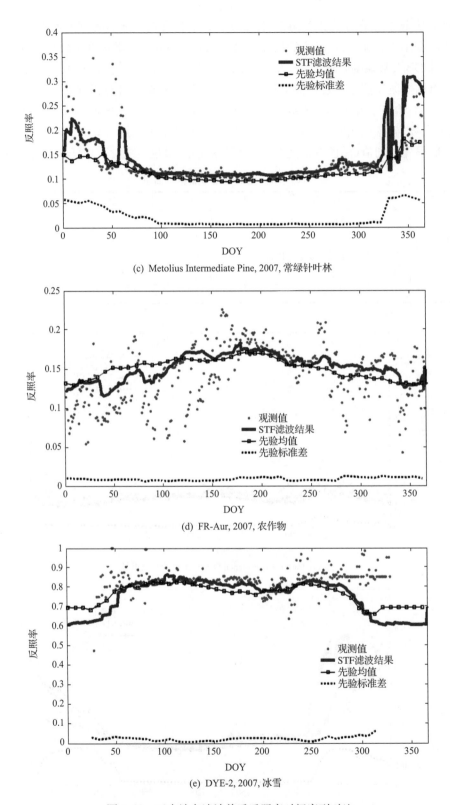

(c) Metolius Intermediate Pine, 2007, 常绿针叶林

(d) FR-Aur, 2007, 农作物

(e) DYE-2, 2007, 冰雪

图 5.22　五个站点滤波前后反照率时间序列对比

验标准差时间序列可以看出,反照率先验标准差统计值在冬季明显比其他季节大得多。这是因为冬季的季节性降雪会导致地表覆盖变化较大,相应的地表反照率变化也会较大。因此,冬季的先验标准差统计值会明显大于其他季节的统计值。FR-Aur 站点全年反照率先验标准差变化幅度不大。DYE-2 站点受到极夜现象影响,第1~第25天和第312~第365天的反照率先验标准差缺失。而这一段时间内的反照率先验均值则是利用 5.4.2 节所述方法填补得到的。同时也可以看到,这一地区常年处于冰雪覆盖下,其全年反照率先验均值为 0.6~0.8。

反照率的季节性变化和趋势可以很好地用反照率的先验均值、滤波结果及地面实测值的时间序列刻画出来。对于 Barlett Experimental Forest 站点,反照率的这三条时间序列都很好地描述了落叶林的转青期(大概第130~第150天)、成熟期(第150~第280天)以及凋零期(约第280~第300天)。与其他两条序列相比,反照率先验均值的时间序列更为稳定和平缓,这也是可以理解的。因为反照率先验均值是该像元的多年反照率的平均,反映其平均状态。相比之下,滤波结果能够更好地刻画反照率时间序列的变化细节。例如,根据地面实测反照率序列,KBU 站点在第1~第90天之间有两次明显的降雪和融雪过程。这两次过程在滤波结果的时间序列上得到了很好的体现。而反照率先验均值的时间序列却不能体现出这一过程。反照率先验均值序列和滤波结果序列的这种差别正体现了反照率的平均状态和实际状态之间的差别。滤波结果和实地测量的反照率时间序列之间总体上吻合得很好。值得注意的是,冬季这两者之间的差别会比其他季节时要大一些。出现这一现象的主要原因仍然是雪覆盖导致了地表非均一性的增加。与实地测量数据相比,滤波结果的时间序列更加平滑。这是因为滤波算法可以去除 GLASS02A2x 的一些观测噪声。但这也同时存在着这样一个问题,即当 GLASS02A2x 反照率时间序列变化很大,且这种变化确实是由于地表变化所引起的,这时滤波算法也会误将 GLASS02A2x 反照率观测值看成带有很大噪声的信号,从而过滤掉这一有效信息。

5.5 小　结

先验知识在遥感数据的解译和参数反演中具有重要作用,它表现为已有数据、参数的统计量和取值范围等多种形式,在遥感观测直接含有的信息量不足时可以提供补充信息,从而使遥感观测中提取的信息更为准确可靠。本章以参数反演算法和时空滤波算法为例,说明了使用先验知识的形式和起到的作用:在角度网格算法中,先验知识表现为 POLDER BRDF 数据集,起到的作用是提供了地物二向反射的基本形状,使基于单一角度数据的反照率反演更为准确;在基于统计的时空滤波算法中,先验知识表现为反照率的均值、方程、相关系数等统计量,起到的作用是控制滤波的平滑程度及在缺乏有效观测数据时进行填补。先验知识在地表二向反射特性和反照率反演中还有更多的形式和作用,此处不能一一列举,需要读者在实践中不断探索和体会。

参 考 文 献

焦子锑,李小文,王锦地,等.2011.评估 MODIS 的 BRDF 角度指数产品.遥感学报.15:432-456

李小文,高峰,刘强,等.2000.新几何光学核的验证以及用核驱动模型反演地表反照率(之二).遥感学报,4(增刊):8-15

李小文,王锦地,胡宝新,等.1998.先验知识在遥感反演中的作用.中国科学(D辑),28(1):67-72

秦军,阎广建,刘绍民,等.2005.集合卡曼滤波在遥感反演地表参数中的应用——以核驱动模型反演 BRDF 为例.中国科学(D辑),35(8):790-798

王彦飞,斯捷潘诺娃 I E,提塔连科 V N,等.2011.地球物理数值反演问题.北京:高等教育出版社

杨华,李小文,高峰.2002.新几何光学核驱动 BRDF 模型反演地表反照率的算法.遥感学报,6(4):246-251

Cescatti A, Marcolla B, Vannan S K S, et al. 2012. Intercomparison of MODIS albedo retrievals and in situ measurements across the global FLUXNET network. Remote Sensing of Environment, 121:323-334

Chen J, Jönsson P, Tamura M, et al. 2004. A simple method for reconstructing a high-quality NDVI time-series data set based on the Savitzky-Golay filter. Remote Sensing of Environment, 91(3):332-344

Chen T, Ohring G. 1984. On the relationship between clear-sky planetary and surface albedos. Journal of the Atmospheric Sciences, 41(1):156-158

Deering D W. 1989. Field measurements of bidirectional reflectance. In: Ghassem A, ed. Theory and Applications of Optical Remote Sensing. New York: John Wiley, 14-61

Fang H, Liang S, Kim H Y, Townshend J R, Schaaf C L, Strahler A H, Dickinson R E. 2007. Developing a spatially continuous 1km surface albedo data set over North America from Terra MODIS products. Journal of Geophysical Research, 112, D20206

Fang H, Liang S. 2005. A hybrid inversion method for mapping leaf area index from MODIS data: Experiments and application to broadleaf and needleleaf canopies. Remote Sensing of Environment, 94(3):405-424

Gao B C, Kaufman Y J. 2003. Water vapor retrievals using moderate resolution imaging spectroradiometer (MODIS) near-infrared channels. Journal of Geophysical Research: Atmospheres (1984-2012), 108(D13)

Gao F, Schaaf C, Strahler A, et al. 2005. MODIS bidirectional reflectance distribution function and albedo climate modeling grid products and the variability of albedo for major global vegetation types. Journal of Geophysical Research, 110: D01104

Geiger B, Roujean J, Carrer D, et al. 2005. Product User Manual (PUM) Land Surface Albedo. LSA SAF internal documents. 41

Govaerts Y, Pinty B, Taberner M, et al. 2006. Spectral conversion of surface albedo derived from Meteosat first generation observations. IEEE Geoscience and Remote Sensing Letters, 3(1):23-27

Kaufman Y J, Gao B-C. 1992. Remote sensing of water vapor in the near IR from EOS/MODIS. IEEE Transactions on Geoscience and Remote Sensing, 30(5):871-884

Kimes K S, Newcomb W W, Ross F N. 1986. Directional reflectance distributions of a hardwood and pine forest canopy. Transactions on Geoscience and Remote Sensing, IEEE, GE-24:281-293

Koepke P, Kriebel K. 1987. Improvements in the shortwave cloud-free radiation budget accuracy. I: Numerical study including surface anisotropy. Journal of Climate and Applied Meteorology, 26(3):374-395

Kriebel K T. 1978. Measured spectral bidirectional reflection properties of four vegetated surfaces. Applied Optics, 17(2):253-259

Li X, Gao F, Wang J, et al. 2001. A priori knowledge accumulation and its application to linear BRDF model inversion. Journal of Geophysical Research: Atmospheres, 106(D11):11925-11935

Liang S, Shuey C, Russ A, et al. 2003. Narrowband to broadband conversions of land surface albedo: II. Validation. Remote Sensing of Environment, 84(1):25-41

Liang S, Strahler A, Walthall C. 1999. Retrieval of land surface albedo from satellite observations: A simulation study. Journal of Applied Meteorology, 38:712-725

Liang S, Stroeve J, Box J. 2005. Mapping daily snow/ice shortwave broadband albedo from moderate resolution imaging spectroradiometer (MODIS): The improved direct retrieval algorithm and validation with Greenland in situ measurement. Journal Geophysical Research, 110: D10109

Liang S. 2002. Quantitative Remote Sensing of Land Surface. New Jersey: Wiley & Sons, Inc.

Liang S. 2004. Quantitative Remote Sensing of Land Surfaces. New Jersey: John Wiley & Sons

Liu N, Liu Q, Wang L, Liang S, Wen J, Qu Y, Liu S. 2013. A statistics-based temporal filter algorithm to map spatio-temporally continuous shortwave albedo from MODIS data. Hydrology and Earth System Sciences, 17(6):2121-2129

Lucht W, Schaaf C B, Strahler A H. 2000. An algorithm for the retrieval of albedo from space using semiempirical BRDF models. Transactions on Geoscience and Remote Sensing, IEEE, 38(2):977-998

Maignan F, Bréon F, Lacaze R. 2004. Bidirectional reflectance of earth targets: Evaluation of analytical models using a large set of spaceborne measurements with emphasis on the hot spot. Remote Sensing of Environment, 90(2): 210-220

Martonchik J, Diner D, Pinty B, et al. 2002. Determination of land and ocean reflective, radiative, and biophysical properties using multiangle imaging. Transactions on Geoscience and Remote Sensing, IEEE, 36(4):1266-1281

Moody E G, King M D, Platnick S, et al. 2005. Spatially complete global spectral surface albedos: Value-added datasets derived from Terra MODIS land products. Transactions on Geoscience and Remote Sensing, IEEE, 43(1):144-158

Muller JP, López G, Watson G, et al. 2012. The ESA GlobAlbedo project for mapping the earth's land surface albedo for 15 years from european sensors. IEEE Geoscience and Remote Sensing Symposium. Munich, Germany

Pinker R. 1985. Determination of surface albedo from satellites. Advances in Space Research, 5(6):333-343

Pinty B, Roveda F, Verstraete M, et al. 2000a. Surface albedo retrieval from Meteosat 1. Theory. Journal of Geophysical Research, 105(D14):18099-18112

Pinty B, Roveda F, Verstraete M, et al. 2000b. Surface albedo retrieval from Meteosat 2. Applications. Journal of Geophysical Research, 105(D14):18113-18134

Qin W, Herman J, Ahmad Z. 2001. A fast, accurate algorithm to account for non-Lambertian surface effects on TOA radiance. Journal of Geophysical Research, 106(D19):22671-22684

Qu Y, Liu Q, Liang S L, et al. 2014. Direct-estimation algorithm for mapping daily land-surface broadband albedo from MODIS data. Transactions on Geoscience and Remote Sensing, IEEE, 52(2):907-919.

Rahman H, Verstraete M, Pinty B. 1993. Coupled surface-atmosphere reflectance (CSAR) model 1. Model description and inversion on synthetic data. Journal of Geophysical Research, 98(D11):20779

Schaaf C B, Gao F, Strahler A H, et al. 2002. First operational BRDF, albedo nadir reflectance products from MODIS. Remote Sensing of Environment, 83(1-2):135-148

Schaaf C, Martonchik J, Pinty B, et al. 2008. Retrieval of Surface Albedo from Satellite Sensors. Advances in Land Remote Sensing. Liang, Springer Netherlands, 219-243

Strugnell N C, Lucht W. 2001. An algorithm to infer continental-scale albedo from AVHRR data, land cover class, and field observations of typical BRDFs. Journal of Climate, 14(7):1360-1376

Stroeve J, Box J, Gao F, Liang S, Nolin A, Schaaf C. 2005. Accuracy assessment of the MODIS 16-day albedo product for snow: comparisons with Greenland in situ measurements. Remote Sensing of Environment, 94:46-60

Tarantola A. 1987. Inverse Problem Theory: Methods for Data Fitting and Model Parameter Estimation. Amsterdam: Elsevier

van Leeuwen W, Roujean J. 2002. Land surface albedo from the synergistic use of polar (EPS) and geo-stationary (MSG) observing systems: An assessment of physical uncertainties. Remote Sensing of Environment, 81(2-3):273-289

Vermote E, Tanré D, Deuzé J, et al. 1997. Second Simulation of the Satellite Signal in the Solar Spectrum (6S), 6S User's Guide Version 2. NASA Goddard Space Flight Center, Greenbelt, MD

Verstraete M M, Pinty B, Myneni R B. 1996. Potential and limitations of information extraction on the terrestrial biosphere from satellite remote sensing. Remote Sensing of Environment, 58(2):201-214

Wang D, Liang S. 2011. Integrating MODIS and CYCLOPES leaf area index products using empirical orthogonal functions. Transactions on Geoscience and Remote Sensing, IEEE, 49(5):1513-1519

Wang Y, Li X, Nashed Z, et al. 2007. Regularized kernel-based BRDF model inversion method for ill-posed land surface parameter retrieval. Remote Sensing of Environment, 111(1):36-50

Wang Y, Ma S, Yang H, et al. 2009. On the effective inversion by imposing a priori information for retrieval of land surface parameters. Science in China Series D: Earth Sciences, 52(4):540-549

第6章 多传感器综合反演陆表二向反射特性和反照率

陆表二向反射特性定量遥感反演仍然面临着多角度观测数据的有限性和地表目标复杂性之间的矛盾。为了能部分解决这种矛盾,先验知识参与反演和多传感器综合反演是两种增加观测数据信息的重要方法。先验知识作为一种重要的辅助信息,通过对模型参数或观测数据设置约束条件,在单一角度或角度信息不足的情况下可以提高反演的精确性和增强反演的稳定性。随着卫星观测技术的发展,目前在轨运行的卫星(极轨和静止卫星)已初步形成"网络观测",多卫星传感器对地物目标的协同观测为陆表二向反射特性的遥感反演提供了多角度观测数据。相对于单一卫星传感器观测而言,多卫星传感器增加了多角度观测数据的信息量,因此可以弥补由观测数据信息量不足而引起的地表二向反射特性病态反演。

本章提出了基于多传感器遥感数据的陆表二向反射特性和反照率反演模型,并就如何利用新增遥感观测数据提高陆表二向反射和反照率的反演精度、时间分辨率和时空连续性的问题做分析评价。

6.1 多传感器综合观测

1957 年 10 月 4 日,苏联卫星 Sputnik 1 的发射开启了卫星对地观测的历史,随后美国(1958 年)、法国(1965 年)、日本(1970 年)、中国(1970 年)和英国(1971 年)等相继发射了自己的卫星,1972 年摄于 Apollo 17 上著名的"蓝色地球"是人类对地观测史上革命性的进步(图 6.1)。经过半个多世纪的发展,卫星观测彻底改变了人们认识地球的方式。对地观测手段经历了从摄影到定量测量的发展,提供了全球尺度上理解大气、海洋、陆地、生物圈和冰冻圈的方法,开启了新的地球科学研究领域。

图 6.1 Apollo 17 号成员拍摄的"蓝色星球"图像(据 http://eol.jsc.nasa.gov)

各国针对资源环境监测、全球变化研究等需求,陆续发起了不同用途的卫星观测计划。20 世纪 80 年代初,美国 NASA 规划了地球观测系统(earth observation system, EOS)计划,并于 90 年代初实施。它包括一系列卫星、自然科学知识和一个数据系统,支持一系列极地轨道和低倾角卫星对地球的陆地表面、生物圈、大气和海洋进行长期观测(王毅,2005)。EOS 计划的目标是通过这种连续观测,获得确切的地球系统变化数据和信息,研究全球环境和气候变化的程度和原因,加深对自然过程如何影响人类而人类活动又如何影响自然过程的理解,从而回答全球和区域气候/环境变化等由于数据不足而难以回答的问题,最终增强人类预报天气/气候变化和监测自然灾害的能力。继 EOS 之后推出的地球科学事业战略(earth science enterprise strategy,ESE),进一步推动了国际新一代对地观测系统的发展。近年来,欧洲、中国、日本等相继推出了自己的地球观测计划和系统。欧洲对地观测卫星计划包括欧空局和欧洲气象卫星组织两部分的对地观测卫星计划,其中,欧空局主要有 ENVISAT、ERS 等对地观测计划,欧洲气象卫星组织主要负责 MSG 对地观测计划。2003 年对地观测组织提出了建立综合对地观测系统的概念,并于 2005 年通过了地球观测特设工作组起草的全球综合地球观测系统(GEOSS)十年执行计划。我国也已逐步形成了包括气象、资源、海洋和环境四大卫星系列的对地观测体系(表6.1),并在气象预报、灾害管理、资源调查与配置、全球变化等领域发挥了重要的作用。2010 年,我国还启动了高分辨率对地观测重大专项,进一步加强了我国对地观测能力。

表 6.1　国内近年来发射的主要对地观测卫星信息

卫星名称		发射年份	主要任务	星载传感器	轨道高度/倾角
FY-2	FY-2D FY 2E	2006 2008	气象服务	可见红外自旋扫描辐射计(VISSR)	36000km
FY-3	FY-3A FY-3B FY-3C	2008 2010 2013	提供数值天气预报气象参数,提供全球变化的地球物理参数,自然灾害地表生态监测,提供军事气象信息	可见光红外扫描辐射计(VIRR)、中分辨率光谱成像仪(MERSI)、微波成像仪(MWRI)、地球辐射探测仪(ERM)、太阳辐射监测仪(SIM)、紫外臭氧垂直探测仪(SBUS)、紫外臭氧总量探测仪(TOU)、红外分光计(IRAS)、微波温度计(MWTS)、微波湿度计(MWHS)	836km/ 98.75°
ZY-02C		2011	国土资源调查与监测、防灾减灾、满足农林水利、生态环境、城市规划与建设、交通等国家重大工程应用需求	高分辨率相机(HR)、高分辨率全色多光谱相机(PAN-MUX)	780km/ 98.5°
ZY-3		2012	国土资源调查与监测、防灾减灾、满足农林水利、生态环境、城市规划与建设、交通等国家重大工程应用需求	CCD 相机、前后视全色相机、多光谱相机	506km/ 97.4°

卫星名称		发射年份	主要任务	星载传感器	轨道高度/倾角
HY-1	HY-1A HY-1B	2002 2007	探测叶绿素、悬浮泥沙、可溶有机物及海洋表面温度等要素和进行海岸带动态变化监测	海洋水色扫描仪,海岸带成像仪	798km/ 98.8°
HY-2		2011	监测海洋动力环境,获得包括海面风场、海面高度场、有效波高、海洋重力场、大洋环流和海表温度场等重要海况参数	雷达高度计、微波散射计、扫描微波辐射计和校正微波辐射计,以及DORIS、双频GPS和激光测距仪	971km/ 99.34°
HJ		2008	环境与灾害监测预报	多光谱相机(CCD)、高光谱成像仪(HSI)、红外多光谱相机(IR)	649km/ 97.9°

随着全球卫星观测系统的发展,可用的卫星传感器观测的数据越来越多。"每颗卫星不仅带给科学家们对地球系统新的认识,同时也教会他们怎么去创造、运用和改进对地观测技术"[①]。对于陆表多角度观测数据获取而言,多角度观测的传感器(如 MISR/Terra、POLDER/ADEOS)可以同时获取多个角度数据,被认为是一种获取地表多角度数据的理想传感器,但目前在轨运行或即将发射运行的多角度传感器很少,以致还无法达到业务化运行的目的。目前,多角度数据的构建还主要依赖单一中低分辨率极轨卫星传感器在一定时间周期上的积累完成,这种传感器的主要特点是观测频率高、观测角度大、视场宽。

中低分辨率极轨卫星最早可追溯到 20 世纪 70 年代末开始的 NOAA 系列卫星(表 6.2),随着卫星探测技术的不断发展,尤其是 2003 年之后,同时在轨的卫星数量迅速增加(图 6.2),单天观测达到 5 次甚至更多。上午过境的卫星包括 NOAA-15、NOAA-17、NOAA-18、Metop-A、FY-3A 等,下午过境的卫星包括 NOAA-16、NOAA-18、NOAA-19、Aqua、NPP 等。这些卫星传感器的综合观测,增加了一天内同一地物表面卫星传感器观测的频率,太阳和观测的角度信息不同,传感器的波谱信息不同,因此,相对于单一传感器而言,综合多传感器可提高角度信息量和波谱信息量。

表 6.2 主要中低分辨率传感器数据

传感器名称	卫星名称	空间分辨率
MODIS	Terra/Auqa	250m/500m/1km
AVHRR	NOAA/ Metop-A	1100m/4km
VIRR	FY-3A/FY-3B	1km
MERSI	FY-3A/FY-3B	250m/1km
Vegetation	SPOT	1km
MERIS	ENVISAT	250m

---

① NASA Earth Observatory. http://earthobservatory.nasa.gov/Study/Nimbus.

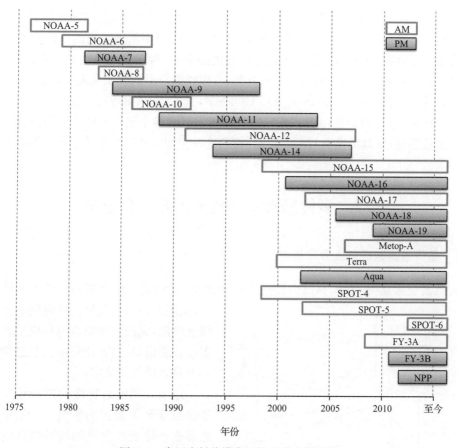

图 6.2　常用中低分辨率极轨卫星在轨时间

MODIS 传感器分别搭载在 Terra 和 Aqua 卫星上,一天可以完成两次观测,已经形成了一种综合观测获取多角度数据的雏形(图 6.3(a))。环境卫星星座方位对称观测的 HJ-1A 和 HJ-1B 卫星传感器 CCD 也是一种综合观测,两天覆盖一次,两次观测的传感器角度不同。这两个例子的特点是相同或者相近的传感器分别搭载在不同的卫星上组成一个共同观测的网络。而本书定义的多传感器综合观测概念则相对广泛,是指不同卫星传感器在一定的周期内综合,构成多角度观测,包括了极轨卫星传感器间综合观测(图 6.3(b))和极轨/静止卫星传感器综合观测(图 6.3(c))。

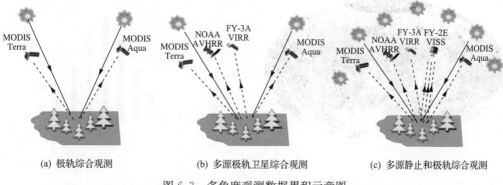

(a) 极轨综合观测　　　　(b) 多源极轨卫星综合观测　　　　(c) 多源静止和极轨综合观测

图 6.3　多角度观测数据累积示意图

无论是极轨卫星传感器间综合观测和极轨/静止卫星传感器综合观测,都不可避免会遇到不同传感器差异的问题,并给多传感器综合观测的应用带来较大的不确定性。但对于多角度观测而言,多传感器的不同角度观测优势明显,特别是与静止卫星传感器综合,一天内可以获取多个不同太阳角度下的观测,直接提高模型的太阳角度外延能力,增强模型的稳定性。美国 NOAA 的静止卫星 GOES-R,日本 JMA 的静止卫星 Himawari-8/9(Himawari-8 已于 2014 年 10 月发射),这些即将发射的静止卫星上搭载了与极轨卫星波段类似的传感器,定量精度有较大的提高,将会进一步加强我们提出的多传感器综合观测能力。

6.2 多传感器综合观测的角度信息量

6.2.1 多传感器数据角度分布特点

传感器观测几何(图 6.4)可以使用太阳天顶角、观测天顶角和相对方位角描述。其中,太阳天顶角由卫星过境时间和像元经纬度决定,观测天顶角由卫星轨道和传感器设置决定,相对方位角由卫星过境时间和卫星轨道共同决定。

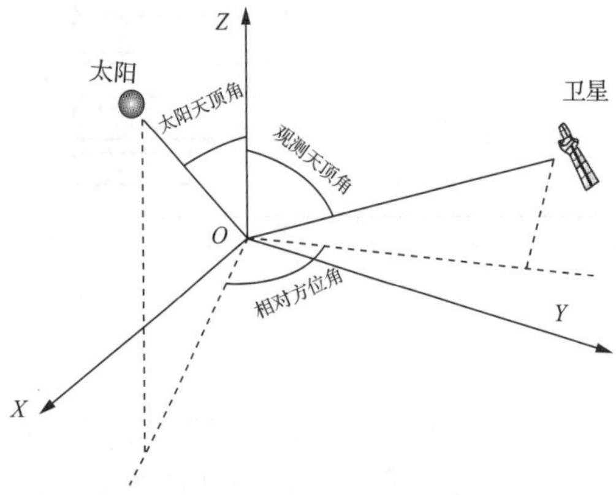

地表二向反射特性的拟合精度依赖于多角度观测数据的质量。传统单一传感器进行地表二向反射特性拟合的缺点之一是由于受天气因素,特别是云的影响,导致数据缺失严重,以致可用于反演的角度信息不足(图 6.5(a))。例如,MODIS 单一传感器的地表二向反射特性产品通过 16 天内的多轨道观测获取多角度数据集,从数据的概率分布图(图 6.5(b))上可以看出,在 16 天之内可以用于遥感反演的无云数据超过 7 次观测的概率仅为 75.8%。因此,仅仅利用单一传感器数据进行二向反射特性的拟合,常常存在反演信息量不足的问题,从而引起较大的反演误差。

图 6.4　传感器观测几何示意图

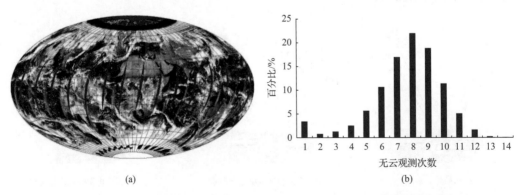

(a)

(b)

图 6.5　全球 MODIS 影像云覆盖图(2010318)(a)及 16 天无云观测次数统计分布(b)

不同卫星的飞行轨道、成像方式和过境时间差异,使其搭载的传感器具有不同的观测几何。图 6.6 分别统计了美国 ARM_SGP_Main 站点 2003 年,Terra-MODIS(MOD)、Auqa-MODIS(MYD)、NOAA16-AVHRR(AVH)三个传感器无云观测下的太阳天顶角、观测天顶角和相对方位角的分布。其中,图 6.6(a)表明 AVHRR 传感器由于过境时间较晚,相对于 MODIS 传感器能够提供更多较大太阳天顶角下的观测;图 6.6(b)、(c)也表明 AVHRR+MODIS 传感器的联合观测相对于单一 MODIS 传感器丰富了观测天顶角和相对方位角分布,可以拓展模型反演的地表二向反射特性角度的外延能力。

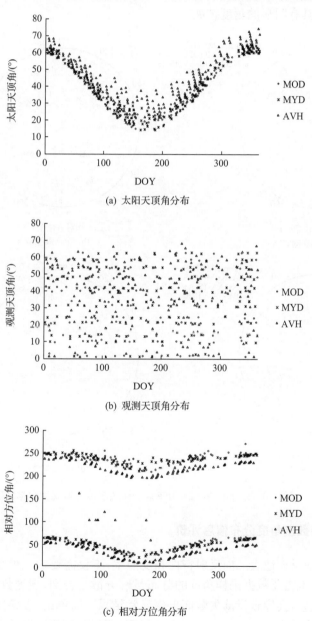

(a) 太阳天顶角分布

(b) 观测天顶角分布

(c) 相对方位角分布

图 6.6　2003 年 ARM_SGP_Main 站点无云观测数据的角度分布

图 6.7 进一步显示了 2011 年 7 月 28 日至 8 月 12 日黑河流域花寨子样区(38.758°N,100.316°E)对应于 MODIS 产品第 209～第 224 天 16 天周期内的四个卫星传感器(Terra-MODIS、Auqa-MODIS、NOAA-18-AVHRR3 和 FY-3A-VIRR)数据的角度分布。FY-3A-VIRR(星形)和 NOAA-18-AVHRR(方形)传感器在上午和下午分别扩展了 Terra-MODIS(三角形)和 Auqa-MODIS(菱形)传感器的三种角度分布。在无云条件下,16 天周期内 MODIS 观测的数量为 14 次,三种传感器联合的观测次数增加到 34 次。对于太阳天顶角,MODIS 单一传感器观测的角度范围是 22°～34°,三种传感器组合的角度范围是 22°～42°,具有明显的角度扩展。

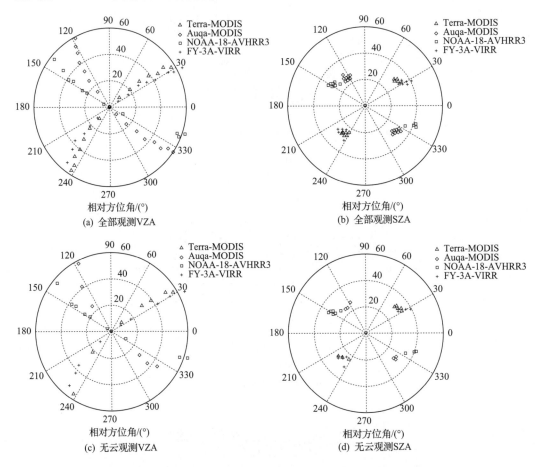

图 6.7   2011 年第 209～第 224 天花寨子样区多传感器观测数据角度分布

6.2.2   多传感器数据角度分布信息评价

准确而稳定地反演地表二向反射特性和反照率,不仅需要输入模型的多角度观测数据的数量足够多,也需要数据采样角度的分布足够分散。否则,观测数据相关性大、信息量小,反演鲁棒性差,会导致反演失败而出现异常结果。简单说,多角度观测数据的信息量决定了模型反演地表二向反射和反照率的精度。因此,多传感器的多角度观测信息度量是衡量数据质量的重要环节。

信息论的发展为多角度观测数据的质量评价提供了重要的理论基础。1948 年,香农

（Shannon）提出了"信息熵"的概念，用来描述排除信息冗余后的平均信息量，其数学表达式为

$$S(X) = -\sum_{i=1}^{n} p(x_i) \log_b p(x_i) \qquad (6.1)$$

式中，X 是值域为 $\{x_1, x_2, \cdots, x_n\}$ 的随机变量；$p(x_i)$ 代表了 x_i 的概率；b 是对数的底，通常为 2、e 或 10，相应熵的单位是比特（bit）、奈特（nat）和笛特（dit）。

信息熵是对系统状态不确定性的测量，熵越高，则包含越多的信息；熵越低，意味着包含的信息越少。在利用核驱动模型反演地表二向反射特性过程中，多角度观测的角度信息体现在观测数据的核矩阵（K）中，有关核矩阵的表达读者可参考 2.5.3 节内容。我们认为 $K'K$ 是用来表达核分布的方阵，参考信息熵对不确定性的度量方式，以"角度信息量"来度量核分布的离散程度（Jin et al.，2002），其值域为 $(-\infty, \infty)$，角度信息量越大则说明数据中包含的信息越多，这也越有利于二向反射特性的反演。定义角度信息量为

$$I = \log_{10} |K'K| \qquad (6.2)$$

若 n 阶方阵 $K'K$ 的特征值为 $\lambda_1, \cdots, \lambda_n$，则 $K'K$ 的行列式 $|K'K| = \lambda_1 \lambda_2 \cdots \lambda_n$。角度信息量可以进一步表达为

$$I = \sum_{i=1}^{n} \log_{10}(\lambda_i) \qquad (6.3)$$

$K'K$ 的特征矩阵可以通过下式的分解得到：

$$K'K = G'VG \qquad (6.4)$$

式中，V 为特征矩阵；G 为特征向量矩阵。

仍以 2011 年 7 月 28 日至 8 月 12 日黑河流域花寨子样区获得的 MODIS、AVHRR 和 VIRR 传感器数据为例，根据式（6.3）分别计算了 4 天、8 天、16 天周期下不同传感器组合的角度信息量（表 6.3），可以看出：

（1）角度信息量随观测周期延长和传感器数量的增加而增大。

（2）多传感器综合的较短观测周期的角度信息量可以匹配单一 MODIS 传感器较长观测周期的角度信息量，例如，8 天周期的 MODIS、AVHRR 和 VIRR 联合观测的角度信息量与 16 天 MODIS 传感器观测的角度信息量相近。

表 6.3　不同观测周期不同传感器组合下观测数据的角度信息量

传感器	4 天	8 天	16 天
MODIS	−2.42389	0.53082	2.41935
AVHRR	−41.87589	−9.38280	−3.67694
VIRR	−10.00923	−1.66578	0.91731
MODIS+AVHRR	−1.76003	1.36370	3.32506
MODIS+VIRR	−1.49351	1.74010	3.90834
MODIS+AVHRR+VIRR	−1.12060	2.32270	4.56200

6.3 多传感器综合反演地表二向反射特性的主要挑战

如上所述,多传感器综合观测相对于单一传感器观测具有更加丰富的角度信息,但同时引进了观测的误差。多传感器数据综合反演地表二向反射和反照率,需要平衡观测数据的角度信息量和引入误差。利用质量高而角度信息大的传感器数据是构建多传感器的多角度观测数据集的基本要求。基于多传感器多角度数据综合反演陆表二向反射特性和反照率还面临如下问题:

(1)相同条件下多传感器观测数据的差异。不同传感器之间存在光谱响应、辐射定标和几何配准等差异,无法直接构成地表的多角度观测。因此,多传感器遥感数据综合反演地表二向反射特性,存在较大的不确定性。

(2)遥感二向反射模型的适用性。目前以单一传感器设计的地表二向反射特性模型,如核驱动模型,其反演的参数往往与特定传感器的波段有关,无法与新增传感器的反演结果直接综合,因此无法直接应用于多传感器数据。

(3)反演的欠定问题。虽然多传感器综合可以提高观测数据的信息量,但受雨雪天气、云等影响,以及多传感器的观测数据质量限制,用于陆表二向反射特性和反照率遥感反演的多传感器观测数据仍会出现数据不足的问题,导致反演成为欠定问题。

6.3.1 多传感器综合反演的不确定性

不同传感器观测数据由于受到光谱响应、角度采样、辐射定标、大气影响、地表类型、几何定位、数据采样方式、像元云状况、地形及空间分辨率等(Trishchenko et al.,2002;van Leeuwen et al.,2006)影响,存在较大差异。目前研究主要考虑辐射定标(radiation calibration,RC)、光谱响应(spectral response,SR)、地表类型(land cover,LC)、大气校正(atmospheric correction,AC)、角度采样(angular sampling,AS)及反演模型(MODEL)等几种影响因素。统计各因子对反演结果所引起的不确定性,根据误差传递规律可以得到反照率估算过程的不确定性:

$$U_{albedo} = \sqrt{U^2(LC) + U^2(SR) + U^2(RC) + U^2(AS) + U^2(AC) + U^2(MODEL)}$$

(6.5)

显然,不同的模型及不同反演方法将会引起不同的不确定性,本章将对二向反射特性多传感器综合反演模型及反演方法进行细致阐述,而对于其影响因素,我们一般试图减小这种不确定。

1)辐射定标

辐射定标是遥感数据处理中十分重要的一步,不同传感器的辐射定标精度往往存在差异。一般定标的相对不确定性在5%以内(Rossow and Schiffer,1999)。传感器光谱响应衰减、波段偏移等导致不同传感器数据产生差异。因此,用多传感器综合观测来构建多角度数据,需要对不同传感器作交叉辐射校正,以减少辐射定标引起的不确定性。

2) 光谱响应函数

光谱响应函数是目前多传感器数据差异研究中最受关注的因素。Trischenko 等（2002）模拟分析了 AVHRR 系列、MODIS、VGT 和 GLI 传感器随 12 种地表类型的地表和表观反射率差异，发现在大气和地表光谱特性类似的情况下：在 AVHRR 系列传感器之间，红光波段的变化为 $12\%\sim15\%$，近红外波段的变化为 $2\%\sim5\%$；MODIS 传感器相对于 NOAA-9/AVHRR 波段反射率相差高达 $30\%\sim40\%$。因此，不同传感器间需要光谱归一化，减少光谱响应引起的不确定性。

3) 地表类型

地表类型是多传感器数据差异研究中关注度较高的因素之一：一方面由于几何配准的差异，不同传感器像元观测的地物目标不一致；另一方面不同地表类型表现的不同传感器波段反射率差异不同。不同传感器反射率表现出的较强的地表类型相关性，可以由地物绿度和亮度表达（Yoshioka et al.，2003），并受地表绿度和红边波段等影响（Miura et al.，2006）。因此，提高几何配准精度、光谱归一化是减少地表类型引起的波段反射不确定性的重要方法。

4) 大气校正

大气校正的精度直接影响到数据质量。van Leeuwen 等（2006）分析了 MODIS、AVHRR 和 VIIRS 传感器波段之间差异对主要大气状况因子（瑞利散射、臭氧、气溶胶光学厚度和水汽含量等）的敏感性，发现大气状况可通过不同传感器波段所在的大气散射吸收窗口、数据获取时间和大气校正精度影响波段反射率。不同传感器、不同波段大气校正精度不同。

5) 采样角度

多角度遥感中信息量和角度优选是两个基本问题。多传感器数据获取的时间和观测几何不同，观测的数据具有不同的误差。通常在大角度采样范围，数据误差较大。可以通过熵差指标来衡量特定角度观测数据的地表二向反射特性拟合能力，实现角度优选。

6.3.2 多传感器多角度数据集构建

构建多传感器的多角度数据集，需要进行辐射归一化、几何归一化和光谱归一化。而辐射归一化和几何归一化是针对传感器本身而言的，因此是构建多传感器多角度数据的基础。我国 863 计划项目"星机地综合观测定量遥感融合处理与共性产品生产系统"中已针对全球不同卫星传感器的辐射、几何和光谱归一化开展研究，为多源遥感数据定量反演陆表参数提供高质量的数据源。传感器辐射和几何作为传感器参数，是获得传感器反射率的初级参数，而陆表二向反射特性遥感反演往往以反射率作为输入。因此，限于篇幅，本书不对传感器的交叉辐射定标及几何配准等基础工作做深入讨论，只重点考虑不同传感器在相同条件下的地表反射率差异。

光谱归一化是弱化甚至消除这种反射率差异的主要方法，不同传感器的光谱归一化受地物光谱特性、传感器光谱响应、大气状况（散射和吸收窗口）等影响（Miura et al.，2006；van Leeuwen et al.，2006），其中，光谱响应差异是不同传感器获得的波段地表反射率不同的主要原因（图 6.8）。

通常可利用卫星和机载高光谱、野外实测高光谱和辐射传输模型模拟的高光谱数据，

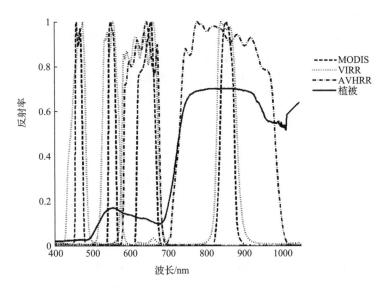

图 6.8 MODIS、AVHRR 和 VIRR 传感器蓝光、绿光、红光和近红外波段光谱响应曲线

依据不同传感器波段的光谱响应函数积分到该传感器的波段反射率,建立经验的线性或非线性不同传感器地表波段反射率回归关系。根据转换关系的数学表达形式,光谱归一化可以分为一元线性和非线性、多元线性和非线性四种。其中,多元线性转换方法是指通过利用某一传感器的地表波段反射率线性组合来表达其他传感器地表波段反射率。因此,通过多元线性地表波段反射率转换方法可将目标传感器地表波段反射率以统一的标准传感器地表多波段反射率来表达。

若选择 MODIS 作为标准传感器,则可将目标传感器的地表波段反射率表示成 MODIS 七个波段的地表反射率线性组合,即

$$\rho_{T,i} = \alpha_{i,1}\,\rho_{S,1} + \alpha_{i,2}\,\rho_{S,2} + \cdots + \alpha_{i,7}\,\rho_{S,7} \tag{6.6}$$

式中,i 为波段序号;$\rho_{T,i}$ 为目标传感器 T 第 i 波段反射率;$\alpha_{i,1\sim7}$ 为用标准传感器(S)7 个波段反射率表达目标传感器(T)第 i 波段反射率的转换系数。

基于回归关系的光谱归一化方法虽然简单,但受训练数据质量的影响大(Miura et al. ,2006),训练数据的组成会影响转换系数的适用范围和精度。为了获得普适性的地表波段反射率转换系数,施健等(2011)选用了全国典型地物标准波谱数据库中 464 条植被和土壤混合波谱,通过最小二乘回归得到 AVHRR 和 VIRR 以 MODIS 作为标准传感器对应的波段转换系数(表 6.4 和表 6.5)。

表 6.4 AVHRR 波段反射率表达为 MODIS 波段反射率的转换系数

MODIS / AVHRR	波段 1	波段 2	波段 3	波段 4	波段 5	波段 6	波段 7
波段 1	0.8489	−0.0127	0.0540	0.1307	0.0317	−0.0397	0.0207
波段 2	0.0358	0.8873	−0.1883	0.1336	0.0304	0.0688	−0.0366
波段 3	0.0400	0.0091	0.0094	−0.0320	−0.0450	0.9932	0.0197

表 6.5　VIRR 波段反射率表达为 MODIS 波段反射率的转换系数

MODIS VIRR	波段 1	波段 2	波段 3	波段 4	波段 5	波段 6	波段 7
波段 1	0.8055	−0.0121	0.0495	0.1744	0.0345	−0.0428	0.0205
波段 2	0.0517	0.9391	−0.0205	−0.0197	0.0477	−0.0200	−0.0004
波段 6	−0.0251	−0.0177	0.1749	−0.0273	0.0054	0.8690	0.0981
波段 7	0.0084	0.0017	0.9736	0.0108	0.0091	−0.0091	0.0069
波段 9	0.0378	0.0061	0.1017	0.8465	0.0193	−0.0217	0.0072

6.3.3　多传感器综合反演的欠定问题

研究表明先验知识在提取地表二向反射特性和反照率中起重要的作用(Liang, 2005)。Li 等(2001)将实地测量的地表二向反射率先验知识用于反演模型,极大地提高了地表二向反射和反照率反演的精度。MODIS 的二向反射和反照率的备份算法(back-up algorithm)利用了先验 BRDF 形状信息有效地解决了卫星观测数据角度采样有限的问题(Schaaf et al.,2002)。虽然综合多传感器反演地表的二向反射特性可以在一定程度上提高信息量,但依旧会遇到反演所需的反射率角度信息量不足导致反演的欠定问题。因此,先验知识对于多传感器综合反演陆表二向反射特性同样具有重要的意义。

NASA 发布的 Terra-MODIS 和 Aqua-MODIS 联合反演的地表二向反射/反照率产品(MCD43 系列)是现有最为成熟,也是应用最为广泛的全球二向反射/反照率长时间序列产品。利用双星 16 天反射率联合反演得到的 MODIS 二向反射产品反映了地表 16 天内的平均状态,产品的时间序列比较稳定。在控制好其数据质量的情况下,可以用来统计全球地表二向反射先验知识。

对全球纬度带 5°为间隔的区域内像元核系数按照植被、土壤和冰雪三种地表类型进行统计,得到的统计量作为该纬度带内所有像元的先验统计量。其中,地表类型的判定依据是:红光或蓝光波段反射率大于 0.3,判定为冰雪;非冰雪且 NDVI≥0.2,判定为植被;非冰雪且 NDVI<0.2,判定为土壤。先验统计量主要包括:核系数的均值和协方差,即期望和不确定性。定义某纬度带像元区均值的计算方法为

$$\mu_k = \frac{\sum_{j=1}^{M} \bar{\alpha_j}}{M} \tag{6.7}$$

式中,μ_k 为该像元区第 k 天均值统计量;$\bar{\alpha_j}$ 为第 j 年第 k 天像元区内有效核系数的均值;M 为 $\bar{\alpha_j}$ 有效值个数。定义协方差矩阵为

$$\text{cov}(X,Y) = E[(X-E[X])(Y-E(Y)')] \tag{6.8}$$

式中,E 为求均值运算。最终得到的先验统计量为 3 种地表类型、36 个纬度带的 21 个核系数均值和 21×21 维的协方差矩阵,时间分辨率为 8 天。

6.4 多传感器综合反演地表二向反射特性主要方法

利用多传感器多角度数据综合反演陆表二向反射特性,主要有以下三种方法。一是以某一标准传感器观测为基础,新增传感器的多角度观测作为先验知识,支持单一传感器的陆表二向反射特性反演。这种方法对于新增传感器观测的多角度数据不直接作为标准传感器在其他角度的观测数据,而仅仅对标准传感器反演作边界约束。第二种方法,仍是以某一标准传感器观测为基础,新增传感器的多角度观测数据作为标准传感器的某一观测角度,通过光谱归一化的方法,构建多角度观测数据集,综合反演陆表二向反射特性。第三种方法,一般以物理模型为基础,通过构建独立于传感器的陆表二向反射模型,多种传感器的多角度观测数据直接作为输入反演陆表二向反射特性。

本节以后两种方法为例,说明如何以核驱动模型为基础,通过光谱归一化或者建立传感器独立的核函数,发展多波段的半经验核驱动模型。模型相对简单且具有物理意义,除继承现有核驱动模型的特点(参考 2.5.3 节)外,还适合多传感器多角度数据陆表二向反射特性综合反演。

6.4.1 基于核驱动模型的多传感器多角度综合反演方法

作为一种半经验的地表二向反射模型,核驱动模型被认为是描述地表二向反射分布较精确、稳定、简洁和灵活的模型,核函数抓住了影响二向反射的关键因子,在地表二向反射特性反演模型中具有一定的优势。基于核驱动模型发展的多传感器综合反演 BRDF 的模型包括:多传感器综合的 BRDF 反演模型(multisensor-combined BRDF inversion model,MCBI)和多角度多光谱核驱动 BRDF 模型(angular and spectral kernel-driven BRDF model,ASK)。

1. 多传感器综合的 BRDF 反演模型

1) 模型描述

MCBI 是以 MODIS 地表二向反射和反照率产品的核驱动模型为基础,以 MODIS 为标准传感器,将其他新增传感器波段的地表反射率表达为标准传感器 MODIS 七个波段地表反射率的线性组合。通过多传感器数据联合构建方程组,利用多传感器的多角度多波段信息综合反演标准传感器 MODIS 的波段核系数(闻建光等,2012)。

将 MODIS 对应波段的核驱动模型引入式(6.6),在多传感器数据综合观测条件下,新增传感器 T 的第 j 波段地表反射率 $\rho_{T,j}$ 可以表示为

$$\rho_{T,j}(\theta_i,\theta_v,\varphi) = \sum_{i=1}^{7} \left[\alpha_{i,j} f_{iso,i} + \alpha_{i,j} f_{vol,i} K_{vol}(\theta_i,\theta_v,\varphi) + \alpha_{i,j} f_{geo,i} K_{geo}(\theta_i,\theta_v,\varphi) \right]$$

(6.9)

通过多传感器数据的多波段反射率,式(6.9)可以表达为所有传感器波段反射率关于 MODIS 七个波段 21 个核系数的方程组。

2) 模型反演

假设有 n 次波段观测,则式(6.9)构建的线性方程组可以用矩阵形式表示:

$$\rho_{\text{obs}} = K \cdot f \tag{6.10}$$

式中,ρ_{obs} 为 n 次观测的波段反射率;K 为观测的核矩阵;f 为核系数矩阵。可分别表示为

$$\rho_{\text{obs}} = \begin{pmatrix} \rho(\theta_{\text{i},1}, \theta_{\text{v},1}, \varphi_1) \\ \rho(\theta_{\text{i},2}, \theta_{\text{v},2}, \varphi_2) \\ \vdots \\ \rho(\theta_{\text{i},n}, \theta_{\text{v},n}, \varphi_n) \end{pmatrix} \tag{6.11}$$

$$K = \begin{pmatrix} 1 & K_{\text{vol}}(\theta_{\text{i},1}, \theta_{\text{v},1}, \varphi_1) & K_{\text{geo}}(\theta_{\text{i},1}, \theta_{\text{v},1}, \varphi_1) & \cdots & 1 & K_{\text{vol}}(\theta_{\text{i},1}, \theta_{\text{v},1}, \varphi_1) & K_{\text{geo}}(\theta_{\text{i},1}, \theta_{\text{v},1}, \varphi_1) \\ 1 & K_{\text{vol}}(\theta_{\text{i},2}, \theta_{\text{v},2}, \varphi_2) & K_{\text{geo}}(\theta_{\text{i},2}, \theta_{\text{v},2}, \varphi_2) & \cdots & 1 & K_{\text{vol}}(\theta_{\text{i},2}, \theta_{\text{v},2}, \varphi_2) & K_{\text{geo}}(\theta_{\text{i},2}, \theta_{\text{v},2}, \varphi_2) \\ \vdots & \vdots & \vdots & \vdots & \vdots & \vdots & \vdots \\ 1 & K_{\text{vol}}(\theta_{\text{i},n}, \theta_{\text{v},n}, \varphi_n) & K_{\text{geo}}(\theta_{\text{i},n}, \theta_{\text{v},n}, \varphi_n) & \cdots & 1 & K_{\text{vol}}(\theta_{\text{i},n}, \theta_{\text{v},n}, \varphi_n) & K_{\text{geo}}(\theta_{\text{i},n}, \theta_{\text{v},n}, \varphi_n) \end{pmatrix} \tag{6.12}$$

$$f = \begin{pmatrix} f_{\text{iso},1} \\ f_{\text{vol},1} \\ f_{\text{geo},1} \\ \vdots \\ f_{\text{iso},7} \\ f_{\text{vol},7} \\ f_{\text{geo},7} \end{pmatrix} \tag{6.13}$$

那么,对于线性反演问题最小二乘求解的代价函数:

$$\text{Cost}(f) = (Kf - \rho_{\text{obs}})'(Kf - \rho_{\text{obs}}) \tag{6.14}$$

由于观测几何条件的限制,最小二乘解 $(K'K)^{-1}K'\rho_{\text{obs}}$ 中 $(K'K)^{-1}$ 矩阵变成近似奇异矩阵,从而使未知参数的求解变得困难。根据 2.7.1 节关于陆表二向反射特性优化算法,在求解未知参数的过程中,引入基于贝叶斯理论的先验知识。式(6.14)的代价函数可改写为

$$\text{Cost}(f) = (Kf - \rho_{\text{obs}})'\Sigma^{-1}(Kf - \rho_{\text{obs}}) + (f - f_{\text{prior}})'\Delta^{-1}(f - f_{\text{prior}}) \tag{6.15}$$

式中,Σ 为观测数据误差的协方差矩阵;Δ 为先验知识的协方差矩阵。

实际应用中式(6.15)的求解有两种方法:①构造先验观测的反演;②引入先验知识的贝叶斯反演。前者将先验知识转换成先验观测数据,与原有观测联合进行最小二乘求解。后者直接引入先验均值和先验协方差矩阵,通过贝叶斯推论表达参数的后验概率分布,然后求取使后验概率分布达到极大值的参数值作为方程的解。本节以构造先验观测的反演方法为例说明基于先验知识的地表二向反射反演。

考虑到式(6.15)中先验知识的引入方式,且 Σ 一般难以获取,Li 等(2001)重写了代价函数并提出先验观测的构造方法:

$$\text{Cost}(f) = w(Kf - \rho_{\text{obs}})'(Kf - \rho_{\text{obs}}) + (f - f_{\text{prior}})'(K'_{\text{simu}}K_{\text{simu}})(f - f_{\text{prior}})$$

$$(6.16)$$

式中，$K'_{\text{simu}}K_{\text{simu}} = \Delta^{-1}$。$w$ 为权重，取决于观测数据和先验知识的置信度，即 w 越大，解越趋近于观测数据，远离先验知识估计。f_{prior} 为先验知识核系数统计均值（期望）。

构造先验观测的方法包括以下两步：

（1）将先验知识的协方差矩阵进行分解：

$$\Delta = E\Lambda E' \tag{6.17}$$

（2）构造先验知识反射率观测：

$$K_{\text{simu}} = \Lambda^{-1/2}E' \tag{6.18}$$

$$\rho_{\text{simu}} = \Lambda^{-1/2}E' f_{\text{prior}} \tag{6.19}$$

所以引入先验观测后的反演矩阵可表达为

$$\rho_{\text{com}} = \begin{pmatrix} \rho(\theta_{\text{i},1}, \theta_{\text{v},1}, \phi_1) \\ \vdots \\ \rho(\theta_{\text{i},n}, \theta_{\text{v},n}, \phi_n) \\ \dfrac{1}{w} \cdot \rho_{\text{simu},1} \\ \vdots \\ \dfrac{1}{w} \cdot \rho_{\text{simu},21} \end{pmatrix} \tag{6.20}$$

此时，核矩阵表达为

$$K_{\text{com}} = \begin{pmatrix} K \\ K_{\text{simu}} \end{pmatrix} \tag{6.21}$$

观测数据误差的协方差矩阵为

$$\Sigma_{\text{com}} = \begin{pmatrix} \Sigma \\ \Sigma_{\text{simu}} \end{pmatrix} \tag{6.22}$$

故该方法核系数的最小二乘解和协方差矩阵计算分别为

$$f = (K'_{\text{com}}\Sigma_{\text{com}}^{-1} K_{\text{com}})^{-1} K'_{\text{com}}\Sigma_{\text{com}}^{-1} \rho_{\text{com}} \tag{6.23}$$

$$\text{Cov}(f) = (K'_{\text{com}}\Sigma_{\text{com}}^{-1} K_{\text{com}})^{-1} \tag{6.24}$$

2. 多角度多光谱核驱动 BRDF 模型

1）模型描述

Liu 等（2010）基于核驱动模型，通过引入组分波谱将原核系数中关于波谱的量分离重组到核函数中，发展了多角度多光谱核函数 ASK，从而使得核系数与传感器波段无关，可以综合多传感器多波段数据进行地表二向反射和反照率反演。ASK 模型可以表示为

$$R(\theta_i, \theta_v, \phi, \lambda) = c_1 k_1(\lambda) + c_2 k_2(\lambda) + c_3 k_3(\theta_i, \theta_v, \phi, \lambda) + c_4 k_4(\theta_i, \theta_v, \phi, \lambda) + c_5 k_5(\theta_i, \theta_v, \phi, \lambda)$$
(6.25)

式中,

$$k_1(\lambda) = \frac{1}{\pi} \rho_g(m_0, \lambda)$$

$$k_2(\lambda) = -\frac{1}{\pi} A_w(\lambda) \cdot \rho_g(m_0, \lambda)$$

$$k_3(\theta_i, \theta_v, \phi, \lambda) = \frac{2}{3\pi} \rho_c(\lambda) \cdot (k_{geo}^c + 1) + \frac{1}{\pi} k_{geo}^g \cdot \rho_g(m_0, \lambda)$$

$$k_4(\theta_i, \theta_v, \phi, \lambda) = -\frac{1}{\pi} k_{geo}^g \cdot A_w(\lambda) \cdot \rho_g(m_0, \lambda)$$

$$k_5(\theta_i, \theta_v, \phi, \lambda) = \frac{2}{3\pi^2} \rho_c(\lambda) \cdot k_{vol}^\rho + \frac{2}{3\pi^2} \tau_c(\lambda) \cdot k_{vol}^\tau + \frac{1}{3\pi} \rho_c(\lambda) + \frac{1 - \sqrt{1 - w(\lambda)}}{\pi(1 + 2\cos(\theta_i))\sqrt{1 - w(\lambda)}}$$

$$c_1 = a_1 \cdot (1 - n\pi r^2) + a_2 \cdot \exp(-bF)$$

$$c_2 = a_1 \cdot (1 - n\pi r^2) \cdot (m_1 - m_0) + a_2 \cdot \exp(-bF) \cdot (m_2 - m_0)$$

$$c_3 = a_1 \cdot n\pi r^2$$

$$c_4 = a_1 \cdot n\pi r^2 \cdot (m_1 - m_0)$$

$$c_5 = a_2 \cdot (1 - \exp(-bF))$$

式中,$k_1 \sim k_5$ 为重组的核函数,与本书 2.5.3 节定义的核函数相比,这五个核函数与波段有关。k_1 是各向同性核;k_3 是几何光学核;k_5 是体散射核;k_2 和 k_4 是考虑了土壤湿度因子附加的核。k_{geo}^g 和 k_{geo}^c 是 Li-Sparse 几何光学核中土壤和冠层部分,k_{vol}^ρ 和 k_{vol}^τ 是 Ross-thick 体散射核中的反射项和透过项,其详细的计算方法读者可以进一步参考文献(Wanner et al.,1995)。$c_1 \sim c_5$ 是与传感器波段无关的核系数;a_1 为几何光学散射特性的地表面积比;a_2 为体散射特性的地表面积比;n 为树冠密度;r 为树冠平均半径;b 为常数(参考值为 1.5);F 为叶面积指数,m_0、m_1、m_2 分别是区域平均的土壤含水量、森林亚像元的土壤含水量和草地亚像元的土壤含水量。而叶片反射率 $\rho_c(\lambda)$、叶片透过率 $\tau_c(\lambda)$、土壤反射率 $\rho_g(m_0, \lambda)$、土壤湿度因子 $A_w(\lambda)$ 和单次散射反照率 $\omega(\lambda)$ 与波段相关,可利用式(6.26)将已知的组分波谱通过传感器的波段响应函数卷积得到

$$CS_{mn} = \frac{\int_{\lambda_1}^{\lambda_2} r(\lambda) \cdot B_{mn}(\lambda) d\lambda}{\int_{\lambda_1}^{\lambda_2} B_{mn}(\lambda) d\lambda}$$
(6.26)

式中,CS_{mn} 为传感器 m 第 n 波段的窄波段组分波谱;$r(\lambda)$ 为连续的组分光谱;$B_{mn}(\lambda)$ 为波段响应函数。

2) 模型反演

基于观测数据中已知的观测几何和组分波谱,建立 M 个角度 N 个波段的 $M \times N$ 个方程,利用优化算法求解式(6.25)中的 5 个核系数。反演过程中采用的代价函数为

$$\text{COST} = \sum_{i=1}^{M} \sum_{j=1}^{N} \frac{(R_{i,j}^{\text{obs}} - R_{i,j}^{\text{simu}})^2}{W_i \cdot W_j} \qquad (6.27)$$

式中，$R_{i,j}^{\text{obs}}$ 及 $R_{i,j}^{\text{simu}}$ 分别为给定观测几何条件下相应 j 波段的地表二向反射率；W_i 及 W_j 为给定不同观测角度、不同波段上观测值的权重系数，可根据观测数据的质量及反演目的确定。反演效果取决于短波波段的波谱能量分布，在干燥的大气条件下，可见光、近红外和中红外在总太阳能中所占的比重基本固定，其中，可见光部分占 52.6%，近红外部分占 36.2%，中红外部分占 11.2%。能量分布集中的波段二向反射率反演准确程度对反照率估算影响较大，为此，这样的波段被赋予了较大的权重系数来反演核系数，使其拟合残差尽量保持较小值。基于 MODTRAN 辐射传输模型，对典型大气条件下地表接收的下行总辐射进行了模拟，按照 MODIS 各个波段的辐射量占整个短波波段的比例值给定相应的权重系数[21.8,24.7,35.3,29.0,5.4,7.3,1]，得到 MODIS 前七个波段的权重系数矩阵。而针对不同观测角度上的观测值，我们暂且认为观测过程中数据质量相当，给定相同的权重。

虽然通常认为只要相互独立的反演方程数量大于或等于需要反演的参数数量，方程组就可解，但是由于非线性遥感模型的复杂性，遥感反演过程中易出现反演参数局部最优解和反演参数多解性的问题。因此，遥感应用中无法完全依靠提高反演方程数量来解决上述问题。于是，有效的经验性约束就表现得非常重要。ASK 模型的各个核在数学上并不是正交的，核系数也不完全相互独立，为了避免反演中出现异常值，在进行多角度多波段联合反演中从参数本身的物理意义建立硬边界约束，模型参数 c_1、c_3 和 c_5 值域限定为 $[0,1]$，c_2 及 c_4 值域限定为 $[-0.5,0.5]$。同时，由于 k_2 及 k_4 两个核函数是在引入土壤含水量相关反射模型时产生的附加核，这两项与目标像元的土壤含水量和区域平均土壤含水量之差相关，为了尽量降低土壤背景带来的影响与干扰，设置 $c_2^2 + c_4^2$ 的软边界条件。在组分波谱正确给定的条件下，假设实现全反演，则 c_2 及 c_4 的值应该接近 0，因此在反演中给定 $c_2^2 + c_4^2$ 非常小的常数作为反演上限，使这两项对反演的权重降低。这样由于先验波谱的错误或反演出现病态时，可以使 c_2 及 c_4 仍然保持在合理的数值范围内，保证反演的稳定性。

式(6.25)中求解的核系数由于与组分波谱无关，因此在各个波段上是统一的，即适合所有传感器的所有波段。反演方法中引入了多波段信息，与基于每个波段分别反演的 MODIS 二向反射和反照率产品 AMBRALS 算法相比(Schaaf et al.，2002)，提供了更多的输入数据信息，可以利用有限观测角度和波段进行较稳定的反演(You et al.，2014)。

3. 基于核驱动模型多传感器数据的引入

无论是基于 MCBI 模型还是基于 ASK 模型综合多传感器观测数据反演陆表二向反射特性，假设以某一传感器观测为标准，在新增传感器观测角度的同时，也会引入新增传感器观测的不确定性。因此，需要对新增观测数据角度信息量和数据本身的质量作出评价，选择利于反演精度提高的观测数据，其中一种重要的方法是基于信息指数的信息增量评价方法。

对于考虑观测误差的最小二乘反演，Jin 等(2002)提出在观测误差独立分布且具有相等的方差 σ^2 时，参数的协方差矩阵可表示为

$$\text{Cov}(f) = (K'K)^{-1}\sigma^2 \tag{6.28}$$

参数协方差矩阵的逆可用来表达反演的确定性,表示为

$$\text{Cov}(f)^{-1} = \frac{K'K}{\sigma^2} \tag{6.29}$$

假设二向反射模型正确,分母中观测数据的方差可由模型预测反射率和观测反射率的均方差(MSE)近似表达。因此,Jin 等(2002)定义了信息指数 I,用于表达反演的确定性:

$$I = \sum_{i=1}^{n} \ln(\lambda_i) - \ln(\text{MSE}) \tag{6.30}$$

$$K'K = G'VG \tag{6.31}$$

式中,K 是核矩阵,进行分解得到特征矩阵 V;λ_i 是特征矩阵 V 的特征值;MSE 是参与反演的各波段 BRF 的均方差之和。

对于多传感器观测数据综合反演地表二向反射特性和反照率,可以通过净信息指数来评价新引入的传感器观测数据的确定性。净信息指数定义如下:

$$I_{\text{net}} = I_{\text{multisensors}} - I_{\text{monosensor}} \tag{6.32}$$

式中,$I_{\text{multisensors}}$ 是多传感器综合反演的信息指数;$I_{\text{monosensor}}$ 是单一传感器反演的信息指数,两者之差定义为净信息指数。如果净信息指数为正,则表明引入的传感器观测增加反演的确定性,反演地表二向反射特性的精度提高。反之,表明引入的传感器观测数据降低了反演的确定性,不利于反演精度的提高。

6.4.2 多传感器综合反演陆表二向反射特性的其他方法

1. 基于先验知识的多传感器综合反演方法

多源遥感数据以先验知识或辅助数据的形式进行综合反演,即以某一传感器数据为主,其他新增传感器的 BRDF 信息作为先验知识,综合反演以提高地表二向反射和反照率产品的精度。主要包括两种形式:

(1) 以历史观测数据作为地表 BRDF 形状支持综合反演。我们可以通过全球覆盖的 MODIS 和 POLDER 的二向反射产品,利用它们多年观测的多角度反射率数据进行统计以获取地表的二向反射特性形状。这种地表 BRDF 形状作为先验知识参与地表二向反射特性的反演。例如,MODIS 的二向反射和反照率产品的备份算法,就是基于 MODIS 多年的二向反射产品作为先验知识来支持新观测数据的核系数反演。这种算法也可用于单一角度观测的遥感数据反演,如我国环境卫星的反照率估算,可以结合 MODIS 或 POLDER 的二向反射产品,获取地表的二向反射特性先验知识,提高环境卫星反照率产品的精度。

(2) 以准同步观测同一地物的多角度传感器的观测数据作为地表 BRDF 形状支持综合反演。如 MISR 和 MODIS 搭载在同一卫星平台上,数据具有时空一致性,两个传感器在红光、绿光、近红外波段的 BRF 参数具有可比性。因此可以利用 MISR 的多角度观测反演的 BRF 参数作为 MODIS 反演的先验知识,结果显示加入先验知识的反演较单一传

感器的反演有 10%精度的提高(Jin et al. ,2002)。

2. 基于光谱不变理论的多传感器综合反演方法

植被与入射光的相互作用(即散射与吸收)随光谱而变,但是光子与冠层发生交互作用的概率与光谱无关,而是取决于冠层的结构(Huang et al. ,2007)。这是因为与光子作用的物体尺寸大于其波长时(如树叶、树枝等植被介质),光子在连续两次作用间的自由程与波长无关(Ganguly et al. ,2008)。基于这一特性发展的辐射传输理论,称为 p-value 理论。将辐射传输过程中的光谱不变量和光谱变量分离,计算冠层的反射、吸收和透过(Rautiainen and Stenberg,2005;Manninen and Stenberg,2009;Stenberg et al. ,2013),可以认为是独立于传感器的辐射传输模型,因此可以用于多传感器综合反演陆表二向反射特性。读者可阅读 2.2.4 节内容,以便更好理解光谱不变理论在多传感器综合反演地表二向反射特性中的作用。

6.5 多传感器反演地表 BRDF/反照率

6.5.1 多传感器反演 BRDF

显然,多传感器综合反演地表 BRDF 的一个主要优势是提供了更多的观测角度数据,利于地物表面二向反射特性的稳定和高精度反演,对于解决反演过程中信息量不足的问题具有重要的意义。图 6.9 显示了利用 MODIS 和 VIIRS/NPP 传感器反射率联合反演的黑河流域农作物地物表面近红外波段二向反射分布与实际传感器观测的近红外波段反射率对比(太阳方位角相近)。发现在 16 天周期内,MODIS 反射率的有效观测次数是 13 次,VIIRS 有效观测次数是 7 次。显然这种情况下,单一的 MODIS 传感器数据可以较好地反演地物表面的二向反射(图 6.9(a));但新增 VIIRS 传感器数据,可能增加某些角度的二向反射分布的确定性。如从图 6.9(a)中可以看出后向观测 20°角度以及前向的较大观测角度处 VIIRS 反射率弥补了 MODIS 部分观测角度缺失的不足。与单一的 MODIS 传感器角度相比,VIIRS 和 MODIS 综合后,可以构建更加稳定的 BRDF。当我们将地物二向反射特性反演的反射率合成周期提高到 8 天,甚至 4 天,会发现单一传感器 MODIS 反射率观测角度数进一步减少以致无法全反演,若新增 VIIRS 反射率数据后,增加了观测的角度数,扩展了反射率的角度分布,仍旧可以获得较好的反演(图 6.9(b)和 6.9(c))。

图 6.10 进一步显示了综合 MODIS 和 VIIRS 传感器反射率反演的黑河流域机场荒漠地表的 BRDF 形状,合成周期为 8 天。机场荒漠地表空间分布相对比较均一,因此可以利用地面点实际测量的 BRDF 来对比分析 1km 尺度的二向反射特性。与 MODIS 16 天合成的 BRDF 产品比较,发现综合反演的地表 BRDF 形状与地表实际测量更为接近。其主要原因是由于荒漠在 16 天周期内,由于降水等原因,地表的反射率发生了变化,影响了 BRDF 的形状。而 8 天合成,可以更加接近地面测量的 BRDF 时间,地表变化较小。因此,综合多传感器的观测可以在小时间尺度上反演地表 BRDF,提高遥感反演精度。

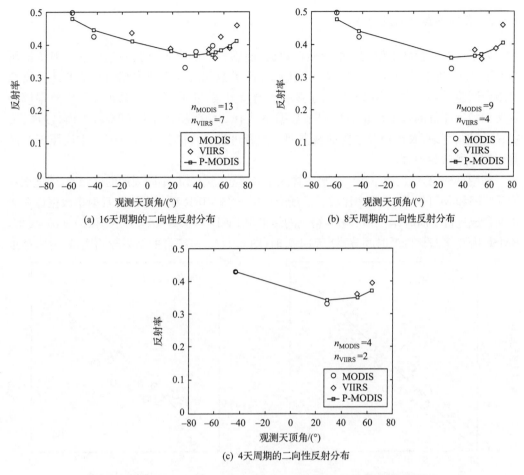

(a) 16天周期的二向性反射分布

(b) 8天周期的二向性反射分布

(c) 4天周期的二向性反射分布

图 6.9　MODIS 和 VIIRS 传感器联合反演 BRDF 在太阳主平面的分布

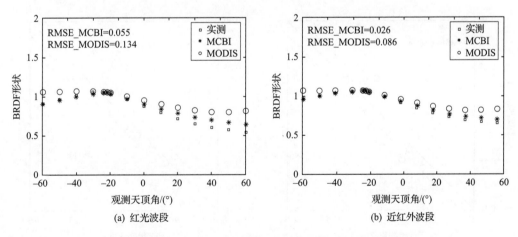

(a) 红光波段

(b) 近红外波段

图 6.10　黑河流域机场荒漠地面测量 BRDF、MODIS 产品 BRDF 以及 MCBI
反演的 BRDF 的形状对比

6.5.2 多传感器反演反照率

为了获取一套高质量的反照率验证数据,遥感科学国家重点实验室遥感辐射传输研究室于 2011 年 7 月至 8 月在我国黑河流域开展了像元尺度反照率相对真值的地面反照率测量试验。基于多组-双表-多样方移动式测量方案,获取了一套像元尺度反照率模型发展和精度评价的基础数据。反照率数据集共有 29 套,涵盖了黑河流域荒漠、沙漠、戈壁、盐碱地、草地、农作物等主要地表类型。读者可进一步阅读 8.3.1 节关于反照率产品验证的黑河试验内容。

利用 ASK 算法反演了黑河流域各样区不同传感器组合和不同周期的反照率,同地面观测反照率和 MCD43B3 反照率比较。发现当仅用 FY3-VIRR 和 AVHRR 反射率数据以 8 天周期合成进行反演时(图 6.11(a)),得到的结果与 MCD43B3 反照率产品(图 6.11(b))类似,RMSE 为 0.0217。降低时间分辨率到 4 天时(图 6.11(c)),拟合的结果较为离散一些,精度

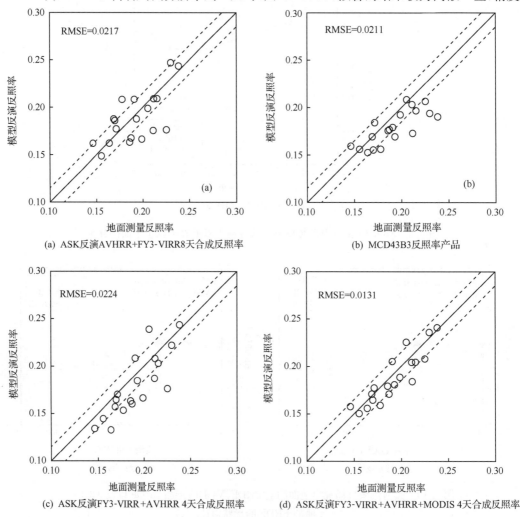

图 6.11　黑河流域反照率反演验证

虚线为偏差[−0.015,0.015]

有所降低,但仍旧在可接受范围内。以4天为周期,联合VIRR、AVHRR、MODIS的反射率进行反演(图6.11(d)),反演的精度有较大的提高,RMSE降低到0.0131。由此可见,多传感器的联合反演具有缩短反演周期、提高反演精度的潜力(You et al.,2014)。

6.6 基于多传感器反射率数据反演全国反照率产品

6.6.1 产品生产的输入输出

以MCBI模型算法为例,利用MODIS和AVHRR传感器反射率数据综合反演生成全国陆表二向反射和反照率产品。数据的输入有三部分:一是几何精校正后多卫星传感器的地表反射率产品及对应的太阳角度与传感器角度;二是不同传感器波段反射率的转换系数;三是全球地表反照率的先验知识库。

输入的MODIS和AVHRR数据经过几何纠正,在系统中统一转换投影为5km分辨率的SIN(sinusoidal)投影,以240×240像元分幅,并按Tile组织。表6.6列出了输入数据的基本信息。

表6.6　5km全国产品生产输入

反射率产品	文件格式	空间分辨率/km	时间分辨率/d	数据类型
MOD09GA	hdf	1	1	int
MYD09GA	hdf	1	1	int
AVH09C1	hdf	5	1	int

由于输入数据空间分辨率的差异,需要指出的是MODIS反射率数据由1km分辨率聚合到5km分辨率的方法为:①对于云标识,若聚合窗口内的25个像元有大于等于22个像元为无云,则5km像元判定为无云,否则判定为有云;②对于角度信息波段,以5km像元所对应的25个1km像元均值作为5km像元的值;③对于波段反射率,当5km像元判定为无云时,取其所包含的无云子像元的均值作为5km像元的值,否则赋无效默认值。

算法生产系统的输出产品包括反照率(Albedo)、BRDF模型核系数(kernelcoef)和QA(质量标示),并以240×240像元分幅的Tile产品和拼接裁剪的全国产品两种形式发布。产品具体信息见表6.7。

表6.7　MCBI 5km全国产品生产输出

反照率产品	文件格式	空间分辨率/km	时间分辨率/d	数据类型
Albedo	ENVI standard	5	8	int
kernelcoef	ENVI standard	5	8	int
QA	ENVI standard	5	8	int

其中,反照率包括MODIS七个窄波段、可见光波段(0.3~0.7μm)、近红外波段(0.7~3μm)和短波波段(0.3~3μm)的黑白空反照率。核系数为MODIS七个窄波段的各向同性核、体散射核和几何光学核。QA为反演稳定时的波段数和波段最大MSE。

6.6.2 初级产品生产及评价

2004 年全国反照率产品空间分辨率为 5km，时间分辨率为 8 天（16 天数据合成）和 4 天（8 天数据合成）。图 6.12 显示了 2004 年第 189 天的 4 天时间分辨率（左）和 8 天时间分辨率（右）可见光、近红外和短波波段全国黑空反照率。可以看出，受天气（尤其是云雪）等因素影响，MCBI 算法的初级产品存在部分缺失，时间分辨率越高，观测的数据缺失现象越严重。相对于 8 天时间分辨率反照率产品，4 天时间分辨率的反照率产品缺失表现严重。

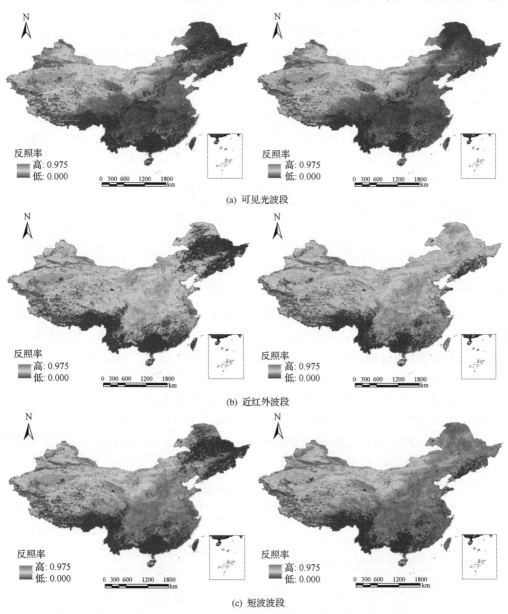

图 6.12　2004 年第 189 天 4 天分辨率（左）和 8 天分辨率（右）全国黑空反照率

图 6.13 给出了 Tile h25v05 在 2004 年第 189 天 MCBI 的 4 天时间分辨率产品同

MCD43 的 8 天时间分辨率产品的对比,可以看出,提高时间分辨率的 MCBI 产品与 MCD43B3产品保持了较好的一致性。

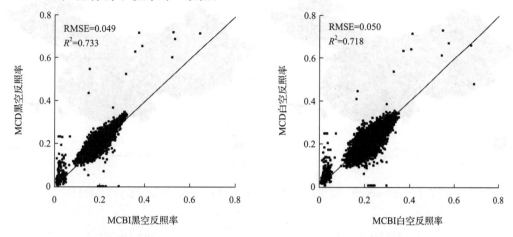

图 6.13 MCBI4 天时间分辨率产品同 MCD43B3 天时间分辨率产品对比

6.6.3 融合产品生产及评价

MCBI 反照率产品提高了现有反照率产品的时间分辨率,但由于云和雪覆盖影响,存在数据缺失的情况。为了解决反照率产品数据缺失的问题,Liu 等(2013)统计了 10 年的 MCD43B3 反照率产品,建立了全球地表反照率先验知识库,基于 Bayesian 理论提出了一种新的时空滤波算法。使用该算法对时间序列的反照率产品进行平滑和填补,最终得到时空连续无缺失的反照率产品。

图 6.14 给出了中国区域 2004 年第 289 天进行时空滤波前后的短波波段黑白空反照率产品。滤波之前的 MCBI 产品在四川盆地及周边由于受到夏天连续阴雨天气的影响,存在大量数据缺失;滤波之后可以获得空间连续产品。该产品可以被广泛应用于全球变化、天气预报等众多行业领域。

图 6.15 给出了四种典型地表(针叶林、草原、农作物和沙漠)的 MCBI 产品和 MCD43B3 产品的短波波段黑空反照率对比,发现两种产品一致性较高。由于 MCBI 产品具有 4 天的时间分辨率,因此具有更好的时间连续性,特别是在地表覆盖随时间变化较快的反照率估算中,如冬天的冰雪反照率,表现了较好的优势。

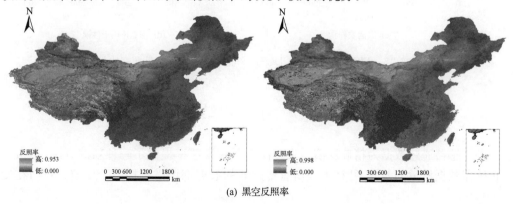

(a) 黑空反照率

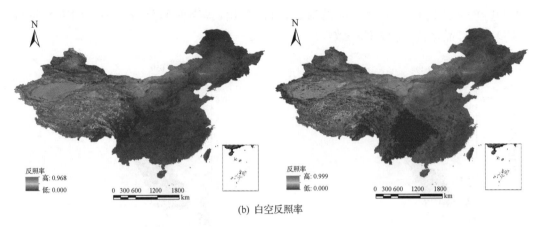

(b) 白空反照率

图 6.14　2004 年第 289 天融合前(左)后(右)短波波段全国反照率产品比较

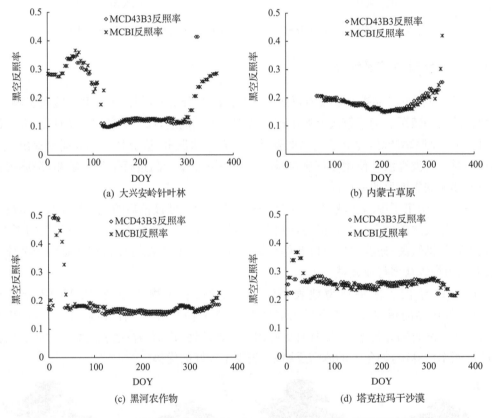

(a) 大兴安岭针叶林

(b) 内蒙古草原

(c) 黑河农作物

(d) 塔克拉玛干沙漠

图 6.15　MCBI 产品同 MCD43B3 产品短波波段黑空反照率比较

6.7 小　结

多传感器遥感数据为精确反演地表二向反射和反照率提供了一种新的方法,但由于多传感器数据质量的差异,往往不是所有传感器的数据都可以直接用于反演。我们在发展多传感器综合反演地表二向反射和反照率模型基础上,探讨了可用于反演的卫星数据优选方法,即信息指数,以便衡量新增观测数据在提高反演精度和增强反演稳定性方面的价值。多源数据的综合应用,最大优势是可以解决诸如地表类型变化较大、反演时观测的数据角度信息量不足等地表二向反射反演的关键问题。

本章提出的 ASK、MCBI 模型和其相应的反演方法,都是多传感器遥感数据综合反演陆表二向反射和反照率的有效方法。模型的特点一方面表现在对不同传感器波段差异的考虑,另一方面在于引入信息指数来筛选较高质量数据用于陆表二向反射特性的反演。其实,多传感器遥感数据的综合利用是一个巨系统,本章提到的只是其中很小的一部分,我们假设模型输入的是质量较高的地表反射率数据,并没有考虑由于不同传感器的辐射定标差异、传感器差异、不同观测大气差异等对卫星观测数据质量的影响。感兴趣的读者,可以在了解核驱动模型机理和地表参数反演方法的基础上,对多传感器综合反演地表二向反射模型进行改进和完善。

参 考 文 献

施健,柳钦火,闻建光,等. 2011. 面向电子政务的全国典型地物波谱数据服务平台设计与实现. 遥感技术与应用, 26(4):520-526

王毅. 2005. 国际新一代对地观测系统的发展. 地球科学进展, 20(9):980-988

闻建光,孙长奎,施健,等. 2012. 全球地表宽波段反照率产品算法文档

Ganguly S, Schull M A, Samanta A, et al. 2008. Generating vegetation leaf area index earth system data record from multiple sensors. Part 1: Theory. Remote Sensing of Environment, 112(12):4333-4343

Huang D, Knyazikhin Y, Dickinson R E, et al. 2007. Canopy spectral invariants for remote sensing and model applications. Remote Sensing of Environment, 106(1):106-122

Jin Y, Gao F, Schaaf C B, et al. 2002. Improving MODIS surface BRDF/albedo retrieval with MISR multiangle observations. Transactions on Geoscience and Remote Sensing, IEEE, 40(7):1593-1604

Li X, Wang J, Gao F, et al. 2001. A priori knowledge accumulation and its application to linear BRDF model inversion. Journal of Geophysical Research, 106(D11):11925-11935

Liang S. 2005. Quantitative Remote Sensing of Land Surfaces. Hoboken: John Wiley & Sons

Liu N, Liu Q, Wang L, et al. 2013. A statistics-based temporal filter algorithm to map spatiotemporally continuous shortwave albedo from MODIS data. Hydrology And Earth System Sciences, 17(6):2121-2129

Liu S, Liu Q, Wen J, et al. 2010. The angular and spectral Kernel model for BRDF and albedo retrieval. Journal of Selected Topics in Applied Earth Observations and Remote Sensing, IEEE, 3(3):241-256

Manninen T, Stenberg P. 2009. Simulation of the effect of snow covered forest floor on the total forest albedo. Agricultural and Forest Meteorology, 149(2):303-319

Miura T, Huete A, Yoshioka H. 2006. An empirical investigation of cross-sensor relationships of NDVI and red/near-infrared reflectance using EO-1 Hyperion data. Remote Sensing of Environment, 100(2):223-236

Rautiainen M, Stenberg P. 2005. Application of photon recollision probability in coniferous canopy reflectance simulations. Remote Sensing of Environment, 96(1):98-107

Rossow W B, Schiffer R A. 1999. Advances in understanding clouds from ISCCP. Bulletin-American Meteorological Society, 80:2261-2288

Schaaf C B, Gao F, Strahler A H, et al. 2002. First operational BRDF, albedo nadir reflectance products from MODIS. Remote Sensing of Environment, 83(1-2):135-148

Stenberg P, Lukeš P, Rautiainen M, et al. 2013. A new approach for simulating forest albedo based on spectral invariants. Remote Sensing of Environment, 137:12-16

Trishchenko A P, Cihlar J, Li Z. 2002. Effects of spectral response function on surface reflectance and NDVI measured with moderate resolution satellite sensors. Remote Sensing of Environment,81(1):1-18

van Leeuwen W J,Orr B J,Marsh S E,et al. 2006. Multi-sensor NDVI data continuity:Uncertainties and implications for vegetation monitoring applications. Remote Sensing of Environment,100(1):67-81

Wanner W,Li X,Strahler A. 1995. On the derivation of kernels for kernel-driven models of bidirectional reflectance. Journal of Geophysical Research:Atmospheres (1984-2012),100(D10):21077-21089

Yoshioka H,Miura T,Huete A R. 2003. An isoline-based translation technique of spectral vegetation index using EO-1 Hyperion data. Transactions on Geoscience and Remote Sensing,IEEE,41(6):1363-1372

You D,Wen J,Liu Q,et al. 2014. The angular and spectral kernel-driven model:Assessment and application. Journal of Selected Topics in Applied Earth Observations and Remote Sensing,IEEE,7(4):1331-1345

第7章　山区陆表二向反射特性遥感建模与反照率反演

地球陆地表面的四分之一面积是山地,在我国,山地更是占到了国土陆地总面积的三分之二,因此,山区陆表二向反射特性遥感建模就显得尤为重要,其是扩展遥感大范围应用的基础。遥感建模通常以平坦地表作为假设条件,但在山区,卫星遥感观测的像元辐射受地形的影响,因此,基于遥感模型估算的地表参数会受地形影响而无法保证精度。山区地形形成的相互遮蔽、阴影和多次散射等因素强烈地影响太阳、地表和传感器之间辐射能量的分布与交换。无论是高空间分辨率像元层次的地形影响,还是低空间分辨率像元内部地形的影响,都会改变甚至扭曲陆表二向反射特性,进而影响地表反照率的估算。因此山区的二向反射特性和反照率遥感反演及后续定量遥感应用需要对地形因素加以考虑。

本章阐述复杂地形条件下高空间分辨率和低空间分辨率的遥感像元陆表二向反射特性和反照率的估算方法,并就复杂地形条件下地表反照率的尺度效应和尺度转换开展初步讨论。

7.1　地形影响遥感像元反射估算的理论基础

7.1.1　山地遥感辐射传输

遥感传感器接收的辐射受三个因素的影响:一是大气层顶的入射辐射,由纬度、太阳时角及地球和太阳相对位置决定;二是大气的衰减(散射和吸收),受大气的气体分子、气溶胶、水汽及云等的影响;最后一个因素是地表特征,包括高程、坡度、坡向及地表地物的二向性反射等。地形,通常用数字高程模型(digital elevation model,DEM)来表述,一般可以认为其在较长的一段时间内特征不变。因此,不同空间分辨率的遥感数据可以使用同一 DEM 特征作为先验知识,以满足遥感数据像元尺度地表反射率的估算。

图 7.1 显示了在山区,地物目标的入射辐射来源于三个部分:太阳直接辐射照度 E_s、大气的天空漫散射辐射照度 E_d 及周围地形的反射辐射照度 E_a。太阳直接辐射是地表接收的总辐射中最重要的成分,由于倾斜地表目标与太阳的相对位置及坡度坡向有关,对应每个像元的太阳相对入射角不同,因此,接收的太阳直接辐射也不同。地物目标还会受周围地形遮挡的影响,一方面会导致地物目标接收的天空漫散射辐射不能来自整个半球空间或者太阳直射辐射被遮蔽,与平坦地表相比表现为地物目标接收了更少的总辐射;另一方面由于周围地物的反射,目标接收此方向的反射辐射使总辐射增加,特别是在周围地物为强反射的地表类型(如雪表面等),其反射辐射可以达到总辐射的 17%。因此,周围地形对地物目标表面接收的辐射既有衰减亦有增强作用。

在太阳方向为 (θ_s, φ_s),传感器观测方向为 (θ_v, φ_v),地形坡度和坡向为 (α, β) 下,并假

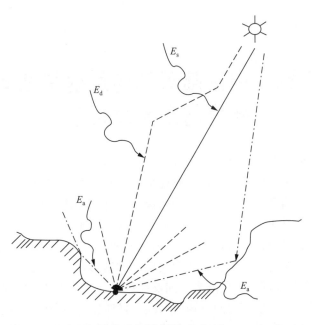

图 7.1　地表目标接收的辐射来源（改自 Chen et al.,2006 ）

设地表为朗伯体,平坦地表反射率为 ρ_{HL} 时,进入传感器的辐射亮度 L 可以表示为

$$L = L_p + (E_s + E_d + E_a)\rho_{HL} e^{-\tau/\cos\theta_v}/\pi(1 - s\rho_{HL}) \qquad (7.1)$$

式中, L_p 为大气程辐射, τ 是大气光学厚度,这两个参数和太阳直射辐射照度 E_s 、天空漫散射辐照度 E_d 、周围地形反射辐照度 E_a 一起都与 DEM 有关, s 是大气漫散射反照率。式(7.1)在 DEM 空间尺度上提供了山区陆表与大气相互作用的辐射传输描述方法。为了求解 ρ_{HL} ,需要已知卫星像元的辐射亮度、大气参数及地表的 DEM。显然,式(7.1)中由于对地物目标表面的反射特性仍假设为朗伯体反射,故在描述山区陆表辐射上较为简洁,减少了对陆表反射的方向特性及地气间的多次散射作用等方面的考虑,对于早期山区遥感地形校正和陆表反射率估算起到了重要的作用。甚至在地表反射率的地形校正模型中,还可以抓住式(7.1)中占主要比例的太阳直接辐射而忽略天空漫散射和周围地形反射辐射的贡献,发展山区地物表面反射率的多种地形校正方法。

对于遥感像元而言,不同空间分辨率的遥感数据,如 Landsat/TM(thematic mapper)(Wang et al.,2000;Hansen et al.,2002;Wen et al.,2009a)、SPOT HRV(high resolution visible)(Shepherd and Dymond,2003)、AVHRR(Cihlar et al.,2004)和 MODIS(Wang et al.,2005;Wen et al.,2014)都需要利用合适空间尺度的 DEM 来精细地刻画自然界实际地表的地形起伏。能直接应用式(7.1)的一个条件是 DEM 与遥感像元的空间尺度一致,此时遥感像元的辐射可依据大气参数和 DEM 特征获取;而在遥感像元分辨率较低的情况,为了能够较好地刻画陆地表面的地形特征,仍需要 DEM 具有相对较高的空间尺度,这时遥感像元的空间尺度相对于 DEM 的空间尺度足够粗糙。因此,由式(7.1)计算的辐射是低分辨率遥感像元中微小面元对应的辐射,还需要升尺度至低分辨率遥感像元对应的总辐射。在这种情况下,遥感低分辨率像元尺度的太阳直接辐射、天空漫散射辐射及周围地形反射辐射,除了与太阳和传感器观测位置有关外,还与像元内所含微小地形的平均坡度有关。随着平均坡度的增大,太阳直接辐射在总辐射中的比例减小,大气漫散射辐射的比例减小,而周围地形的反射辐射会增大;随着太阳天顶角的增大,太阳直接辐射在总辐射中的比例减小,大气漫散射辐射的比例增大,而周围地形的反射辐射减小。

7.1.2 DEM 与遥感像元空间尺度

在山区,受地形的坡度坡向改变了太阳-地表-传感器之间的几何关系、地形遮挡和多次散射等因素的影响,不同空间分辨率的遥感像元接收的辐射直接受地形影响。遥感像元对应的地形影响能否较好地被刻画是获取山区地物表面二向反射特性的前提条件。在地形与遥感像元严格几何配准的假设下(DEM 与遥感影像的配准属于几何范畴,本书不做具体讨论),依据坡度和坡向在遥感像元内是否有明显变化,一般可以考虑两种情况来刻画像元尺度的地形影响。

第一种情况是 DEM 的空间尺度和遥感像元观测的空间尺度相当或者一致,遥感像元对应的地形坡度和坡向唯一,可称此时的地形影响为像元尺度的地形影响。地形的影响主要是坡度坡向对太阳入射和传感器观测角度的改变。由于树木的直立生长,虽然从单株树看太阳-树冠-传感器的几何关系没有改变,但在地面的投影(图 7.2(a))发生了改变。相对于平坦地表森林冠层(图 7.2(b)),山区聚集成片的森林冠层表面,太阳-冠层-传感器的几何关系随坡度坡向而变化,影响了冠层间的互遮蔽及地面背景的阴影面积(图 7.2(c)、(d)),进而改变了森林表面光照像元的二向反射特性。周边地形遮挡是影响该像元阴影和天空漫散射的重要因素,在阴影下,像元接收的辐射只有天空漫散射及周围地物的二次反射辐射。

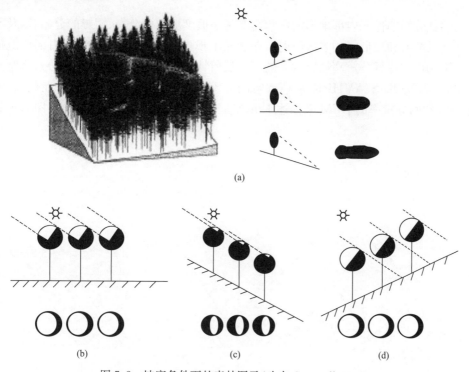

(a)

(b)   (c)   (d)

图 7.2 坡度条件下的森林图示(改自 Gemmell,1998)

这种情况常见于较高分辨率遥感影像的坡面二向反射特性估算,如 Landsat/TM,环境卫星(HJ)CCD 等 30m 空间分辨率的像元尺度,利用同等空间尺度的 DEM,开展地表反射率的建模和反演。在较低分辨率情况下,如果考虑像元尺度的 DEM,在像元整体相对水平的条件下,地形可以忽略不计,但会引起较大的不确定性。

第二种情况是 DEM 的空间尺度足够小,可以较好地表示遥感像元内部地形坡度坡向的变化,可称此时的地形影响为子像元尺度的地形影响。当地形的坡度呈现一定的规律分布时,可以用正态分布等函数模拟地形坡度的变化而不使用实际的 DEM 数据。相对于平坦的地表,像元内部局部地形的坡度坡向影响与第一种情况相似,像元阴影和非半球的天空漫散射减少了像元接收的总体辐射。但同时地形间的多次散射又增加了像元的总辐射,导致了像元内部辐射出现非常异质的情况(图 7.3 显示了 1km 空间分辨率的 MODIS 遥感像元对应的相同区域 30m 空间分辨率的 Landsat/TM 遥感像元),因此,地形对遥感像元接收的辐射是地形坡度坡向、地形的遮挡和地形间的多次散射共同作用的结果。

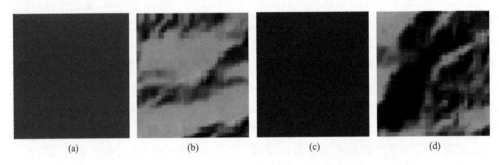

图 7.3   MODIS 1km 分辨率下对应 TM 像元的辐射亮度变化示意图

刻画低分辨率像元内部地形的影响需要考虑坡度坡向的分布、阴影的分布,以及非半球的天空漫散射和地形间的多次散射。在能量不损失的情况下,基于像元内部局地描述的地形影响可构建低分辨率遥感像元的二向反射特性。这种情况常见于低分辨率空间尺度的像元,如 MODIS、AVHRR 等 1km 空间分辨率像元尺度的二向反射特性获取,可以借助 30m 空间分辨率的 DEM 来描述 1km 空间分辨率像元内部的地形影响(图 7.4)。

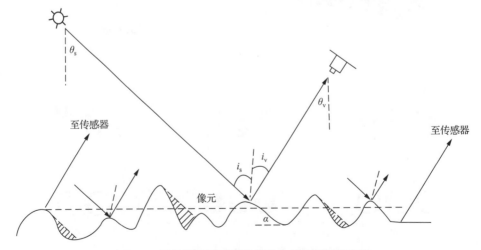

图 7.4   低分辨率遥感影像像元内部地形起伏变化

像元尺度和子像元尺度的地形影响,在遥感研究与应用中普遍存在。当我们定义DEM尺度为30m的空间分辨率时,在崎岖地表,对于具有30m空间分辨率的遥感数据,通常忽略其像元内部地形的影响而只考虑像元层次。像元本身的坡度坡向,像元之间的遮挡及多次散射等因素是影响地表二向反射特性反演的主要因素,显然式(7.1)描述的是这种像元层次上的地形影响。对于千米级低空间分辨率遥感数据,像元层次的地形及像元间的影响较小,而需要精细考虑像元内部地形起伏的影响。

7.1.3 地形对二向反射特性和反照率的影响

许多研究表明,在山区遥感应用时地形会影响甚至扭曲地表的反射特性(Schaaf et al.,1994;Wen et al.,2014),进而会影响地表反照率的估算(Wen et al.,2014),并带来较大的不确定性(Oliphant et al.,2003)。

首先通过野外反照率的测量,发现由于坡度坡向的影响,在一定的测量高度,如果同时放置平行坡面的辐射表和平行水平面的辐射表观测同一地物表面,测量的两种反照率有较大的差异(Matzinger et al.,2003)。由于坡面散射辐射的非均一分布,在太阳天顶角较大的情况下此两种反照率差异表现得尤为明显,而在太阳天顶角相对较小的局地正午时刻两者差异相对较小。图7.5表示了在瑞士Riviera峡谷东向坡面草地用上述两种方法测量的山区反照率,平行坡面测量的反照率具有与平坦地表相对一致的倒"U"型反照率日变化趋势(图7.5(b)),而水平地表假设的平行水平面测量的反照率一直呈现增大的趋势(图7.5(a))。

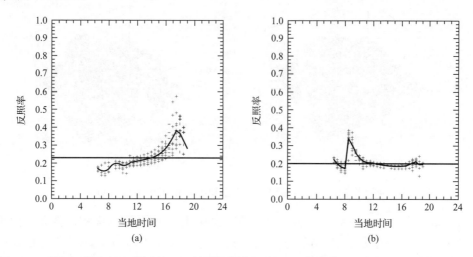

图7.5　平行水平面(a)和平行坡面(b)放置辐射表测量反照率结果(改自Matzinger et al.,2003)

在像元尺度的地形影响下,假设像元被光照并忽略周围像元的多次散射,相对于平坦地表,山区地物表面BRDF的形状将发生改变(但热点位置相对固定),由地物表面的BRDF计算的地表反照率也会改变(如图7.6,其坐标轴意义见图7.7(c))。利用模拟数据研究发现,在同一太阳位置,对于相同的地物表面,其反照率在平坦地表最大,在山区地表会变小,其减少的程度与坡度坡向有关。通常在同一坡向条件下,随着坡度的增大地物表面的反照率将减小;在同一坡度条件下,背向太阳方向的反照率大于面向太阳的反照率。

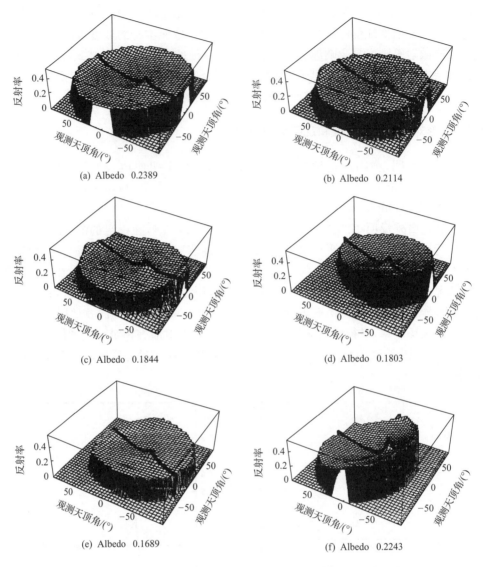

(a) Albedo 0.2389

(b) Albedo 0.2114

(c) Albedo 0.1844

(d) Albedo 0.1803

(e) Albedo 0.1689

(f) Albedo 0.2243

图 7.6　DEM 作为像元尺度影响下的地表 BRF 和反照率(Schaaf et al.,1994)

　　对于低分辨率像元内部地形的影响,子像元的坡度坡向及阴影面积占像元总面积的比例是影响像元二向反射的主要因素。为了描述这一特性,图 7.7 显示了仅考虑太阳直接辐射情形下,低分辨率遥感像元在子像元尺度地形影响下的二向反射。图 7.7(a)表示了平坦地表条件下模拟的某一森林类型的二向反射分布,若将此森林类型置于某一具有子地形影响的低分辨率像元内,像元内阴影比例的变化将会改变森林冠层的二向反射特性,如图 7.7(b)所示,像元内地形影响的特征越明显,地表二向反射特性受地形影响越明显。反照率也直接与地形有关,在同一太阳角度下,随着像元内地形的平均坡度增大,反照率减小(图 7.22)。

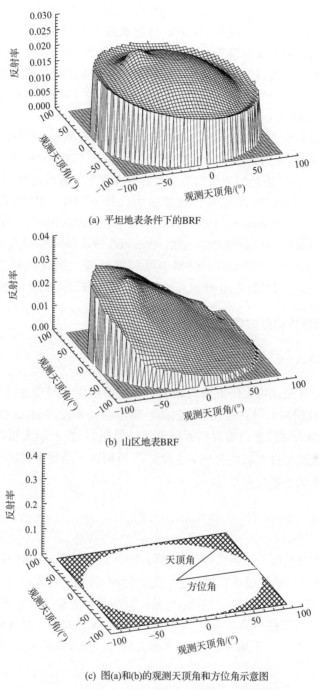

(a) 平坦地表条件下的BRF

(b) 山区地表BRF

(c) 图(a)和(b)的观测天顶角和方位角示意图

图 7.7　DEM 作为子像元尺度影响下的地表 BRF

7.2　高分辨率遥感像元山区地表方向反射率估算

利用模型校正地形对地表反射率的影响,最早可追溯到波段比值模型,Holben 和

Jusice(1980,1981)提出了此种方法来减少地形对遥感数据的影响。30 年来,结合卫星传感器所接收的辐射观测值,利用 DEM 来获得地表真实反射率是一般地形校正的思路。代表性的模型总括起来主要有校正太阳直接辐射的模型方法和山地辐射传输模型。校正太阳直接辐射的模型又可以分为朗伯体地表假设模型和非朗伯体地表假设模型。前一种模型忽略了地表二向反射的影响,假定地表反射各向同性,以校正地形对太阳直接辐射的影响为主,如余弦模型(Teilet et al.,1982)、SCS(sun-canopy-sensor)模型(Gu and Gillespie,1998)、统计模型(Gu et al.,1999)及 SCS+C 模型(Scott and Derek,2005)。非朗伯体模型假设地表反射各向异性,如 Minnaert 模型(Minnaert,1941;Smith et al.,1980;Ekstrand,1996)。山地辐射传输模型则需要考虑太阳直接辐射、大气漫散射辐射及周围地形反射辐射三部分,同时进行地形和大气校正(Hay,1993;Proy et al.,1989;Christophe et al.,2000;Duguay,1992;Gratton et al.,1993;Sandmeier and Itten,1997;Richter,1997;Richter and Schläpfer,2002;Dymond and Shepherd,1999;Shepherd and Dymond,2003;Chen et al.,2006)。模型中可引进地表二向反射特性先验知识(Wen et al.,2009a;Li et al.,2012;Wen et al.,2015),以精确获取地表反射率和反照率。

7.2.1　校正太阳直接辐射的模型方法

1. 余弦校正和 C 校正模型

通过引入 DEM 来获得太阳方向与地表目标表面法线之间角度的余弦,并基于卫星传感器所接收的辐射和太阳直接入射辐射的经验余弦关系发展而来的模型,称为余弦校正模型。假如忽略天空漫散射辐射和周围像元反射辐射,在太阳天顶角为 θ_s,太阳方位角为 φ_s,倾斜坡面的坡度和坡向分别为 α 和 β 下,可用以下函数来表示将倾斜坡面的反射率 ρ_{TL} 修正到水平地表的反射率 ρ_{HL}:

$$\rho_{HL} = \frac{\cos\theta_s}{\cos i_s}\rho_{TL} \tag{7.2}$$

式中,i_s 是太阳相对坡面的入射角,具体计算方法类似本书定义的散射角(1.4)。诸多研究表明,余弦校正模型经常出现反射率过校正的问题,特别是在式(7.2)中分母 $\cos(i_s)$ 的值相对较小的区域。为了弥补这一不足,C 校正模型可以看成是对余弦校正模型的改进。

　　C 校正模型是常用的一种基于遥感影像像元反射率和太阳入射角余弦之间线性关系的经验校正方法。对于水平地表,其反射率和太阳入射角余弦的关系可以表示为

$$\rho_{HL} = m\cos\theta_s + b \tag{7.3}$$

式中,m 为斜率,b 为截距。对于倾斜坡面,太阳入射角为太阳相对地物坡面的夹角,其倾斜坡面的反射率和太阳入射角余弦值的关系可表示为

$$\rho_{TL} = m\cos i_s + b \tag{7.4}$$

通过把倾斜坡面对应的反射率投影到水平地面对应的反射率来对影像进行地形校正即为 C 校正:

$$\rho_{HL} = \frac{\cos\theta_s + C}{\cos i_s + C}\rho_{TL} \tag{7.5}$$

式中，$C = b/m$。C 校正完全是基于样本统计回归方程的校正方法，因此校正系数 C 精度直接影响地形校正的精度。

2. SCS 及 SCS+C 校正模型

余弦校正和 C 校正模型本质上是基于太阳-地形-传感器（sun-terrain-sensor，STS）三者几何位置关系的模型方法，而 SCS 模型是太阳-冠层-传感器模型，是为了校正森林覆盖的山区反射率而提出的一种模型方法。由于树木的向地性生长，地形影响的只是树木相对地表的位置关系，而非太阳与树木之间的几何关系。为此，SCS 模型假定来自光照冠层的反射辐射因树木的向地生长特性而独立于地形，而光照冠层的反射率与其光照面积成正比，模型表示为

$$\rho_{HL} = \rho_{TL}\frac{\cos\alpha\cos\theta_s}{\cos i_s} \tag{7.6}$$

与余弦校正模型类似，SCS 模型在 $\cos i_s$ 相对较小的坡面存在着反射率过度校正的问题。借鉴 C 校正模型方法，通过引入经验系数 C，可得到 SCS+C 校正模型：

$$\rho_{HL} = \rho_{TL}\frac{\cos\alpha\cos\theta_s + C}{\cos i_s + C} \tag{7.7}$$

3. Minnaert 校正模型

Minnaert 校正模型属于非朗伯体地表校正模型，应用一个经验函数（Minnaert 函数）检验各种地表的非朗伯体特性。在这个函数中，Minnaert 常数 k 可用来描述地表的非朗伯体效应。Minnaert 校正模型为

$$\rho_H(\theta_s, \varphi_s, \theta_v, \varphi_v) = \rho_T(\theta_s, \varphi_s, \theta_v, \varphi_v)\frac{\cos^k\theta_s}{\cos^k i_s \cos^{k-1}\alpha} \tag{7.8}$$

k 可以由下式获得：

$$L = L_n \cos^k i_s \cos^{k-1}\alpha \tag{7.9}$$

式中，L_n 为当太阳入射角和地形坡度都为零时的辐射亮度。对于地形起伏较小的地区采用 Minnaert 方法被证明是十分有效的，但是 Minnaert 模型里参数 k 依赖于光谱波段、相位角及地表覆盖类型，需要根据不同的日地几何关系和图像波段参数进行估算。

7.2.2 山地辐射传输模型

据式（7.1），在太阳入射方向（θ_s, φ_s）和地表目标所处地形坡度 α 和坡向 β 下，山区地表目标接收的总入射辐射照度 $E_{\text{in\_total}}$ 为太阳直接辐射照度 E_s、天空漫散射辐射照度 E_d 及周围地形反射辐射照度 E_a 三部分辐射的总和，即

$$E_{\text{in\_total}} = E_s + E_d + E_a \tag{7.10}$$

（1）坡面地物目标所接收的太阳直射辐射照度 E_s 为

$$E_s = \Theta E_s^h \frac{\cos i_s}{\cos \theta_s} \tag{7.11}$$

式中，$E_s^h = E_{\text{atom}} \cos \theta_s e^{-\tau / \cos \theta_s}$，表示水平地表假设的地物目标接收的太阳直接辐射照度；E_{atom} 为大气层顶的太阳辐射照度，大小与太阳和地球的几何位置有关。二值函数 Θ 表示地物目标是否被周边地形遮挡而形成阴影。当 $\Theta = 1$ 时认为目标处于光照面，$\Theta = 0$ 时则处于阴影面而无太阳直射辐射。

（2）天空漫散射辐射照度 E_d 是半球辐射，但分布非均一，由太阳方向的环日漫散射和天空各向同性漫散射两部分关于各向异性指数 K 线性加权（7.12）组合而来。环日各向异性散射，是指发生在太阳周边区域与直射入射方向接近的散射光，由气溶胶的前向散射引起并具有方向性。各向同性漫散射主要受地形遮挡的影响，来自地物目标可见的天空部分，通常可用天空可视因子 V_d 表示该可见天空部分的大小：

$$E_d = \Theta E_d^h K \frac{\cos i_s}{\cos \theta_s} + E_d^h (1 - K) V_d \tag{7.12}$$

式中，E_d^h 为水平地表各向同性的天空漫散射辐照度；K 为各向异性指数，表示环日各向异性散射占天空漫散射的权重，用地面法线方向接收的太阳直接辐照度与大气层顶太阳辐照度之比计算；V_d 为天空可视因子，描述了对一点可见的半球天空部分，定义为山区地物目标接收的天空漫散射与水平表面所接收的漫散射之比，显然 V_d 值在 0 和 1 之间。

（3）周围地形反射辐射照度 E_a 属于周围地形的二次反射，假设地表在一个像元内为朗伯体，并忽略两点之间辐射传输过程中辐射的衰减，则目标像元 M 接收的对 M 可见的周围像元 N 的反射辐射照度（图 7.8）为

$$E_a = \sum_N \frac{L_N \cos T_M \cos T_N \mathrm{d} S_N}{r_{MN}^2} \tag{7.13}$$

式中，L_N 为点 N 的辐射亮度，表示为 $L_N = (L - L_p) e^{\tau / \cos \theta_N}$；$L$ 是传感器接收的点 N 的辐射亮度；L_p 是点 N 程辐射。T_M 及 T_N 分别表示点 M 及点 N 坡面法线与 MN 连线的夹角；$\mathrm{d} S_N$ 为点 N 的像元面积；r_{MN} 为点 M 和 N 间的距离。

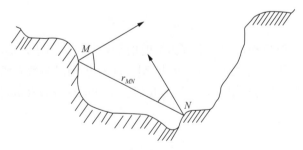

图 7.8　周围地形反射辐射的影响

综合此三部分辐射，式（7.10）可进一步表示为

$$E_{\text{in\_total}} = \Theta E_s^h \frac{\cos i_s}{\cos \theta_s} + \Theta E_d^h K \frac{\cos i_s}{\cos \theta_s} + E_d^h (1 - K) V_d + E_a \tag{7.14}$$

1. 朗伯体地表反射率

假定地表为朗伯体,在利用式(7.14)获取地物目标表面接收的总辐射照度基础上,代入式(7.1)并经过适当的整理,可以形成关于水平地表方向反射 ρ_{HL} 的一元二次方程,并取其正解。

为简单起见,式(7.1)忽略大气和地表之间的多次散射,或者认为大气光学厚度非常小,地表为暗目标,则 $s\rho_{HL}(\theta_s,\varphi_s,\theta_v,\varphi_v)\ll 1$。在这种假设下,式(7.1)可以简化为

$$L = L_p + \rho_{HL}E_{in\_total}\,\mathrm{e}^{-\tau/\cos\theta_v}/\pi \tag{7.15}$$

因此,地表反射率可简单地表示为

$$\rho_{HL} = \pi(L-L_p)/(E_{in\_total}\,\mathrm{e}^{-\tau/\cos\theta_v}) \tag{7.16}$$

式中,地物目标表面接收的总辐射照度 E_{in_total},程辐射亮度 L_p 及透过率 $\mathrm{e}^{-\tau/\cos\theta_v}$(或光学厚度 τ)可以由大气模型(如 6S、MODTRAN 等)、DEM 及实测大气参数获取。

Shepherd 和 Dymond(2003)针对式(7.16)提出了反射坡面太阳直接辐射照度的地物表面反射率是坡面反射率,需要将此坡面反射率转换为平地反射率,而地物表面对天空漫散射和周围地形反射辐照度的反射认为是朗伯体。则式(7.16)可以进一步表示为

$$\rho_{HL} = \frac{\pi(L-L_p)\,\mathrm{e}^{\tau/\cos\theta_v}}{\gamma E_s + \varepsilon(E_d + E_a)} \tag{7.17}$$

$$\gamma = \frac{\cos\theta_s + \cos\theta_v}{\cos i_s + \cos i_v} \tag{7.18}$$

式中,γ 表示的是坡面反射率与平地反射率的比值;ε 是水平散射反射与水平直射反射的比值。

2. 非朗伯体地表反射率

假设地表为非朗伯体,依据地物目标接收的三种辐射,可以近似认为目标物对太阳直接辐射的二向反射是方向-方向反射 $\rho_{dd}(i_s,\phi_s,i_v,\phi_v)$ 的过程,而对大气漫散射和周围地形反射辐射的反射可认为是半球-方向反射 $\rho_{hd}(i_v,\phi_v)$ 的过程(图 7.9)。

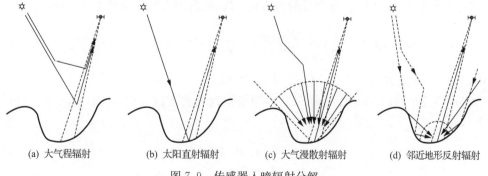

(a) 大气程辐射   (b) 太阳直射辐射   (c) 大气漫散射辐射   (d) 邻近地形反射辐射

图 7.9 传感器入瞳辐射分解

以式(7.15)为基础,引入方向-方向反射 $\rho_{dd}(i_s,\phi_s,i_v,\phi_v)$ 和半球-方向反射 $\rho_{hd}(i_v,\phi_v)$ 两种反射率,替换朗伯体反射率 ρ_{HL},则传感器接收的来自非朗伯体地表的辐射亮度为

$$L = L_p + \Theta \frac{(E_s^h + E_d^h K)\cos i_s}{\pi \cos\theta_s}\rho_{dd}(i_s,\phi_s,i_v,\phi_v)e^{-\tau/\cos\theta_v} + \left[\frac{E_d^h(1-K)V_d}{\pi} + \frac{E_a}{\pi}\right]\rho_{hd}(i_v,\phi_v)e^{-\tau/\cos\theta_v}$$

(7.19)

在崎岖的地域,同一地物类型处于不同地形,对应地表每一像元有不同的相对于坡面的太阳入射角和传感器观测角,形成不同的坡面方向反射 $\rho_{dd}(i_s,\phi_s,i_v,\phi_v)$。定义 $\rho_H(\theta_s,\varphi_s,\theta_v,\varphi_v)$ 为对应相同地物类型平坦地表下的方向反射,将坡面对应的方向反射 $\rho_{dd}(i_s,\phi_s,i_v,\phi_v)$ 转换为平坦地表对应的方向反射 $\rho_H(\theta_s,\varphi_s,\theta_v,\varphi_v)$ 是获取无地形影响反射率的最终目的。为了引入平坦地表对应的方向反射 $\rho_H(\theta_s,\varphi_s,\theta_v,\varphi_v)$ 至式(7.19),需要一个能刻画地物目标表面二向反射特性的模型,满足坡面二向反射和平坦地表二向反射的转换。

本书第 2 章介绍了多种描述地表二向反射特性的模型,这些模型理论上都可以作为式(7.19)描述地表二向反射特性的模型,在此选用卫星遥感中常用的核驱动模型作为描述地表二向反射特性的模型,来说明式(7.19)所描述的山区地表反射率获取。半经验核驱动模型可以表示为

$$\rho(\theta_s,\varphi_s,\theta_v,\varphi_v) = f_0 + f_1 K_1(\theta_s,\varphi_s,\theta_v,\varphi_v) + f_2 K_2(\theta_s,\varphi_s,\theta_v,\varphi_v) \qquad (7.20)$$

式中, $\rho(\theta_s,\varphi_s,\theta_v,\varphi_v)$ 是二向反射率; $K_1(\theta_s,\varphi_s,\theta_v,\varphi_v)$ 和 $K_2(\theta_s,\varphi_s,\theta_v,\varphi_v)$ 是两个核函数, f_0、f_1 和 f_2 为模型参数。基于式(7.20)发展的归一化方向反射因子 Ω,可以获得某一特定太阳入射角和传感器观测角下的方向反射。定义 Ω 为

$$\Omega(\theta_s,\varphi_s,\theta_v,\varphi_v) = \frac{\rho(\theta_s,\varphi_s,\theta_v,\varphi_v)}{f_0} = 1 + \frac{f_1}{f_0}K_1(\theta_s,\varphi_s,\theta_v,\varphi_v) + \frac{f_2}{f_0}K_2(\theta_s,\varphi_s,\theta_v,\varphi_v)$$

(7.21)

因此,对于太阳直射辐射,在特定太阳入射方向(θ_s,φ_s)和传感器观测方向(θ_v,φ_v),地物目标方向反射 $\rho_H(\theta_s,\varphi_s,\theta_v,\varphi_v)$ 与坡面对应的方向反射 $\rho_{dd}(i_s,\phi_s,i_v,\phi_v)$ 之间的关系可以基于 Ω 表示为

$$\rho_{dd}(i_s,\phi_s,i_v,\phi_v) = \frac{\Omega(i_s,\phi_s,i_v,\phi_v)}{\Omega(\theta_s,\varphi_s,\theta_v,\varphi_v)}\rho_H(\theta_s,\varphi_s,\theta_v,\varphi_v) \qquad (7.22)$$

同理,地物目标的半球-方向反射为方向-方向反射的太阳入射角半球积分:

$$\rho_{hd}(i_v,\phi_v) = \frac{1}{\pi}\int_{2\pi}\int_{\pi/2}\frac{\Omega(i_s,\phi_s,i_v,\phi_v)}{\Omega(\theta_s,\varphi_s,\theta_v,\varphi_v)}\rho_H(\theta_s,\varphi_s,\theta_v,\varphi_v)\cos i_s d\Omega_{i_s} \qquad (7.23)$$

式中, $d\Omega_{i_s}$ 为入射方向上单位立体角,表示为 $d\Omega_{i_s} = \sin i_s di_s d\phi_s$

将式(7.22)和(7.23)代入式(7.19),则平坦地表的方向反射 $\rho_H(\theta_s,\varphi_s,\theta_v,\varphi_v)$ 可以表示为

$$\rho_H(\theta_s,\varphi_s,\theta_v,\varphi_v) = $$
$$\frac{\pi(L-L_p)e^{\tau/\cos\theta_s}}{\Theta\dfrac{(E_s^h+E_d^h K)\cos i_s}{\cos\theta_s}\dfrac{\Omega(i_s,\phi_s,i_v,\phi_v)}{\Omega(\theta_s,\varphi_s,\theta_v,\varphi_v)} + \dfrac{[E_d^h(1-K)V_d+E_a]}{\pi\Omega(\theta_s,\varphi_s,\theta_v,\varphi_v)}\displaystyle\int_{2\pi}\int_{\pi/2}\cos i_s\Omega(i_s,\phi_s,i_v,\phi_v)d\Omega_{i_s}}$$

(7.24)

显然,式(7.19)抓住了地气间的一次散射作用,在此基础上,若进一步考虑地表和大气的多次散射,则传感器接收的辐射亮度可以表示为

$$L = L_p + \frac{1}{\pi}\Big(E_s \rho_{dd}(i_s, \phi_s, i_v, \phi_v) e^{-\tau/\cos\theta_v} + (E_d + E_a)\rho_{hd}(i_v, \phi_v) e^{-\tau/\cos\theta_v}$$

$$+ E_s \rho_{dh}(i_s, \phi_s)t_d(i_v) + (E_d + E_a)\rho_{hh}t_d(i_v) + E\frac{e^{-\tau/\cos\theta_v} + t_d(i_v)S\rho_{hh}^2}{1 - S\rho_{hh}}\Big) \tag{7.25}$$

式中,$t_d(i_v)$ 是大气散射透过率。除式(7.19)定义的方向-方向反射 $\rho_{dd}(i_s, \phi_s, i_v, \phi_v)$ 和半球-方向反射 $\rho_{hd}(i_v, \phi_v)$ 两种反射率外,式(7.25)还引入了方向-半球反射率 $\rho_{dh}(i_s, \phi_s)$ 和双半球反射率 ρ_{hh} 来进一步表示地物目标的二向反射特性:

$$\rho_{dh}(i_s, \phi_s) = \frac{1}{\pi}\iint_{2\pi\pi/2} \frac{\Omega(i_s, \phi_s, i_v, \phi_v)}{\Omega(\theta_s, \varphi_s, \theta_v, \varphi_v)}\rho_H(\theta_s, \varphi_s, \theta_v, \varphi_v)\cos i_v \mathrm{d}\Omega_{i_v} \tag{7.26}$$

$$\rho_{hh} = \frac{1}{\pi^2}\int_{2\pi}\int_{\pi/2}\int_{2\pi}\int_{\pi/2} \frac{\Omega(i_s, \phi_s, i_v, \phi_v)}{\Omega(\theta_s, \varphi_s, \theta_v, \varphi_v)}\rho_H(\theta_s, \varphi_s, \theta_v, \varphi_v)\cos i_s \cos i_v \mathrm{d}\Omega_{i_s}\mathrm{d}\Omega_{i_v} \tag{7.27}$$

为了能够获取水平地表的方向反射率 $\rho_H(\theta_s, \varphi_s, \theta_v, \varphi_v)$,将式(7.22)、式(7.23)、式(7.26)和式(7.27)代入式(7.25),经过适当的整理式,形成关于水平地表方向反射的一元二次方程,并取其正解。

7.2.3 山区陆表反射率估算及验证

Landsat/TM 和 HJ/CCD 传感器分别是美国和我国研制的两种 30m 空间分辨率的遥感传感器。Landsat/TM 传感器观测近似垂直,而 HJ/CCD 传感器观测具有一定的角度,我们选择我国江西省千烟洲地区和西北黑河流域作为样区,分别利用式(7.24)和式(7.25)获取山区地表反射率并初步验证。

1. Landsat/TM 山区反射率获取

江西省千烟洲地区,中心地带处于 $115°23.3'E, 26°34.8'N$,境内多处是山地,地表覆盖主要为针叶林及红壤。在泰和县境内有中国科学院千烟洲生态实验观测站,可以提供多种类型的有效地面观测数据。

Landsat/TM 当地过境时间为 2003 年 10 月 26 日上午 10 点 30 分左右,过境时刻的太阳高度角为 45.878°,方位角为 145.988°。根据当时 Landsat/TM 成像时间和几何位置,利用 MODTRAN 精确计算当时平坦地表下太阳直接辐射和大气漫散射辐射及周围地形反射辐射。为了计算方便,将改进的 Walthall 经验模型作为地表二向反射模型(Danaher et al.,2001):

$$\rho(\theta_s, \theta_v, \varphi) = a_0 + a_1\theta_s + a_2\theta_v\cos\varphi \tag{7.28}$$

式中,a_0、a_1 和 a_2 是模型的参数;θ_s、θ_v 和 φ 分别为太阳天顶角、观测天顶角及相对方位角。依据该地区的地表覆盖类型(本研究区域主要有浓密森林、稀疏森林和裸土三种地表类型),求得相应的二向反射模型系数,然后计算归一化方向反射因子 Ω,并利用式(7.24)进行反射率的计算,计算结果如图 7.10(c)所示。通过与朗伯体地表假设的山地辐射传输

模型进行对比,发现常规未考虑地形影响的大气校正方法并没有很好地消除地形的影响,如图 7.10(a),光照面和阴影面反射率对比较大,面向太阳坡面的光照较强,反射率较大。而对于同种地表覆盖类型背向太阳的坡面,光照不足,反射率偏低。图 7.10(b)考虑了地形影响但地表是朗伯体假设下的反射率结果,地形变化已经消除,成为以平坦地表为特征的遥感影像,但是背向太阳方向和阴影处存在反射率过度校正的问题。对于基于地表二向反射因子的式(7.24)计算的反射率结果(图 7.10(c))则可以较好地解决此类问题。该方法具有以下几个明显的特征:①从影像色调和饱和度上分析,图 7.10(c)影像整体色调和饱和度趋于一致,光照面山坡亮度得到压制,阴影面山坡亮度得到增强;②很好地恢复了图 7.10(a)影像阴影下的地物类型。

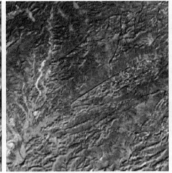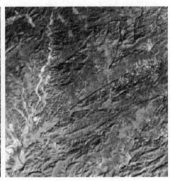

(a) 未考虑地形影响的反射率影像　　　(b) 朗伯体地表假设的反射率影像　　　(c) 本节模型方法反射率影像

图 7.10　三种方法反射率计算结果对比

由于地形的影响,常规未考虑地形影响的大气校正方法获得的反射率随地形坡度坡向变化,表现在随太阳相对入射角余弦变化而变化,其趋势是随着余弦值增大,地物反射率增大。利用线性回归拟合方程可以表示山区像元反射率与太阳相对入射角余弦之间的关系,其线性方程的斜率代表了地形影响的程度,斜率绝对值越小,反射率的地形影响越小。图 7.11 显示了 TM 第 4 个波段在常规未考虑地形影响大气校正(图 7.11(a))、地表朗伯假设的山地辐射传输模型(图 7.11(b))、Shepherd-Dymond 模型(图 7.11(c))以及式(7.24)模型(图 7.11(d))方法校正后遥感反射率随太阳相对入射角余弦之间的关系对比。朗伯体地表假设、Shepherd-Dymond 模型和式(7.24)方法下进行的地形和大气校正后斜率系数 R 减小,表现为反射率受地形影响的程度明显减小。显然,朗伯体地表假设计算的地表反射率在太阳相对入射角余弦较小时出现了过度校正的不足。Shepherd-Dymond 模型方法与朗伯体地表假设的计算结果相比,发现在太阳相对入射角较小的区域过度校正的问题得到部分减小,如在余弦值为 0.25~0.5 时得到了较好的改进,但是在余弦值小于 0.2 时,仍旧存在着地表反射率过度校正的不足。式(7.24)模型方法在余弦值比较小的地方地表反射率恢复得比较好,未出现地表反射率过度校正的现象。

为了能进一步说明问题,选择了影像中典型地物(浓密森林)作为地表覆盖类型,利用 2005 年 11 月千烟洲 40m 通量塔上 ASD 光谱仪在太阳主平面垂直测量得到的森林冠层光谱反射率(像元面积约为 150m²,无明显地形起伏),经过 Landsat/TM 波段通道响应函数转换,形成 TM 波段反射率(图 7.12 的虚线),将此反射率作为可与 Landsat/TM 影像

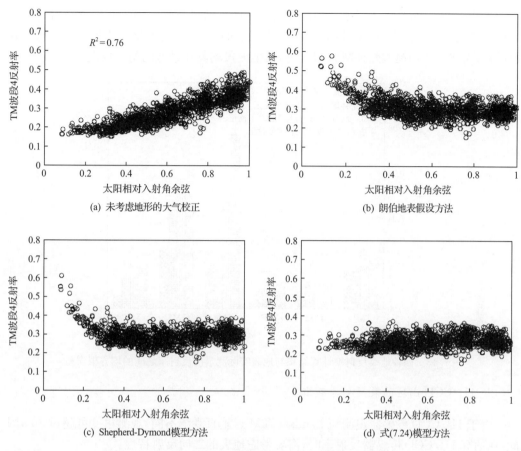

图 7.11　TM 第 4 波段反射率与太阳相对入射角余弦之间的关系

反射率对比的实测反射率。可见,在常规未考虑地形影响大气校正反射率与实测反射率对比图中,阴阳坡的森林反射率差异较大,与实际测量的反射率相比,阳坡反射率偏大,阴坡反射率偏小,如图 7.12(a) 所示。经式(7.24)反射率模型计算后,阴影区的地物反射率明显增大,相反光照区得到了部分抑制,与实地测量反射率一致性较好,更好地反映了地物的反射率,如图 7.12(b) 所示。

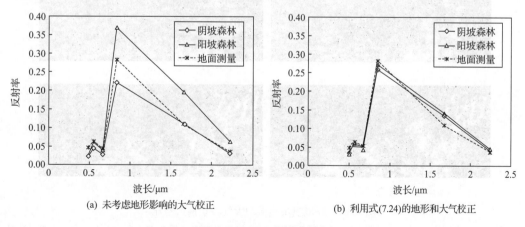

图 7.12　TM 森林反射率

图 7.13 进一步显示了以上几种地表反射率计算结果与实际测量的地表反射率相比的均方根误差,发现 Shepherd-Dymond 模型方法和式(7.24)的模型方法具有较低的均方根误差,而式(7.24)模型除 TM 波段 4 外,其他波段均具有最低的均方根误差。

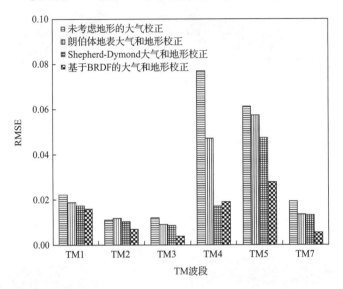

图 7.13 四种地表反射率计算结果与地表实际测量的反射率之间的均方根误差

2. HJ/CCD 山区陆表反射率获取

由于 HJ/CCD 传感器观测与 Landsat/TM 近垂直观测不同,观测角度可超过 30°,因此,在估算 HJ/CCD 传感器反射率时,需要考虑地表的二向反射特性。

图 7.14 显示了 2012 年 6 月 19 日和 6 月 30 日 HJ/CCD 传感器利用式(7.25)计算的黑河流域中游部分山区的地形和大气校正结果。图 7.14(a)、(c)为未考虑地形影响的大气校正方法获取的反射率,具有明显的地形特征,光照面和阴影面反射率对比比较大。图 7.14(b)、(d)是式(7.25)计算的反射率,消除了地形影响,成为以平坦地表为特征的遥感影像。

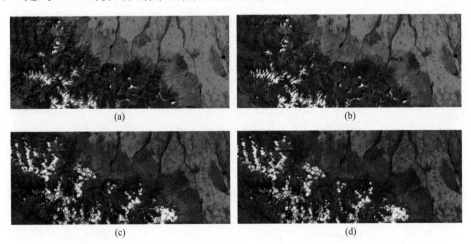

图 7.14 环境卫星地形和大气校正前后对比

(a)和(c)未考虑地形的大气校正,(b)和(d)对应本文方法;(a)和(b)为 2012 年 6 月 19 日数据,(c)和(d)为 6 月 30 日数据

图 7.15 显示了黑河流域中游大野口森林、中游绿洲玉米作物和机场荒漠三种典型地表类型实地测量的多角度观测反射率与 HJ/CCD 反射率的对比,两者的太阳入射和传感器观测角度一致。可以看出,三种地表类型反射率估算总的均方根误差为 0.0128,相关性系数为 0.9795,HJ/CCD 反射率与地表实际测量的反射率具有较好的一致性,初步验证结果说明式(7.25)满足 HJ/CCD 山区和平坦地表反射率较高精度的估算。

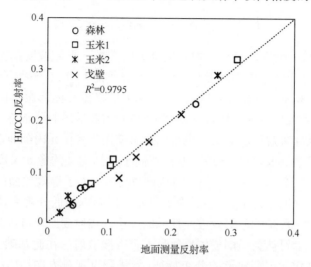

图 7.15 HJ/CCD 反射率与地面 ASD 实测反射率比较

7.3 低分辨率遥感像元山区地表方向反射率估算

在山区,依据 7.1.2 节所述的当遥感像元分辨率较低,而 DEM 空间分辨率较高时,可以通过 DEM 来刻画像元内部地形的变化特征并计算遥感传感器接收的来自像元内部微小面元的辐射。由于地形的影响,像元内部的地形分布、阴影和多次散射等因素影响了低分辨率像元的反射辐射,改变了像元的方向反射特征。因此,描述和参数化像元内部地形特征是低分辨率遥感像元二向反射率特性遥感建模的基础。

最初采用的"V"型(Torrance and Sparrow,1967)或者"碗"型(Buhl et al.,1968)两种基本形状只能粗略地描述像元内地表粗糙起伏的形状,后来又假设像元内崎岖地表分布服从随机或正态分布规律(Hapke,1993;Oren and Nayar,1995;Nora et al.,2009),像元内的复杂地形可以通过山谷山峰的高程差(简称山高)和典型的侧向扩展(简称山宽)两种基本的长度变量刻画。这种假设在像元分辨率足够低,像元内地表起伏坡度满足统计条件时有较好的近似,并可以提高山区反射辐射计算的性能。随着全球较高分辨率 DEM 的发布及计算能力的提高,应用 DEM 数据支持大尺度地表二向反射及其他参数的估算已成为可能。

7.3.1 低分辨率像元等效坡面

如何刻画像元内部地形影响像元辐射,是描述低分辨率像元二向反射的关键。Hapke 在 1993 年基于像元内呈正态分布的粗糙崎岖地表定义了像元的平均坡度,并以此提出了阴影函数,建立了粗糙表面表观反射率与平坦地表真实反射率之间的关系(Hapke,1993)。定义像元内部的坡度服从正态分布:

$$\tan\bar{\theta} = \frac{2}{\pi} \int_0^{\pi/2} a(\zeta)\tan\zeta \, d\zeta \tag{7.29}$$

$$a(\zeta) = A\exp[-B\tan^2\zeta]\sec^2\zeta\sin\zeta \tag{7.30}$$

式中,$\bar{\theta}$ 为平均坡度;A 和 B 是与平均坡度有关的常数。平均坡度反映了像元内部地形起伏的程度,是在假设像元内部地形与方位无关的条件下,在 $0°\sim90°$ 分布的微小坡度分布函数按其正切乘积平均。因此,式(7.29)实际上已将像元内部微小面元的坡度定义到了像元尺度上,即像元尺度的平均坡度,以反映像元内部地形的分布特征。

若利用较高空间分辨率的 DEM,也可以定量描述反映像元内部地形特征的低分辨率遥感像元尺度的有效坡度,显然该坡度概念不同于我们定义的像元尺度的坡度。为了描述这一坡度,Wen 等(2009b)基于辐射度的原理方法,引入了等效坡面的概念。在传感器观测的辐射保持不变的条件下,描绘了受子像元地形影响的低分辨率遥感像元和具有一定坡度但无子像元地形影响的等效坡面像元的关系。辐射度原理可认为是三维辐射传输模型,其中,微小坡面可认为是朗伯体反射且无天空漫散射。在此基础上,可以用图 7.16 表示低分辨率遥感像元内部地形的分布特征,传感器以观测方向(θ_v,φ_v)对像元内的微小面元观测。假设低分辨率像元面积为 A,传感器实际观测的坡面面积为 A_t,传感器等效坡面面积为 A_e,则 $A_e = A_t$。

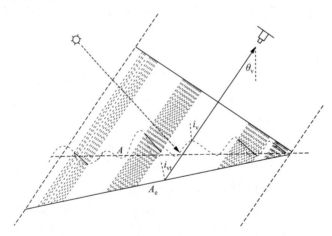

图 7.16　像元内具有地形起伏的低分辨率像元等效坡面

定义等效坡面坡度的反余弦是进入传感器视场的所有光照可见面元的坡面总面积与对应的光照可见面元的水平总面积的比值。因此

$$\sec(a_e) = \frac{\displaystyle\int_{V(i,v)} dA_h \sec\alpha}{\displaystyle\int_{V(i,v)} dA_h} \tag{7.31}$$

式中，a_e 为低分辨率像元的等效坡度，$V(i,v)$ 为低分辨率像元内光照可见微小面元，在后面的讨论中 $V(i)$ 和 $V(v)$ 分别表示光照和可见面元；dA_h 为微小面元的水平表面面积；α 为微小面元的坡度。

等效坡度的大小与以下几个因素有关：①低分辨率像元内光照可见微小面元的坡度和微小面元的水平面积，当微小面元是 DEM 面元时，等同于 DEM 的坡度和空间分辨率；②低分辨率像元在一定的太阳入射和传感器观测条件下，像元内光照可见面元的比例。因此，等效坡度并不是一个实际存在的坡度，反映了像元内部地形的坡度坡向和相互遮挡形成的阴影在不同的太阳入射和传感器观测角度条件下的变化情况，其除与像元内部的地形分布有关外，还与太阳和传感器的位置有关。光照可见微小面元的坡度越小，则其像元的等效坡度越小。对于平坦地表而言，所有光照可见微小面元的坡度都为 $0°$，因此，$\sec(a_e)=1$，反映的像元等效坡面坡度为 $0°$。当在一定数目内，坡度值大的光照可见面元占总光照可见面元数大时，其等效坡度大，反之则等效坡度小。微小面元的水平面积越大，其等效坡度越小，反之则越大。

在一定的太阳入射和传感器观测角度下，定义像元内所有光照可见微小面元的相对太阳入射角综合反映为像元的等效太阳入射角 i_{st}，像元内所有光照可见微小面元的相对传感器观测角度综合反映为像元的等效传感器观测角度 i_{vt}。假设下式成立：

$$\cos i_{st} \int_{V(i,v)} dA_t = \int_{V(i,v)} \cos i_s dA_t \tag{7.32}$$

式中，dA_t 为微小面元的坡面面积。等式右边是所有微小面元在太阳入射方向上的有效投影面积之和，表示像元在太阳入射方向上的实际有效面积。等式左边积分表示所有光照可见坡面面积的积分，与等效太阳入射角余弦 $\cos i_{st}$ 之积表示在太阳入射方向上的实际有效面积。设 dA_t 为微小水平面积为 dA_h 对应的坡面面积，则当对应坡度为 α 时，$dA_t = dA_h \sec\alpha$。因此，式 (7.32) 可进一步表示为

$$\cos i_{st} = \frac{\int_{V(i,v)} \cos i_s dA_h \sec\alpha}{\int_{V(i,v)} dA_h \sec\alpha} \tag{7.33}$$

同理

$$\cos i_{vt} = \frac{\int_{V(i,v)} \cos i_v dA_h \sec\alpha}{\int_{V(i,v)} dA_h \sec\alpha} \tag{7.34}$$

由于太阳和传感器的位置关系在等效坡面前后没有改变，依据书 1.3.2 节定义的散射角的概念，在等效坡面条件下，太阳和传感器的等效方位角可以表示为

$$\varphi_e = \arccos\frac{\cos\theta_s\cos\theta_v + \sin\theta_s\sin\theta_v\cos(\varphi_s-\varphi_v) - \cos i_{st}\cos i_{vt}}{\sin i_{st}\sin i_{vt}} \tag{7.35}$$

由此，我们可通过 DEM 和等效坡面，求得等效太阳入射天顶角、等效传感器观测天

顶角和等效方位角,这样低分辨率遥感像元的二向反射特性就可以定义在无像元内部地形影响的等效坡面像元上。

7.3.2 基于等效坡面的像元表观二向反射率模型

假设传感器以实际观测方向(θ_v,φ_v)对像元内的可见光照微小面元观测,对应等效坡面的相对传感器观测角为(i_{vt},φ_{vt})。太阳实际入射方向(θ_s,φ_s)对应的等效坡面相对太阳入射角为(i_{st},φ_{st})。图7.17表示了在坡面坐标系UVN和水平坐标xyz下的等效坡面。显然,在平坦地表或者像元内部无地形影响的条件下,太阳和传感器的几何参照系为xyz。而在等效坡面下,太阳和传感器的几何参照系为UVN。

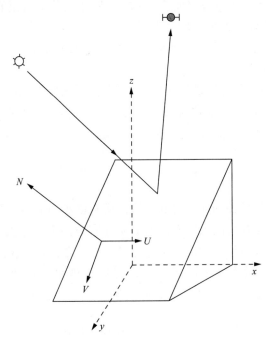

图 7.17　坡面反射率和平坦地表反射率参照系统

定义等效坡面的反射率 $\rho_{e\_lowresolution}$ 为

$$\rho_{e\_lowresolution}=\frac{L_t}{L_s\cos i_{st}}=\frac{I_t}{L_s\cos i_{st}\cos i_{vt}\displaystyle\int_{V(i,v)}\mathrm{d}A_{tj}} \qquad (7.36)$$

式中,L_t是传感器接收的来自像元内部所有光照可见面元的辐射亮度;L_s是太阳直接辐射亮度;I_t是传感器接收的来自像元内部所有光照可见面元的辐射强度;$\mathrm{d}A_{tj}$表示遥感低分辨率像元内部的第j个微小面元的坡面面积。而在水平坐标系xyz参照系统下,假设对应等效坡面原受像元内部地形影响的像元整体水平(图7.4),则其方向反射率 $\rho_{BRF\_lowresolution}$ 可表示为

$$\rho_{BRF\_lowresolution}=\frac{L_t}{L_s\cos\theta_s}=\frac{I_t}{L_s\cos\theta_s\displaystyle\int_{V(v)}\cos i_{vj}\mathrm{d}A_{tj}} \qquad (7.37)$$

显然,在传感器接收的辐射强度相同的情况下,式(7.36)与式(7.37)在计算像元方向反射率上有差别,体现在对传感器有效面积的计算上。根据前面的假设,微小面元表面为朗伯体且无天空漫散射(阴影面元反射为0),则传感器接收的辐射强度来自光照可见面元,因此,等效坡面对应像元的反射率定义在光照可见面元的面积上。而实际上,像元的反射率我们往往定义在传感器可见面元面积上。式(7.36)与式(7.37)作商,有

$$\rho_{\text{BRF\_lowresolution}} = \rho_{\text{e\_lowresolution}} \frac{\cos i_{\text{st}} \cos i_{\text{vt}} \int\limits_{V(i,v)} dA_{tj}}{\cos\theta_s \int\limits_{V(v)} \cos i_{vj} dA_{tj}} \tag{7.38}$$

因此,像元内地形影响的反射率可以表述为等效坡面反射率的函数,为了更好地理解上式,在其分子和分母上同时乘以可见坡面的总面积 A_T,作如下转换:

$$\rho_{\text{BRF\_lowresolution}} = \rho_{\text{e\_lowresolution}} \frac{\cos i_{\text{st}} \cos i_{\text{vt}} A_T}{\cos\theta_s \int\limits_{V(v)} \cos i_{vj} dA_{tj}} \frac{\int\limits_{V(i,v)} dA_{tj}}{A_T} \tag{7.39a}$$

$$= \rho_{\text{e\_lowresolution}} \frac{\cos i_{\text{st}} \cos i_{\text{vt}} A_T}{\cos\theta_s \int\limits_{V(v)} \cos i_{vj} dA_{tj}} V \tag{7.39b}$$

其中

$$V = \frac{\int\limits_{V(i,v)} dA_{tj}}{A_T} \tag{7.40}$$

为坡面的光照可见面积比例。如果定义

$$\cos i_{vT} = \frac{\int\limits_{V(v)} \cos i_{vj} dA_{tj}}{A_T} \tag{7.41}$$

为传感器观测视场内,所有观测坡面的归一化观测角度余弦,也是像元内无任何阴影时的等效观测角,因此式(7.39)进一步表示为

$$\rho_{\text{BRF\_lowresolution}} = \rho_{\text{e\_lowresolution}} \frac{\cos i_{\text{st}} \cos i_{\text{vt}}}{\cos\theta_s \cos i_{vT}} V \tag{7.42}$$

当传感器观测视场内无地形遮蔽阴影存在时(低太阳天顶角情况下),上式可以简化为

$$\rho_{\text{BRF\_lowresolution}} = \rho_{\text{e\_lowresolution}} \frac{\cos i_{\text{st}}}{\cos\theta_s} \tag{7.43}$$

此式从形式上看虽与式(7.2)相似,但分子 $\cos i_{\text{st}}$ 是无像元内部地形影响的等效坡面余弦,表示的是等效坡面条件下地形校正前后的反射率关系。对于式(7.38),若像元内微

小面元的面积采用水平面积 dA_h 表示,并把式(7.33)和式(7.34)代入,经整理形成了关于等效坡面反射率和像元内部地形影响的反射率间的线性关系:

$$\rho_{\mathrm{BRF\_lowresolution}} = \rho_{\mathrm{e\_lowresolution}} \frac{\int\limits_{V(i,v)} \cos i_{sj} \, dA_{hj}/\cos\alpha_j \int\limits_{V(i,v)} \cos i_{vj} \, dA_{hj}/\cos\alpha_j}{\cos\theta_s \int\limits_{V(i,v)} dA_{hj} \sec\alpha_j \int\limits_{V(v)} \cos i_{vj} \, dA_{hj}/\cos\alpha_j} \tag{7.44}$$

对于某一遥感图像而言,微小面元 dA_{hj} 与坡度和坡向无关,认为在遥感像元内部相等,则上式为

$$\rho_{\mathrm{BRF\_lowresolution}} = \rho_{\mathrm{e\_lowresolution}} \frac{\int\limits_{V(i,v)} \cos i_{sj} \, dA_h/\cos\alpha_j \int\limits_{V(i,v)} \cos i_{vj} \, dA_h/\cos\alpha_j}{\cos\theta_s \int\limits_{V(i,v)} dA_h \sec\alpha_j \int\limits_{V(v)} \cos i_{vj} \, dA_h/\cos\alpha_j} \tag{7.45}$$

在实际的应用中,可采用离散公式获取其近似解。并引用光照因子 k_{sj} 和可见因子 k_{vj},其离散公式为

$$\rho_{\mathrm{BRF\_lowresolution}} = \rho_{\mathrm{e\_lowresolution}} \frac{\sum\limits_M k_{sj} k_{vj} \cos i_{sj} \sec\alpha_j \sum\limits_M k_{sj} k_{vj} \cos i_{vj} \sec\alpha_j}{\cos\theta_s \sum\limits_M k_{sj} k_{vj} \sec\alpha_j \sum\limits_M k_{vj} \cos i_{vj} \sec\alpha_j} \tag{7.46}$$

式中,M 为传感器观测的微小面元数。

若低分辨率像元不是总体水平,而是总体倾斜,其总体坡度为 ζ,则式(7.46)可表示成

$$\rho_{\mathrm{BRF\_lowresolution}} = \rho_{\mathrm{e\_lowresolution}} \frac{\sum\limits_M k_{sj} k_{vj} \cos i_{sj} \sec\alpha_j \sum\limits_M k_{sj} k_{vj} \cos i_{vj} \sec\alpha_j}{\cos\vartheta_s \sum\limits_M k_{sj} k_{vj} \sec\alpha_j \sum\limits_M k_{vj} \cos i_{vj} \sec\alpha_j} \tag{7.47}$$

式中,ϑ_s 为太阳实际位置相对于总体坡度为 ζ 的坡面的相对入射角度。

7.3.3 子像元地形影响因子和阴影函数

式(7.46)描述了等效坡面反射率和具有像元内部地形影响的反射率间线性关系,等式右边比值项只与 DEM 及太阳入射和传感器观测位置有关,刻画了子像元地形影响的程度,定义该项为子像元地形影响因子 $T(\mathrm{DEM}, \theta_s, \varphi_s, \theta_v, \varphi_v)$(Wen et al.,2009b):

$$T(\mathrm{DEM}, \theta_s, \varphi_s, \theta_v, \varphi_v) = \frac{\sum\limits_M k_{sj} k_{vj} \cos i_{sj} \sec\alpha_j \sum\limits_M k_{sj} k_{vj} \cos i_{vj} \sec\alpha_j}{\cos\theta_s \sum\limits_M k_{sj} k_{vj} \sec\alpha_j \sum\limits_M k_{vj} \cos i_{vj} \sec\alpha_j} \tag{7.48}$$

显然,上式表示的子像元地形影响因子随 DEM、太阳入射和传感器观测角度的变化而变化。式(7.46)可简化为

$$\rho_{\mathrm{BRF\_lowresolution}} = \rho_{\mathrm{e\_lowresolution}} T(\mathrm{DEM}, \theta_s, \varphi_s, \theta_v, \varphi_v) \tag{7.49}$$

Hakpe(1993)提出了阴影函数,以表示像元内部由于地形起伏形成的阴影对像元反

射率的影响。认为具有像元内部地形影响的像元方向反射率可以有与式(7.49)类似的表示：

$$\rho_{\mathrm{BRF\_lowresolution}} = \rho_{\mathrm{e\_lowresolution}} \times S(\mathrm{DEM}, \theta_s, \varphi_s, \theta_v, \varphi_v) \tag{7.50}$$

式中，$S(\mathrm{DEM}, \theta_s, \varphi_s, \theta_v, \varphi_v)$ 为阴影函数，如果像元内部无任何阴影，则其值为 1，如果像元内部全部为阴影，则其值为 0，在像元内部既有阴影又有光照时，其值在 0 和 1 之间，对于 $S(\mathrm{DEM}, \theta_s, \varphi_s, \theta_v, \varphi_v)$ 的计算方法，需要依据太阳天顶角和传感器观测角的关系而定：

(1) 当太阳天顶角小于传感器观测天顶角时，阴影函数 S 为

$$S(\mathrm{DEM}, \theta_s, \varphi_s, \theta_v, \varphi_v) = \frac{\mu_e(\varphi)}{\mu_e(0)} \frac{\mu_0}{\mu_{0e}(0)} \frac{\chi(\bar{\theta})}{1 - f(\varphi) + f(\varphi)\chi(\bar{\theta})[\mu_e/\mu_{0e}(0)]} \tag{7.51}$$

$$\mu_{0e}(\varphi) = \chi(\bar{\theta}) \left[\cos\theta_s + \sin\theta_s \tan\bar{\theta} \frac{\cos\varphi E_2(\theta_v) + \sin^2(\varphi/2) E_2(\theta_s)}{2 - E_1(\theta_v) - (\varphi/\pi)E_1(\theta_s)} \right] \tag{7.52}$$

$$\mu_e(\varphi) = \chi(\bar{\theta}) \left[\cos\theta_v + \sin\theta_v \tan\bar{\theta} \frac{E_2(\theta_v) - \sin^2(\varphi/2) E_2(\theta_s)}{2 - E_1(\theta_v) - (\varphi/\pi)E_1(\theta_s)} \right] \tag{7.53}$$

(2) 当太阳天顶角大于和等于传感器观测天顶角时，阴影函数 S 为

$$S(\mathrm{DEM}, \theta_s, \phi_s, \theta_v, \phi_v) = \frac{\mu_e(\varphi)}{\mu_e(0)} \frac{\mu_0}{\mu_{0e}(0)} \frac{\chi(\bar{\theta})}{1 - f(\varphi) + f(\varphi)\chi(\bar{\theta})[\mu/\mu_e(0)]} \tag{7.54}$$

$$\mu_{0e}(\varphi) = \chi(\bar{\theta}) \left[\cos\theta_s + \sin\theta_s \tan\bar{\theta} \frac{E_2(\theta_s) - \sin^2(\varphi/2) E_2(\theta_v)}{2 - E_1(\theta_s) - (\varphi/\pi)E_1(\theta_v)} \right] \tag{7.55}$$

$$\mu_e(\varphi) = \chi(\bar{\theta}) \left[\cos\theta_v + \sin\theta_v \tan\bar{\theta} \frac{\cos\varphi E_2(\theta_s) + \sin^2(\varphi/2) E_2(\theta_v)}{2 - E_1(\theta_s) - (\varphi/\pi)E_1(\theta_v)} \right] \tag{7.56}$$

其中

$$\chi(\bar{\theta}) = (1 + \pi \tan^2\bar{\theta})^{-1/2} \tag{7.57}$$

$$E_1(x) = \exp\left(-\frac{2}{\pi} \cot\bar{\theta} \cot x \right) \tag{7.58}$$

$$E_2(x) = \exp\left(-\frac{1}{\pi} \cot^2\bar{\theta} \cot^2 x \right) \tag{7.59}$$

$$f(\varphi) = \exp[-2\tan(\varphi/2)] \tag{7.60}$$

$$\tan\bar{\theta} = \frac{2}{\pi} \int_0^{\pi/2} a(\zeta) \tan\zeta \, \mathrm{d}\zeta \tag{7.61}$$

1. 模拟数据的生成

为了揭示子像元地形影响因子和阴影函数在刻画像元内部地形特征方面的特点，我们利用模拟数据生成了 9 种不同平均坡度的 DEM 作为像元内部地形的分布特征。假设分布于 100×100 格网的 DEM 高程均值和水平网格大小均为 1 个单位，高程以 0.25 个单位的标准差服从正态分布。将 1 个单位乘以实际距离，则在水平方向上便是 DEM 的水平距离(分辨率)，高程方向上便是 DEM 的高程均值和高程标准差。在实际模拟中，固定一实际距离不变，用高程乘以变化系数，保证了模拟的 DEM 具有相同的空间分辨率，

而具有不同的起伏程度,形成了不同均值坡度的模拟场景(如表7.1)。图7.18显示了实际距离固定为30m,高程变化系数分别为1、10和20,滤波大小分别为1×1、3×1和5×1,形成的9种不同坡度DEM。

表 7.1　DEM 的坡度均值　　　　　　　　　　　　　　　(单位:(°))

均值滤波 ＼ 高程变化系数	1	10	20
11	2.51	22.62	37.72
31	1.88	17.59	30.90
51	1.33	12.84	23.70

2. 子像元地形影响因子与 HAPKE 阴影函数的对比

图 7.19(a)和图 7.19(b)显示了在不同平均坡度条件下,太阳位置分别为$(0°,150°)$和$(45°,150°)$时,传感器在其主平面内不同角度观测时对应的子像元地形影响因子。在太阳入射角度较小($0°$)的时候,如图 7.19(a)所示,像元内部子像元地形影响因子值小于1,平均坡度越大,其值越小,不同角度传感器观测无明显变化。在太阳入射角度较大时,如图 7.19(b)所示,随传感器观测角度由后向向前向变化时子像元地形影响因子从大于1减小到小于1。在传感器后向散射方向观测时随观测角的增大而增大,在前向散射方向随传感器观测角的增大而减小。随着平均坡度的增大,子像元地形影响因子变化增大。

子像元地形影响因子在一定程度上可以反映不同太阳和传感器位置的像元内部地形影响程度。在同一平均坡度下,不同太阳入射和传感器观测时像元内部地形所产生的影响不同。如图 7.19(a)表示了在太阳垂直入射条件下,传感器不同角度观测同一平均坡度的时候子像元地形影响因子变化较小,因此像元反射率的方向性较弱;而在太阳入射角度较大的时候,如图 7.19(b)所示,传感器不同观测角度下,同一平均坡度的子像元地形影响因子变化较强,像元反射率的方向性显著。

Hapke 阴影函数 $S(\mathrm{DEM},\theta_s,\varphi_s,\theta_v,\varphi_v)$ 反映的是像元内部阴影的比例,如图 7.19(c)和图 7.19(d)所示,在太阳垂直入射的时候,像元内部无任何阴影,$S(\mathrm{DEM},\theta_s,\varphi_s,\theta_v,\varphi_v)=1$,与平均坡度无关。这与子像元地形影响因子不同,即使是像元内部无阴影,由于子像元坡度的影响,$T(\mathrm{DEM},\theta_s,\theta_v,\varphi_s,\varphi_v)<1$。在太阳入射角较大的时候,传感器观测角度由后向观测向前向观测变化,Hapke 阴影函数值逐渐减小,与子像元地形影响因子逐渐减小的趋势相似,但在后向观测方向 Hapke 阴影函数值未出现大于1的情况。

7.3.4　等效坡面像元方向反射及地形影响分析

图 7.20 显示了利用模拟的 9 种 DEM 作为低分辨率像元内的地形特征,在 $60°$ 天顶角和 $150°$ 方位角的太阳入射条件下模拟的传感器半球空间观测的像元方向反射率。基于辐射度原理,假设微小面元是反射率为 0.3 的朗伯体,无天空漫散射,若像元内无地形

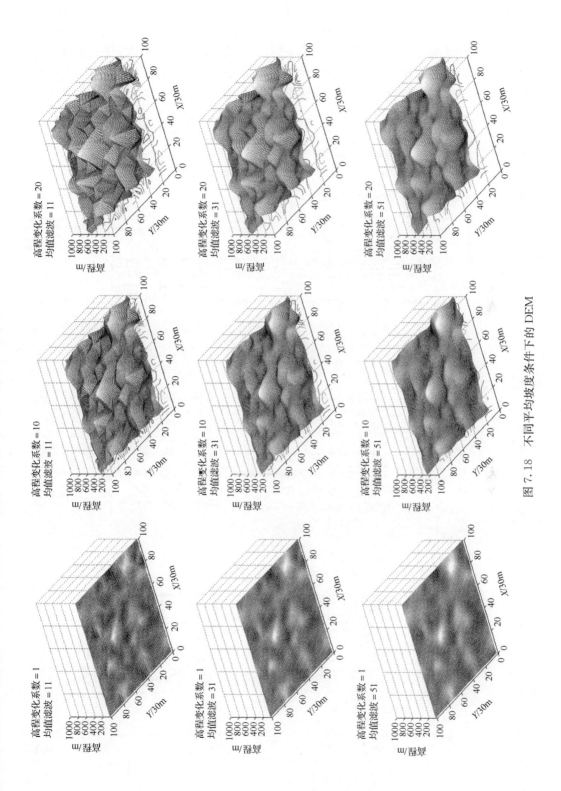

图 7.18　不同平均坡度条件下的 DEM

影响,则坡面反射率 $\rho_{e\_lowresolution}$ 为 0.3。利用式(7.49)中的 $\rho_{e\_lowresolution}$ 和地形参数,计算像元内具有地形影响的方向反射。当平均坡度较小时,像元内地形带来的影响非常小,传感器观测的反射率无明显的方向性影响(如第一列)。随着平均坡度的增大,低分辨率像元内地形起伏引起的坡面反射率变化及地形遮挡形成的遮蔽阴影,造成传感器不同方向观测反射率不同,传感器观测的反射率方向性明显,像元内平均坡度越大,传感器观测的像

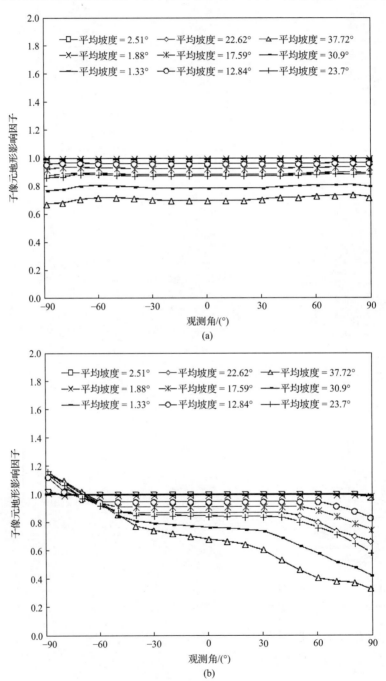

(a)

(b)

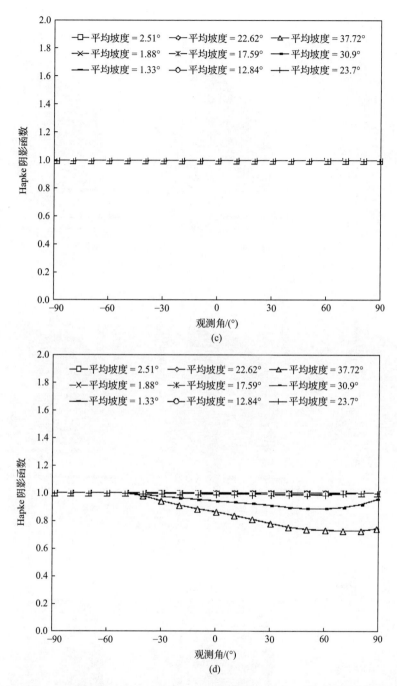

图 7.19　不同坡度和传感器观测角子像元地形影响因子和 Hapke 阴影函数

(a)和(b)为子像元地形影响因子;(c)和(d)为 Hapke 阴影函数;太阳方位角度为 150°,太阳天顶角为 0°和 45°

元反射率方向性越显著。地表后向散射方向观测的反射率大于地表前向散射方向观测的反射率,并呈现减小趋势,随着平均坡度的增大,像元内地形影响越强烈,这种变化趋势越明显。

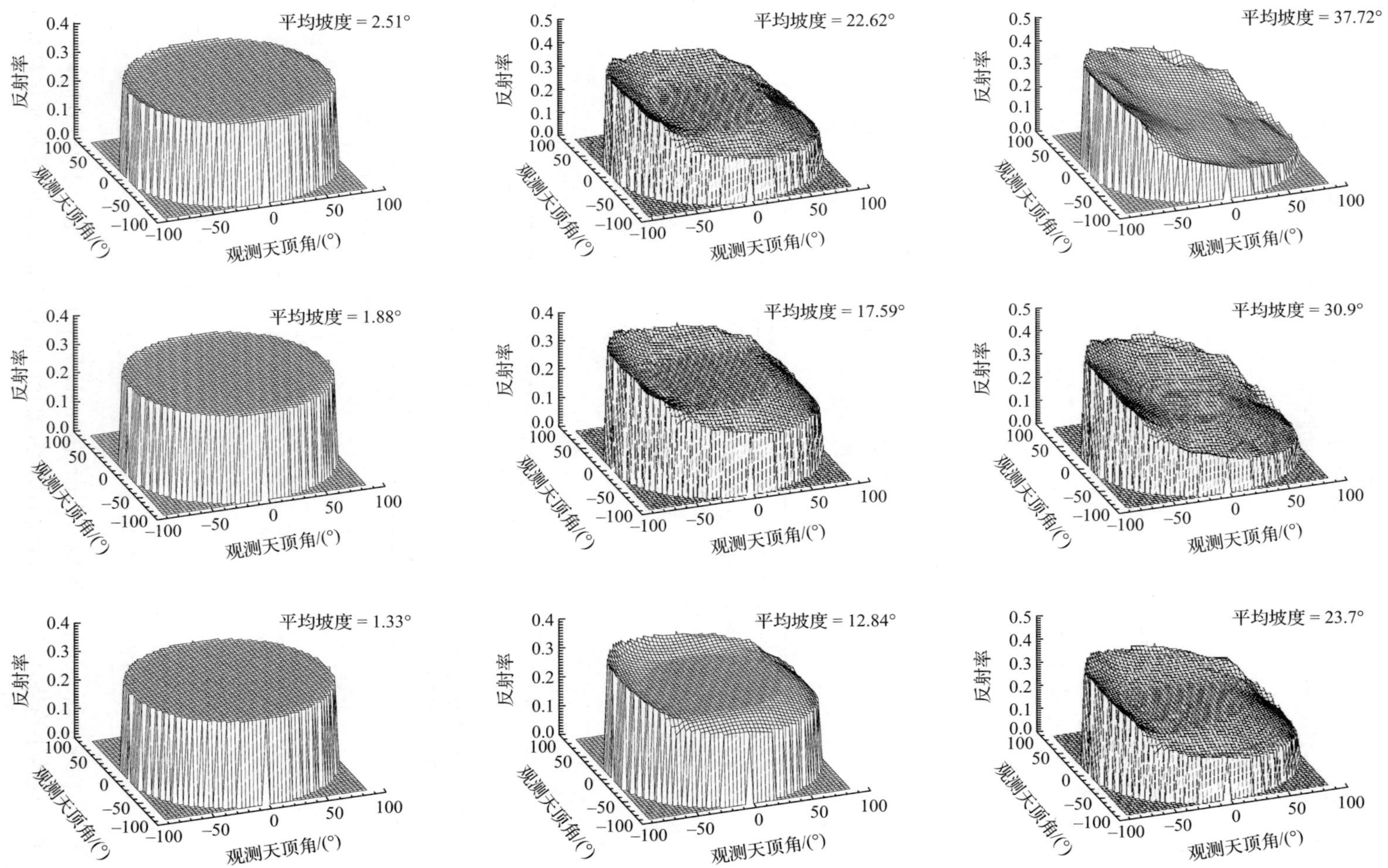

图 7.20 不同传感器角度观测的不同平均坡度像元半球空间反射率

选择平均坡度分别为 1.33°、12.84°、23.70° 和 37.72° 四种模拟的 DEM，在不同太阳角度下，观测太阳主平面上像元方向反射率与坡面反射率之间的相对偏差（图 7.21），以进一步说明由子像元地形影响因子刻画的地形特征如何反映低分辨率像元二向反射特征。可以发现：

（1）当地形平坦或平均坡度很小时，传感器不同观测角下的相对偏差较小且相似，在传感器观测角度较大时，相对偏差增大但低于 1%（图 7.21(a)）。相对偏差与太阳入射角有关，随着太阳入射角的增大，其相对误差相应增大。

（2）图 7.21(b)～(d) 显示了随地形平均坡度的增大，相对偏差整体增大。传感器小角度观测时，相对偏差变化比较平稳，随着平均坡度的增大，相对偏差分别从平均约 5%，到超过 10% 和 20%。随着传感器观测角度的增大，在后向观测方向，相对偏差先减少后增大，而在前向观测方向，相对偏差逐渐增大。在前向观测方向，由于像元内除地形坡面引起反射率变化外，还包含了地形遮挡形成的阴影的影响，平均坡度越大，相对偏差越大；传感器观测角度越大，相对偏差越大。小太阳天顶角，像元内部阴影效应影响小，相对偏差随传感器不同角度观测变化较小；大太阳天顶角度，阴影效应影响大，相对偏差随传感器不同角度观测的变化越明显。而在后向散射方向，虽然像元内部阴影减小了像元内的

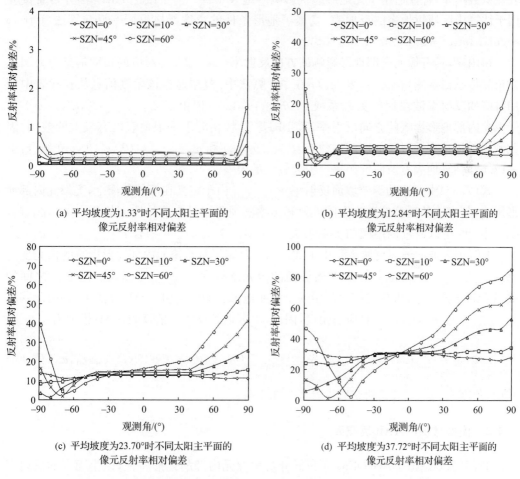

(a) 平均坡度为1.33°时不同太阳主平面的
像元反射率相对偏差

(b) 平均坡度为12.84°时不同太阳主平面的
像元反射率相对偏差

(c) 平均坡度为23.70°时不同太阳主平面的
像元反射率相对偏差

(d) 平均坡度为37.72°时不同太阳主平面的
像元反射率相对偏差

图 7.21　不同平均坡度下太阳主平面内低分辨率像元反射率的相对偏差

反射,但后向散射的面元增加了像元内反射。因此,在一定的太阳入射和平均坡度条件下,两者共同作用于后向散射方向导致反射率的相对偏差与前向散射方向相比较小。

7.4　山区地表反照率估算

7.4.1　单一角度复杂地形条件下反照率模型

本书第 5 章描述了基于角度网格的反照率反演算法(AB),可利用卫星观测的波段反射率直接估算宽波段的黑白空反照率,其模型表达为

$$\alpha_{\text{AB}} = \sum_{i=1}^{n} C_i(\theta_{\text{s}},\varphi_{\text{s}},\theta_{\text{v}},\varphi_{\text{v}}) \rho_i(\theta_{\text{s}},\varphi_{\text{s}},\theta_{\text{v}},\varphi_{\text{v}}) + C_0(\theta_{\text{s}},\varphi_{\text{s}},\theta_{\text{v}},\varphi_{\text{v}}) \tag{7.62}$$

式中,n 为传感器波段数;$\rho_i(\theta_{\text{s}},\varphi_{\text{s}},\theta_{\text{v}},\varphi_{\text{v}})$ 为第 i 波段反射率。通常依据均一地表条件的 BRDF 先验知识数据库,利用核驱动模型计算地表反照率和传感器波段反射率线性回归先验系数 $C_i(\theta_{\text{s}},\varphi_{\text{s}},\theta_{\text{v}},\varphi_{\text{v}})$,并存储于查找表中。因此,系数依赖于均一地表的 BRDF 先验知识数据库,且仅适用于无地形起伏影响的地表条件。为了改进 AB 算法并可直接应用于估算山区崎岖地表的反照率,发展了地形条件的角度网格反照率反演算法(terrain angular bin,TAB)(Wen et al.,2014)。

在山区,具有像元内部地形影响的方向反射率 $\rho_{\text{BRF\_lowresolution}}$ 对应的角度信息为太阳入射角和传感器观测角 $(\theta_{\text{s}},\varphi_{\text{s}},\theta_{\text{v}},\varphi_{\text{v}})$,在 AB 算法中,模型通过该角度信息从查找表中调用对应的反射率波段回归关系系数 $C_i(\theta_{\text{s}},\varphi_{\text{s}},\theta_{\text{v}},\varphi_{\text{v}})$。但由于 $\rho_{\text{BRF\_resolution}}(\theta_{\text{s}},\varphi_{\text{s}},\theta_{\text{v}},\varphi_{\text{v}})$ 为受像元内部地形影响的方向反射率,其 BRDF 形状相对于平坦地表已有较大的差别,因此利用平坦地表情况下的回归系数 $C_i(\theta_{\text{s}},\varphi_{\text{s}},\theta_{\text{v}},\varphi_{\text{v}})$ 和 $\rho_{\text{BRF\_lowresolution}}(\theta_{\text{s}},\varphi_{\text{s}},\theta_{\text{v}},\varphi_{\text{v}})$ 组合,由式(7.62)估算地表宽波段反照率会引起较大的误差。

式(7.36)中描述的等效坡面反射率 $\rho_{\text{e\_lowresolution}}$ 由于定义在等效坡面上,无像元内部地形影响,其对应的角度信息为太阳入射和传感器观测相对于等效坡面的角度 $(i_{\text{st}},\varphi_{\text{st}},i_{\text{vt}},\varphi_{\text{vt}})$。因此,可以通过调用回归关系系数 $C_i(i_{\text{st}},\varphi_{\text{st}},i_{\text{vt}},\varphi_{\text{vt}})$,并结合 $\rho_{\text{e\_lowresolution}}(i_{\text{st}},\varphi_{\text{st}},i_{\text{vt}},\varphi_{\text{vt}})$ 求解等效坡面地表反照率。由于式(7.49)刻画了具有像元内部地形影响的像元反射率 $\rho_{\text{BRF\_lowresolution}}(\theta_{\text{s}},\phi_{\text{s}},\theta_{\text{v}},\phi_{\text{v}})$ 与等效坡面的像元反射率 $\rho_{\text{e\_lowresolution}}(i_{\text{st}},\varphi_{\text{st}},i_{\text{vt}},\varphi_{\text{vt}})$ 之间的关系。基于该关系,可将式(7.49)中的子像元地形影响因子引入 AB 算法中,并由此获取 $\rho_{\text{e\_lowresolution}}(i_{\text{st}},\varphi_{\text{st}},i_{\text{vt}},\varphi_{\text{vt}})$ 对应的角度,因此,山区地表反照率估算的 TAB 模型为

$$a_{\text{TAB}} = \sum_{i=1}^{n} C_i(i_{\text{st}},\varphi_{\text{st}},i_{\text{vt}},\varphi_{\text{vt}}) \rho_{\text{BRF\_lowresolution}}(\theta_{\text{s}},\varphi_{\text{s}},\theta_{\text{v}},\varphi_{\text{v}}) + C_0(i_{\text{st}},\varphi_{\text{st}},i_{\text{vt}},\varphi_{\text{vt}}) \tag{7.63}$$

式中,角度 $i_{\text{st}},\varphi_{\text{st}},i_{\text{vt}},\varphi_{\text{vt}}$ 的获取可参考 7.3.1 节。

7.4.2　模拟数据的 TAB 反照率

我们仍以模拟的 9 种 DEM 作为低分辨率像元内部的地形特征,微小面元的反射率采用第 11 个纬度带第 217 天的植被类型 MODIS 波段核系数均值(表 7.2),并用核驱动

模型计算的方向反射率。核系数均值来自以 2000～2010 年全球 8 天时间分辨率
MCD43B1 核系数产品统计的先验知识,以 5°为间隔将全球划分 36 个纬度带,在每个纬
度带分别统计植被、裸土、冰雪三种基本地物类型的核系数信息。

表 7.2 全球第 11 条纬度带第 217 天植被核系数

波段	体散射核系数(f_{vol})	几何光学核系数(f_{geo})	各向同性核系数(f_{iso})
第 1 波段	0.137186	0.072134	0.027927
第 2 波段	0.321254	0.222531	0.041639
第 3 波段	0.069543	0.040399	0.012751
第 4 波段	0.117163	0.075495	0.021556
第 5 波段	0.362537	0.204083	0.055918
第 6 波段	0.315068	0.152510	0.058175
第 7 波段	0.215993	0.080032	0.048721

研究表明,由于黑空反照率与太阳的位置有关,因此受地形的影响较大。为了能进一
步说明地形对地表反照率的影响,我们利用模拟的方向反射率进行观测方向的半球积分,
得到了低分辨率像元的黑空反照率。图 7.22 表示了由于像元内部地形的影响,不同平均
坡度和不同太阳天顶角下,基于辐射原理估算的地表黑空反照率变化规律。随着像元
内部平均坡度的增大,反照率逐渐减小,平均坡度越大,反照率越小。太阳天顶角越大,反
照率越大,随平均坡度的变化越明显。我们以此黑空反照率作为参考值,分析评价以 AB
和 TAB 模型计算的黑空反照率。

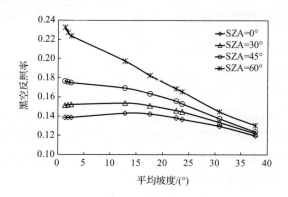

图 7.22 非朗伯表面不同平均坡度下不同太阳天顶角度的黑空反照率

以模拟的 MODIS 像元各波段反射率作为 TAB 算法反射率的输入,由太阳入射角度、
传感器观测角度及 DEM 估算的等效太阳入射角、等效太阳方位角、等效传感器观测角和等
效传感器方位角找出查找表中对应反射率的系数,进行地表宽波段黑空反照率的计算。

图 7.23 显示了太阳天顶角分别为 0°、10°和 30°,方位角为 150°假设下由 AB 算法和
TAB 算法计算的黑空反照率(实线)与对应的辐射度原理计算的黑空反照率(虚线,也称
为参考黑空反照率)对比结果。由于 AB 和 TAB 都需要利用太阳和传感器的角度获取系
数,因此,在图 7.23 中还显示了传感器天顶角为 20°和多种传感器方位角下的黑空反照
率。我们暂且忽略 AB 算法计算的黑空反照率对传感器的位置有依赖性的误差,而只评
价 AB 算法和 TAB 算法在获取黑空反照率中哪个与参考黑空反照率更接近。发现坡度

较小时 TAB 计算的地表黑空反照率与 AB 计算的结果精度相似,与参考黑空反照率对比并没有显著改进。而在平均坡度较大区域,TAB 算法对 AB 算法反照率估算的精度有了明显的改进,与参考黑空反照率的重合度增大。相对于 AB 算法,TAB 估算的黑空反照率结果更加接近辐射度原理估算的反照率。因此,由子像元地形影响因子发展而来的 TAB 算法在一定程度上解决了地形影响的山区低分辨率遥感像元反照率估算的问题。

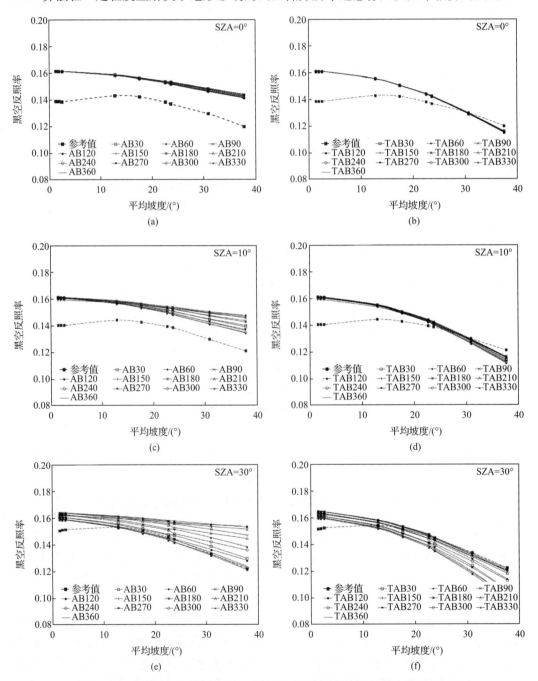

图 7.23 AB 算法(左列)和 TAB 算法(右列)计算得到的不同平均坡度像元
反照率与参考反照率的对比

7.4.3 黑河流域的 TAB 反照率

黑河流域是我国内陆河流域研究的重要基地,2008 年和 2012 年,在此流域我国开展了生态水文星-机-地综合遥感试验,其中陆表反照率是生态水文研究中的一个重要参数,准确估算黑河流域反照率,需要解决的关键问题之一就是如何估算地形影响下的反照率。

我们使用的遥感数据源为 2011 年第 206 天至第 239 天近一个月的 MOD09GA 反射率产品,以及黑河流域 30m 分辨率的 DEM,使用 TAB 算法估算了黑河流域陆表黑空反照率(图 7.24)。为了说明 TAB 算法在不同平均坡度条件下计算的黑空反照率精度,在黑河流域选择了 4 种统计的平均坡度,分别是平坦地表(平均坡度为 1.81°)、平缓地形起伏地表(平均坡度为 10.58°)和陡峭地形起伏的地表(平均坡度分别为 20.81°和 35.68°)。

图 7.24　黑河流域 TAB 黑空反照率

图 7.25 显示了 MCD43B3、AB 算法和 TAB 算法的晴空条件黑空反照率在上述四种平均坡度下的对比。由于平坦地表和平缓地表的地形影响较弱,因此 TAB 算法相比于 AB 算法并没有明显的改进,TAB 算法和 AB 算法的黑空反照率表现了较好的一致性。与 MCD43B3 黑空反照率产品相比,两者的偏差都小于 0.02。在陡峭地形起伏区域,由于 MCD43B3 和 AB 算法黑空反照率估算中没有考虑像元的地形影响,因此与 TAB 算法黑空反照率相比有了较大的不同,两者的偏差大于 0.03,且 TAB 算法的黑空反照率小于MCD43B3 和 AB 算法的黑空反照率。

结合 7.4.2 节的模拟数据计算的山区黑空反照率,说明地形可以对反照率的计算产生强烈的影响,平均坡度大的区域地表反照率将减小,基于 TAB 算法的黑空反照率基本能较好地反映山区的反照率变化情况,虽然还需要进一步通过野外测量数据验证其绝对精度。

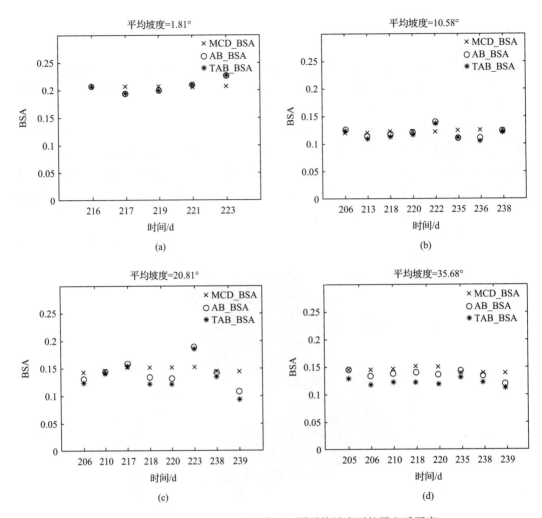

图 7.25　MODIS 像元内部统计的不同平均坡度下的黑空反照率

7.5　山区地表反照率的空间尺度效应

尺度效应是指空间数据经聚合而改变其粒度时,某些变量在不同的空间范围表现了截然不同的特征,形成这种现象的主因是变量的度量尺度不同或变量的空间聚合。空间聚合是空间尺度效应分析的经典理论(Openshaw,1984),对于山区陆表反照率而言,由高分辨率尺度计算的反照率直接平均聚合至某一低分辨率尺度,与直接利用低分辨率像元计算的反照率相差较大,体现了山区反照率在升尺度转换过程中具有尺度效应(Wen et al.,2009b)。

地表异质是陆表反照率尺度效应产生的主要来源,主要表现为地表类型多样性引起的不同空间尺度陆表反照率不同(Liang,2002)和地形起伏引起的不同空间尺度反照率的不同(Wen et al.,2009b)。根据反照率的定义,在平坦地表,反照率的尺度效应较弱,在山区,由于地形的影响,反照率的尺度效应明显。

7.5.1 山区低分辨率像元反照率尺度效应

虽然山区地表异质性同时受地表类型差异和地形的共同作用,但为了仅说明地形对山区陆表反照率的影响,假设低分辨率像元内地表类型均一,而像元内具有一定的地形起伏。设微小面元的地表方向反射为 $\gamma(i_s, \phi_s, i_v, \phi_v)$,对其在观测方向半球空间积分就得到了黑空反照率,也称方向半球反照率 a_{bs},表示的是天空无漫散射辐射的地表理想反照率,与太阳位置、DEM 的坡度坡向和阴影有关。如果还在入射方向进行半球空间积分就得到白空反照率,也称双半球反照率 a_{ws},表示的是只有天空漫散射辐射的地表理想反照率,与太阳和传感器位置无关,但与受 DEM 影响的天空可视因子有关。自然条件下地表反照率是这两种反照率的线性组合,在大气状态已知的情况下,白空反照率的尺度效应可以由不同空间尺度的天空可视因子表示,而黑空反照率尺度效应相对复杂,是引起山区地表反照率尺度效应的主要因素。下面以黑空反照率为例说明其尺度效应。

对于低分辨率遥感影像而言,像元总的辐射是像元内微小面元辐射的总贡献。因此,对于面积为 dA_{tj} 的一个微小面元二向反射率为 $\gamma_j(i_s, \phi_s, i_v, \phi_v)$,设太阳入射辐射来自方向 (θ_s, φ_s),传感器在 (θ_v, φ_v) 方向观测的微小面元接收的辐射强度为

$$dI_{tj} = L_s k_{sj} k_{vj} \cos(i_{sj}) \gamma_j(i_s, \phi_s, i_v, \phi_v) \cos i_{vj} dA_{tj} \tag{7.64}$$

传感器接收的总的辐射强度 I_t 为所有微小面元的辐射强度之和:

$$I_t = \sum_{j=1}^{N} L_s k_{sj} k_{vj} \cos i_{sj} \gamma_j(i_s, \phi_s, i_v, \phi_v) \cos i_{vj} dA_{tj} \tag{7.65}$$

假如传感器的像元面积为 A,是传感器看到的所有微小面元的面积之和,即 $A = \sum_{j=1}^{N} k_{vj} \cos i_{vj} dA_{tj}$。则传感器像元的辐射亮度为

$$L_t = \frac{\sum_{j=1}^{N} L_s k_{sj} k_{vj} \cos i_{sj} \gamma_j(i_s, \phi_s, i_v, \phi_v) \cos i_{vj} dA_{tj}}{\sum_{j=1}^{N} k_{vj} \cos i_{vj} dA_{tj}} \tag{7.66}$$

因此,对于像元总体水平,传感器像元的反射率 $\rho_{\text{BRF\_lowresolution}}$ 和黑空反照率 a_{bs} 为

$$\rho_{\text{BRF\_lowresolution}} = \frac{L_t}{L_s \cos\theta_s} = \frac{\sum_{j=1}^{N} k_{sj} k_{vj} \cos i_{sj} \gamma_j(i_s, \phi_s, i_v, \phi_v) \cos i_{vj} dA_{tj}}{\cos\theta_s \sum_{j=1}^{N} k_{vj} \cos i_{vj} dA_{tj}} \tag{7.67}$$

$$a_{bs} = \frac{1}{\pi} \int_0^{2\pi} \int_0^{\pi/2} \frac{\sum_{j=1}^{M} \cos i_{sj} \gamma_j \cos i_{vj} k_{sj} k_{vj} dA_{tj}}{\cos\theta_s \sum_{j=1}^{M} \cos i_{vj} k_{vj} dA_{tj}} \cos\theta_v \sin\theta_v d\theta_v d\varphi_v \tag{7.68}$$

(1)对于像元内部无地形影响的像元,像元内各微小面元对应的坡度和坡向为 0, $\cos i_{sj} = \cos\theta_s$,微小面元坡面面积相等,传感器观测的微小面元相对观测角度相等,微小

面元全部光照可见，则式(7.68)可以表示为无子像元地形影响的反照率 a_{bs0}：

$$a_{bs0} = \frac{1}{\pi}\int_0^{2\pi}\int_0^{\pi/2} \frac{\sum\limits_{j=1}^{M}\gamma_j \mathrm{d}A_{tj}}{\sum\limits_{j=1}^{M}\mathrm{d}A_{tj}}\cos\theta_v\sin\theta_v\mathrm{d}\theta_v\mathrm{d}\varphi_v \tag{7.69a}$$

$$a_{bs0} = \frac{\dfrac{1}{\pi}\sum\limits_{j=1}^{M}\mathrm{d}A_{tj}\int_0^{2\pi}\int_0^{\pi/2}\gamma_j\cos\theta_v\sin\theta_v\mathrm{d}\theta_v\mathrm{d}\varphi_v}{\sum\limits_{j=1}^{M}\mathrm{d}A_{tj}} \tag{7.69b}$$

$$a_{bs0} = \frac{1}{\pi}\sum\limits_{j=1}^{M}\frac{\mathrm{d}A_{tj}}{A}\int_0^{2\pi}\int_0^{\pi/2}\gamma_j\cos\theta_v\sin\theta_v\mathrm{d}\theta_v\mathrm{d}\varphi_v \tag{7.69c}$$

式中，$\dfrac{1}{\pi}\int_0^{2\pi}\int_0^{\pi/2}\gamma_j\cos\theta_v\sin\theta_v\mathrm{d}\theta_v\mathrm{d}\varphi_v$ 是微小面元对应的黑空反照率 a_{bsj}，因此

$$a_{bs0} = \sum\limits_{j=1}^{N}\frac{\mathrm{d}A_{tj}}{A}a_{bsj} \tag{7.70}$$

即在平坦地表下更大空间尺度下的反照率是局地反照率的面积加权和，是一线性变换过程。

（2）然而当地表为非平坦时，由于地形的影响，像元内的微小面元反射和入射能量不仅与像元面积相关，还与地形的坡度坡向有关，以致式(7.68)表示的黑空反照率不能简化为式(7.70)。因此，山区黑空反照率尺度转换不是简单的线性关系，而表现了很强的空间尺度效应。

7.5.2　山区反照率尺度转换

式(7.67)定义的山区低分辨率像元反射率 $\rho_{\text{BRF\_lowresolution}}$ 具有强烈的方向性反射，其值受像元内地形的影响而与低分辨率像元内微小面元的反射率 γ_j 均值不一致，存在着空间尺度效应。由此获得的黑空反照率随像元内部平均坡度的增大逐渐减小，在不同的平均坡度下表现了不同的空间尺度效应。同时，我们定义了无像元内部地形影响的等效坡面反射率 $\rho_{\text{e\_lowresolution}}$，该等效坡面反射率与像元内微小面元无地形影响的反射率 γ_j 是否在不同空间尺度上具有一致性？

将式(7.67)表示的像元内具有地形影响的反射率 $\rho_{\text{BRF\_lowresolution}}$ 代入(7.46)，则可以表示为

$$\frac{\sum\limits_{j=1}^{M}\cos i_{sj}\gamma_j\cos i_{vj}k_{sj}k_{vj}\sec\alpha_j}{\cos\theta_s\sum\limits_{j=1}^{M}\cos i_{vj}k_{vj}\sec\alpha_j} = \rho_{\text{e\_lowresolution}}\frac{\sum\limits_{j=1}^{M}k_{sj}k_{vj}\cos i_{sj}\sec\alpha_j\sum\limits_{j=1}^{M}k_{sj}k_{vj}\cos i_{vj}\sec\alpha_j}{\cos\theta_s\sum\limits_{j=1}^{M}k_{sj}k_{vj}\sec\alpha_j\sum\limits_{j=1}^{M}k_{vj}\cos i_{vj}\sec\alpha_j}$$

$$\tag{7.71}$$

对式(7.71)适当变换,可以将等效坡面的反射率 $\rho_{\text{e\_lowresolution}}$ 表示成微小面元反射率的函数:

$$\rho_{\text{e\_lowresolution}} = \frac{\displaystyle\sum_{j=1}^{M} \cos i_{sj}\gamma_j \cos i_{vj} k_{sj} k_{vj} \sec\alpha_j \sum_{j=1}^{M} k_{sj} k_{vj} \sec\alpha_j}{\displaystyle\sum_{j=1}^{M} k_{sj} k_{vj} \cos i_{sj} \sec\alpha_j \sum_{j=1}^{M} k_{sj} k_{vj} \cos i_{vj} \sec\alpha_j} \tag{7.72}$$

式中,M 为低分辨率像元内包含的微小面元的个数。对 $\rho_{\text{e\_lowresolution}}$ 进行观测方向半球积分,即得到像元内无地形影响的低分辨率反照率 a_{bse}:

$$a_{\text{bse}} = \frac{1}{\pi} \int_0^{2\pi} \int_0^{\pi/2} \frac{\displaystyle\sum_{j=1}^{M} \cos(i_{sj})\gamma_j \cos i_{vj} k_{sj} k_{vj} \sec(\alpha_j) \sum_{j=1}^{M} k_{sj} k_{vj} \sec\alpha_j}{\displaystyle\sum_{j=1}^{M} k_{sj} k_{vj} \cos i_{sj} \sec\alpha_j \sum_{j=1}^{M} k_{sj} k_{vj} \cos i_{vj} \sec\alpha_j} \cos\theta_v \sin\theta_v \mathrm{d}\theta_v \mathrm{d}\varphi_v \tag{7.73}$$

式(7.73)表示了地形影响下,低分辨率尺度的黑空反照率和微小面元反射率之间关于地形参数的函数。若对微小面元的方向反射率进行半球积分得到微小面元的反照率,则还可进一步说明微小面元的黑空反照率与低分辨率像元反照率的转换关系。

选择图 7.18 模拟的其中一种 DEM(平均坡度为 30.90°,空间分辨率为 30m)作为低分辨率像元内部地形特征,在太阳方位角为 150° 和太阳天顶角分别为 0°、10°、30°、45° 和 60° 条件下,以式(7.70)估算空间分辨率分别为 600m、1200m、1800m 和 2400m 的黑空反照率,并假设微小面元为朗伯体表面,反射率为 0.3。因此,在无地形起伏和地表类型均一条件下,其低分辨率像元反射率和黑空反照率理论上均为 0.3。

图 7.26(a)显示了利用式(7.68)计算的像元内部地形影响的不同空间分辨率条件下的像元黑空反照率。显然由于反照率估算受地形的影响,不同空间分辨率计算的像元黑空反照率不同,空间分辨率较高的时候,黑空反照率偏离理论反照率较大,随着空间分辨率的降低,黑空反照率与真实反照率接近,并趋于平缓。经过式(7.73)估算的黑空反照率在不同空间分辨率趋于真实值 0.3。而且分辨率越低,计算的反照率与真实值越接近。图 7.26(b)显示了与理论反照率相比的均方根误差。由于子像元地形的影响,不同空间

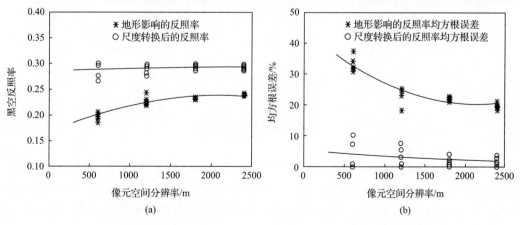

图 7.26 不同空间分辨率条件下低分辨率反照率(a)以及均方根误差(b)

分辨率估算的山区黑空反照率具有空间尺度效应,计算的黑空反照率均方根误差较大,特别是在像元分辨率较高的时候,均方根误差达到了 30% 以上,随着像元空间分辨率的降低,均方根误差降低,并趋于平缓,但仍有 20% 左右的均方根误差。而经式(7.73)估算的黑空反照率,受像元内部地形影响和空间尺度效应显著减小,在不同空间尺度下,黑空反照率计算的均方根误差主要分布在 5% 以内。

基于真实的遥感数据进一步验证表明,式(7.73)的尺度转换模型进行山区不同空间分辨率尺度反照率估算可以较好地消除子像元地形引起的黑空反照率的空间尺度效应影响。选择覆盖江西千烟洲 Landsat/TM5 和对应的 DEM 数据,利用山地辐射传输模型,计算了无地形影响的 TM 波段反射率和反照率。为了消除不同传感器间的误差,由 TM 的波段反射率和反照率计算对应 MODIS 像元 1km 尺度的三种反照率,分别为对应 MODIS 像元平均的 TM 反照率,利用辐射度原理计算的具有子像元地形影响的反照率作为尺度校正前反照率,及基于式(7.73)估算的黑空反照率作为尺度校正后反照率。

图 7.27(a)、(b)分别显示了上述三种反照率的散点图,其中实线表示 1∶1 比例线。如果样点分布越接近 1∶1 线,说明两者越接近。可以看出,经尺度校正后的反照率与平均 TM 反照率接近,两者的相关系数从 0.79 提高到了 0.91,对应的均方根误差从 8.79% 减小到 3.82%。

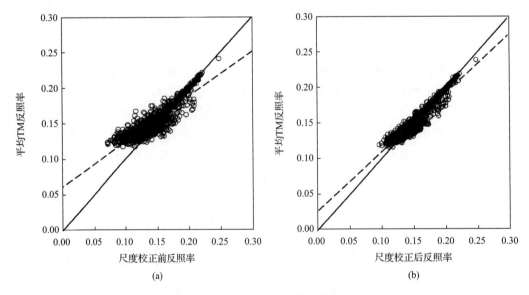

图 7.27 平均 TM 反照率与辐射度计算的反照率和尺度校正后反照率的散点图

7.6 小　结

目前业务化运行的地表二向反射和反照率遥感反演模型以平坦均一的地表为条件,山区陆表二向反射特性遥感建模还处于一个相对不成熟的阶段。本章探讨了两种分辨率尺度(像元尺度和子像元尺度)地形影响,针对山区陆表二向反射率和反照率的精确估算形成了初步的理论体系。

山地辐射传输遥感机理一直是遥感科学研究的前沿。山区地形对陆表二向反射特性的影响是太阳-地形-传感器三者间大气和陆表复杂相互作用的结果，我们在像元尺度地形影响中充分考虑了地气的多次相互作用，但在像元内地形影响的研究中，目前仅阐述了太阳直接辐射对于像元二向反射特性的影响，而忽略了天空漫散射和周围地形反射辐射，因此还是一个山区低分辨率遥感像元二向反射模型的雏形。全面刻画地形特征及对遥感像元二向反射特性的影响，需要结合大气模型、地表二向反射模型以及 DEM，精确估算山区多空间尺度的二向反射及其他陆表参数。

参 考 文 献

Buhl D, Welch W J, Rea D G. 1968. Reradiation and thermal emission from illuminated craters on the lunar surface. Journal of Geophysical Research, 73(16): 5281-5295

Chen Y, Hall A, Liou K N. 2006. Application of three-dimensional solar radiative transfer to mountains. Journal of Geophysical Research, 111: D21111. DOI: 10.1029/2006JD007163

Christophe M, Xavier B, Yann H K, et al. 2000. Radiative transfer solution for rugged and heterogeneous scene observations. Applied Optics, 39(36): 6830-6846

Cihlar J, Latifovic R, Chen J, et al. 2004. Systematic correction s of AVHRR image composites for temporal studies. Remote Sensing of Environment, 89: 217-233

Danaher T, Wu X L, Campbell N. 2001. Bi-directional reflectance distribution function approaches to radiometric calibration of Landsat ETM+ imagery. Geoscience Remote Sensing Symposium, IEEE International

Duguay C R. 1992. Estimating surface reflectance and albedo from Landsat-5 thematic mapper over rugged terrain. Photogrammetric Engineering & Remote Sensing, 58: 551-558

Dymond J R, Shepherd J D. 1999. Correction of the topographic effect in remote sensing. Transactions on Geoscience and Remote Sensing, IEEE, 37(5): 2618-2620

Ekstrand S. 1996. Landsat TM-based forest damage assessment: correction for topographic effects. Photogrammetric Engineering and Remote Sensing, 62: 151-161

Gemmel F. 1998. An investigation of terrain effects on the inversion of a forest reflectance model. Remote Sensing of Environment, 65 (2): 155-169

Gratton D J, Howarth P J, Marceau D J. 1993. Using Landsat-5 thematic mapper and digital elevation data to determine the net radiation field of a mountain glacie. Remote Sensing of Environment, 43: 315-331

Gu D, Gillespie A R, John B A, Robin W. 1999. A statistical approach for topographic correction of satellite images by using spatial context information. Transactions on Geoscience and Remote Sensing, IEEE, 37(1): 236-246

Gu D, Gillespie A R. 1998. Topographic normalization of Landsat TM images of forest based on subpixel sun-canopy-sensor geometry. Remote Sensing of Environment, 64: 166-175

Hansen L B, Kamstrup N, Hansen B U. 2002. Estimation of net short-wave radiation by the use of remote sensing and a digital elevation model-a case study of a high arctic mountainous area. International Journal of Remote Sensing, 23(21): 4699-4718

Hapke B. 1993. Theory of Reflectance and Emittance Spectroscopy. New York: Cambridge University Press

Hay J E. 1993. Calculation of solar radiation incident on an inclined surface. Renewable Energy, 3(4-5): 373-380

Helbig N, Löwe H, Lehning M. 2009. Radiosity approach for the shortwave surface radiation balance in complex terrain. Journal of the Atmospheric Sciences, 66: 2900-2912

Holben B N, Jusice C O. 1980. The topographic effect on spectral response from nadir-pointing sensors. Photogrammetric Engineering and Remote Sensing, 46: 1191-1200

Holben B N, Jusice C O. 1981. An examination of spectral band ratio to reduce the topographic effect on remotely-sensed data. International Journal of Remote Sensing, 2: 115-123

Li F, David L, Medhavy T, et al. 2012. A physics-based atmospheric and BRDF correction for Landsat data over mountainous terrain. Remote Sensing of Environment,124:756-770

Liang S L. 2002. Quantitative Remote Sensing of Land Surface. NewYork: Wiley-Interscience,318-328

Matzinger N,Andretta M,van Gorsel E,et al. 2003. Surface radiation budget in an Alpine valley. Quarterly Journal of the Royal Meteorological Society,129:877-895

Minnaert M. 1941. The reciprocity principle in Lunar photometry. Astrophysical Journal ,93,403-410

Oliphant A J,Spronken-Smith R A,Sturman A P,et al. 2003. Spatial variability of surface radiation fluxes in mountainous terrain. Journal of Applied Meteorology,42,113-128

Openshaw S. 1984. Ecological fallacies and the analysis of area census data. Environment and planning A,16:17-31

Oren M,Nayar S. 1995. Generalization of the lambertian model and implications for machine vision. International Journal of Computer Vision,14:227-251

Proy C,Tanre D,Deschamps P. 1989. Evaluation of topographic effects in remotely sensed data. Remote Sensing of Environment,30(1):21-32

Richter R,Schläpfer D. 2002. Geo-atmospheric processing of. airborne imaging spectrometry data:Part 2. Atmospheric/topographic correction. International Journal of Remote Sensing,23(13):2631-2649

Richter R. 1997. Correction of atmospheric and topographic effects for high spatial resolution satellite imagery. International Journal of Remote Sensing,18(5):1099-1111

Sandmeier S,Itten K. 1997. A physically-based model to correct atmospheric and illumination effects in optical satellite data of rugged terrain. Transactions on GeoScience and Remote Sensing,IEEE,35(3):708-717

Schaaf C B,Li X W,Strahler A H. 1994. Topographic effects on bidirectional and Hemispheric reflectance calculated with a geometri-optical canopy model. Transactions on Geoscience and Remote Sensing,IEEE,32(6),1186-1193

Scott A S,Derek R P. 2005. SCS+C:A modified sun-canopy-sensor topographic correction in forested terrain. Transactions on Geoscience and Remote Sensing,IEEE,43(9):2148-2150

Shepherd D,Dymond J R. 2003. Correcting satellite imagery for the variance of reflectance and illumination with topography. International Journal of Remote Sensing,24(17):3503-3514

Smith J A,Lin T L,Ranson K J. 1980. The Lambertian assumption and Landsat data. Photogrammetric Engineering and Remote Sensing,46:1183-1189

Teilet P M,Guindon B,Goodenough D G. 1982. On the slope-aspect correction of multispectral scanner data. Canada Journal of Remote Sensing,8(2):84-106

Torrance K E,Sparrow E M. 1967. Theory for off-specular reflection from roughened surfaces. Optical Society of American,57(9):1105-1114

Wang J,White K,Robinson G J. 2000. Estimating surface net solar radiation by use of Landsat-5 TM and digital elevation models. International Journal of Remote Sensing,21(1):31-43

Wang K C,Zhou X J,Liu J M,et al. 2005. Estimating surface solar radiation over complex terrain using moderate-resolution satellite sensor data. International Journal of Remote Sensing,26(10):47-58

Wen J G,Liu Q,Liu Q,et al. 2009a. Parametrized BRDF for atmospheric and topographic correction and albedo estimation in Jiangxi rugged terrain,China. International Journal of Remote Sensing,30(11):2875-2896

Wen J G,Liu Q,Liu Q H,et al. 2009b,Scale effect and scale correction of land-surface albedo in rugged terrain. International Journal of Remote Sensing,30(20):5397-5420

Wen J G,Liu Q,Tang Y,et al. 2015. Modeling land surface reffectance coupled BRDF for HJ-1/CCD date of rugged terrain in Heihe river basin,China. Journal of Selected Topics in Applied Earch Observations and Remote Sensing,IEEE,DOI:10. 1109/JSTARS. 2005. 2416254

Wen J G,Zhao X J,Liu Q,Tang Y,Dou B C. 2014. An improved land-surface albedo algorithm with DEM in rugged terrain. IEEE Geoscience and Remote Sensing Letters,11(4):883-887

第8章 全球陆表反照率遥感产品及其真实性检验

陆表反照率遥感产品具有全球覆盖和周期观测的特点,可提供 500m～20km 不同空间分辨率、日周期到月周期不同时间分辨率的产品,这种不同时空尺度的反照率遥感产品在地球系统科学研究中发挥了重要作用。但陆表反照率遥感产品受数据源和模型算法的直接影响,具有一定的误差。只有独立开展其产品的真实性检验,全面评价其精度、稳定性和适用性,才能提高反照率遥感产品的定量化应用水平,进一步推动和扩展反照率遥感产品的应用深度和广度。

本章介绍目前在轨运行主要卫星的地表反照率遥感产品主要算法,对比分析这些产品的特点和一致性,并就反照率产品真实性检验的主要方法及不确定性做了详细的论述。根据反照率观测的特点,形成移动观测式反照率测量和无线传感器网络反照率测量两种像元尺度反照率相对真值获取方法,为获取反照率产品质量评价所需的数据源提供重要技术支撑。

8.1 全球陆表反照率遥感产品及一致性评价

8.1.1 全球主要陆表反照率产品

随着卫星遥感的发展,极轨卫星宽视场传感器、极轨卫星多角度传感器和静止卫星圆盘视场传感器的可见光近红外数据已成为短波陆表反照率产品生产的主要数据源,针对这些不同传感器数据发展了地表二向反射特性和反照率的模型算法,并开展了不同层次的地面验证(Russell et al. , 1997; Liang et al. , 2002; Lucht et al. , 2002; Schaaf et al. , 2002; Liang, 2003)。

目前全球的反照率产品算法主要包括以下三种方法。

1. 地气分离算法

地气分离算法是指对卫星传感器接收的大气层顶辐射亮度先进行大气校正得到地表的方向反射率,然后基于陆表二向反射模型反演模型参数,拟合地表二向反射特性,并对二向反射模型进行半球和波段积分得到宽波段反照率。地气分离算法是当前陆表遥感反照率产品的主流算法,采用的二向反射模型通常为核驱动模型(可参考 2.5.3 节关于此模型的介绍),如 MODIS(Strahler et al. , 1999; Lucht et al. , 2000; Schaaf et al. , 2002)、POLDER(Lacaze, 2006; Lacaze and Maignan, 2006)、CYCLOPES(Geiger and Samain, 2004)、Geoland 1 和 2(Lacaze, 2002; Lacaze, 2011)等反照率产品采用了该模型算法。在地表方向反射率观测角度信息不足的情况下,一种方法是通过引入 BRDF 先验知识,增加地表二向反射特性的信息量,可提高估算地表二向反射和反照率的精度,如 MERIS 反照率产品算法(Muller et al.,2007)、MODIS 反照率产品的备份算法等;其二是利用多传感器综合反演地表二向反射率和反照率,如 GlobAlbedo 产品采用了多种传感器的窄波段地表反射率进行统一宽波段地表反射率转换,然后基于宽波段地表反射率反演地表二向反射特性和反照率。

2. 地气耦合算法

地气耦合算法假设短时间内大气和地表状态都保持不变,直接利用大气层顶的多角度观测数据来求解地表-大气辐射传输过程。该方法适用于短时间内获取多角度数据的传感器,如极轨卫星多角度传感器 MISR,可以在同一时间内获取 9 个观测角度的数据(Diner,1999)。在忽略临近效应和大气参数已知条件下,通过 9 个角度大气层顶的半球方向反射率大气校正得到地表半球方向反射率和双半球反射率(即白空反照率)。然后基于地表的半球方向反射率,分离出 9 个角度的方向反射,通过与 MPRV 二向反射模型拟合,由 MPRV 模型在观测方向半球积分获取黑空反照率(Diner et al.,1999;Schaaf et al.,2008)。

静止气象卫星可以对地面短时间内多次观测获取不同太阳入射下的反射信息,如 Meteosat 卫星的传感器反照率算法基于 PRV 模型,先给定系列气溶胶光学厚度和典型地表散射特性参数值,通过 PRV 模型模拟各参数不同取值情况下的大气层顶 BRF,由模拟的 TOA BRF 与实际测量 TOA BRF 计算代价函数来确定最优解,最后由最优解中的 PRV 模型参数进行角度积分和窄宽波段转换可得到反照率(Pinty et al.,1998,2000)。

3. 直接算法

通过建立单一角度下的大气层顶反射率/地表反射率与地表反照率的经验数学关系,由大气层顶反射率/地表反射率直接估算地表反照率(Liang,2003;Liang et al.,2005;Cui et al.,2009;Qu et al.,2013)。常见的 Landsat/TM,HJ/CCD 等卫星传感器数据,限于观测角度少,很难利用二向反射模型估算反照率。因此,直接算法为角度数据不足条件下估算反照率提供了一种简单有效的途径。同时这种算法具有提高反照率产品时间分辨率的特点,如 MODIS,每天都可以覆盖全球获得地表反射率,用 MODIS 反射率产品直接估算全球地表反照率,可以提供时间分辨率为 1 天的反照率产品(刘强等,2010;Qu et al.,2013)。

目前这些算法部分已业务化用于估算陆表反照率遥感产品的生产(表 8.1),根据卫星传感器类型,可将反照率产品分为极轨卫星宽视场传感器估算的反照率产品,如 MODIS 和 MERIS 反照率产品(Lucht et al.,2000;Schaaf et al.,2002;Muller et al.,2007);极轨卫星多角度传感器估算的反照率产品,如 MISR 和 PODLER 反照率产品(Lacaze,2006;Lacaze and Maignan,2006),和由静止气象卫星传感器估算的反照率产品,如 MSG 反照率产品。部分科学计划也提出了利用多种卫星的传感器数据综合反演全球尺度的反照率,如 CYCLOPES 中的反照率产品(Geiger and Samain,2004),Geoland1/2 反照率产品(Lacaze,2002;Lacaze,2011)等。我国在 863 计划项目支持下于 2012 年底面向全球发布了 GLASS 反照率产品,时间覆盖从 1981 年至 2010 年,时间分辨率 8 天,空间分辨率 1km 和 5km(Qu et al.,2013)。

表 8.1　全球(陆地)反照率与 BRDF 产品

	传感器	时间范围/年	时间分辨率	空间分辨率	BRDF 模型	BRDF 产品
极轨卫星宽视场传感器	MODIS	2000～	8d	500m,1km,0.05°	核驱动模型	有
	MERIS	2002～2006	16d,30d	0.05°	核驱动模型	无
极轨卫星多角度传感器	MISR	2000～	1m 1q	0.5°	MPRV	无
	POLDER	1996～1999, 2003,2005～	10d	6km	核驱动模型	有
静止气象卫星圆盘视场传感器	MFG/MVIRI	1982～2006	10d	3km	PRV	无
	MSG/SEVIRI	2006～	5d,30d	3km	核驱动模型	有
CYCLOPES	SPOT/VEG,NOAA/ AVHRR,ADEOS/ POLDER,ENVISAT/ MERIS,MSG/SEVIRI	1997～2002	10d	1～8km	核驱动模型	无
Geoland1/2	SPOT/VEG	1999～	10d	1km	核驱动模型	无
GLASSAlbedo	AVHRR,MODIS	1981～2010	8d	1km,0.05°	单一角度经验关系	无
GlobAlbedo	(A)ATSR(2),MERIS, SPOT/VEG	1998～2011	8d,30d	1km,0.05°, 0.5°	核驱动模型	无

注:MFG,MSG 覆盖范围欧洲、北非、南非、南美、时间分辨率 d=day,m=month,q=quater。

8.1.2　全球反照率产品比较

我们选择国际通量站点中 Bondville 站点代表农作物、Nezer 站点代表森林、Laprida 站点代表草地、Cele 站点代表沙漠、NASA-E 站点代表冰雪和北京城区站点代表城市地表共六种典型地表类型,比较 2006 年的 MCD43B3、GLASSAlbedo、GlobAlbedo 及 POLDERAlbedo 产品的黑空反照率和白空反照率的产品差异。其中,MCD43B、GlassAlbedo、GlobAlbedo 反照率产品时间分辨率为 8 天,空间分辨率为 5km。POLDERAlbedo 反照率产品时间分辨率为 10 天,空间分辨率为 6km。在这些产品空间和时间一致的情况下,以 MCD43B3 反照率产品为基准,计算其他反照率产品与 MCD43B3 反照率产品的均方根误差(RMSE)。图 8.1 显示了四种反照率产品在六种典型地表类型下的黑空反照率差异,可以看出,各反照率产品在时间序列变化上趋势较为一致,作物、草地、沙漠地表类型的反照率值接近,而在城市、冰雪等地表类型各种产品反照率值偏差较大。

从表 8.2 中统计的 RMSE 看,GLASSAlbedo 与 MCD43B3 反照率产品的 RMSE 在针叶林、草地、沙漠地表类型条件下较小,其原因是两者使用的数据都是 MODIS 地表反射率,在地表相对均一情况下,两者具有较好的一致性,在城市和冰雪地表 RMSE 较大,但都在 0.05 之内。GlobAlbedo 与 MCD43B3 反照率产品相比,使用的数据源不同,算法有差异,两者的 RMSE 在针叶林及草地较小,吻合度较高,但在沙漠地表 1 月至 3 月出现较大偏差,在冰雪地表 RMSE 更高达 0.15。POLDERAlbedo 与 MCD43B3 反照率产品

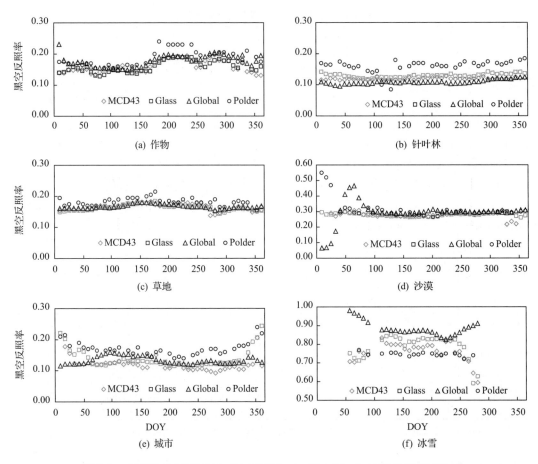

图 8.1　典型像元 MCD43B3、GLASSAlbedo、GlobAlbedo 和 POLDERAlbedo
黑空反照率产品时间序列图(2006 年)

利用的数据源不同,但算法类似,除城市地表的反照率 RMSE 较大外,其他地表类型下的 RMSE 小于 0.05。因此,在不同的地表类型下,各陆表反照率产品存在差异,特别是在地表异质性相对较大的城市和冰雪地表表现尤为突出。利用 MCD43B3、GLASSAlbedo、GlobAlbedo 及 POLDERAlbedo 的反照率产品对比分析发现,相对于反照率产品 0.05 的绝对精度要求(Henderson-Sellers and Wilson,1983)而言,它们之间的差异性不能忽略。

表 8.2　典型植被各个反照率产品与 MODIS MCD43B3 产品比较的 RMSE

像元 (站点)	地表覆盖	纬度	经度	GlassAlbedo BSA	GlobAlbedo BSA	POLDERAlbedo BSA	GLASSAlbedo WSA	GlobAlbedo WSA	PolderAlbedo WSA
Bondville	作物	40.01°N	88.29°W	0.028	0.026	0.034	0.027	0.033	0.034
Nezer	针叶林	44.57°N	1.04°W	0.013	0.012	0.046	0.013	0.013	0.045
Laprida	草地	36.90°S	60.55°W	0.007	0.008	0.021	0.009	0.012	0.023
Cele	沙漠	37.30°N	80.80°E	0.020	0.061	0.042	0.020	0.071	0.043
北京	城市	39.90°N	116.40°E	0.031	0.028	0.054	0.030	0.032	0.055
NASA-E	冰雪	75.00°N	30.00°W	0.043	0.150	0.045	0.040	0.154	0.049

8.2 地表反照率产品真实性检验方法

任何测量都需要精度检验,遥感作为一种宏观观测手段,其产品必然也需要真实性检验。只有在真实性检验的基础上对各种遥感产品的精度给出定量评价,才能进一步提高遥感定量化水平,使遥感产品真正成为地球系统科学和全球变化等重要科学研究的可靠信息源,才能提高应用的精度和扩展应用的广度(吴小丹等,2015)。

真实性检验是指通过将遥感反演产品与能够代表地面目标相对真值的参考数据(如地面实测数据、机载数据、高分辨率遥感数据等)进行对比分析,正确评估遥感产品的精度,而且要让应用者相信这种精度(Zhang et al.,2010)。国际上很多机构成立了真实性检验工作小组或者遥感产品真实性检验计划,如美国 NASA 的 MODIS 陆地产品(MOD-LAND)真实性检验小组、欧空局的欧洲陆地遥感仪器验证计划(validation of land european remote sensing instruments)、国际卫星对地观测委员会(The Committee on Earth Observation Satellite,CEOS)的数据定标与真实性检验工作组和 BELMANIP(benchmark land multisite analysis and intercomparison of products)计划,这些工作组和计划对陆表遥感产品的真实性检验起到了重要的推动作用。

如 8.1 节所述,每种传感器反照率产品都有自己的不同精度,同一产品在不同的地表类型条件下也有不同的精度,因此,陆表反照率作为影响地表能量平衡中的一个重要因子,其产品的精度和质量需要经过真实性检验,以保证产品达到用于地球系统科学和全球变化研究中绝对误差小于 0.05 的精度要求(Henderson-Sellers and Wilson,1983;Sellers,1993)。在分析总结地表反照率产品真实性检验方法基础上,通过开展像元尺度地表反照率相对真值的获取技术研究,设计有效的地面观测试验,开展地表反照率产品真实性检验应用示范,以便读者进一步了解地表反照率的野外观测技术及其如何用于反照率遥感产品精度验证。

8.2.1 反照率产品真实性检验方法

陆表反照率产品真实性检验方法最常用的有直接验证和交叉验证两种方法,这两种方法相互补充,各有特色。利用像元尺度地表观测的反照率相对真值,验证陆表反照率产品的精度,这种方法可称为直接验证。如果缺乏地表观测的反照率数据,一般可通过现有已知精度的地表反照率产品,开展交叉验证。当然,还有一种间接的验证方法,通过已知较高精度的模型或模式,以待验证的反照率产品作为输入,通过模型或模式输出得到地表观测数据可验证的变量,从而达到间接验证反照率产品精度的目的,这种方法称为间接验证。无论何种方法,验证陆表反照率产品精度往往需要经过大量数据的统计,因此,反照率数据需要覆盖不同地表类型和一定时间周期,以能全面反映陆表反照率产品的精度和稳定性。

1. 直接验证

直接验证即通过对地面测量数据、站点网络观测数据、高分辨率机载或卫星数据进行处理得到像元尺度的"相对真值",与遥感产品直接进行对比,验证和评价遥感产品的精度。反照率相对真值的获取方法可以归类为基于地表分类测量数据方法(Barnsley et al. ,2000)、基于台站数据的代表性检验方法(Jin,2003)与基于人工测量数据到高空间分辨率数据的逐级升尺度方法(Liang et al. ,2002;Susaki et al. ,2007)等。在很多验证工作中,高空间分辨率数据信息都起到了重要作用,可作为地面数据与卫星数据之间尺度转换的桥梁(Liang et al. ,2002),或作为卫星像元内部反照率分布信息源(Román et al. ,2009;Cescatti et al. ,2012)等。

地面观测数据、高分辨率数据及待验证低分辨率反照率产品之间的尺度匹配始终是直接验证中的关键问题,是验证方法发展的主线。针对异质性地表,Barnsley 等(2000)提出了一种基于地表类型面积比进行升尺度的方法,用辐射表测量地表反照率的同时,借助广角相机获取相同视场的半球影像,然后统计视场内不同种地表覆盖类型的组分比例作为权重,建立观测的反照率与地表覆盖组分比之间的线性回归关系,认为回归系数代表了各地表组分的反照率信息。利用高分辨率影像获取各种地表组分的面积比例,将此回归关系外推应用到 1km 分辨率尺度上,并通过经验函数将反照率值校正到当地正午时天顶角以验证陆表反照率产品。Lucht 等(2000)在相同思路上提出了一种更为简单可操作的流程化验证方法,利用高分辨率影像对 1km 像元范围内地表,基于 10 维特征空间的非监督方法进行分类,通过影像解译将分类后的地块聚合成三种地表类型(灌木与土壤、草地、草地与土壤),地面测量获取各类反照率,再通过对各类反照率面积加权平均聚合到 1km 分辨率像元尺度,从而验证陆表反照率产品。

如果是均一地表,空间分辨率的不同对陆表反照率采样带来的影响可以忽略(Liang et al. ,2002;Jin,2003;Susaki et al. ,2007)。Jin(2003)根据 ETM+反照率数据,分析了 MODIS 像元内部反照率的均一性,对于反照率均一分布的像元,可用地面台站测量的反照率数据与陆表反照率产品直接比较。而对反照率非均一分布的像元,则用 ETM+反照率的均值作为 MODIS 像元的反照率验证值,其中采用的评价指标是直方图、方差及均值与测量值之差。Susaki 等(2007)基于同样的思路,先用点测量的反照率值与高分辨率反照率均值比较,并用半方差统计分析了 MODIS 像元内地表的异质性,判断是否均一,并探究了尺度效应对验证结果的影响。研究结果表明对于均一区域,由于尺度影响带来的不同分辨率反照率差异可以忽略。

在像元区域内反照率均一性与站点代表性评价的过程中,半方差是一个重要的变量,是定量遥感产品分析与质量评价的重要工具之一(Matheron,1963;Davis and Sampson,1986;Isaaks and Srivastava,1989;Carroll and Cressie,1996;Curran and Atkinson,1998)。Román 等(2009)扩展了半方差在 MODIS 反照率验证中的应用,基于半方差评价了站点数据对千米级像元覆盖区域的代表性。这种方法综合了地表固有生物物理属性信息,与空间统计参数组合,构建不同的指数来描述区域内反照率变化与空间相关性。基于 ETM+高分辨率影像,统计得到站点区域的半方差函数,进而了解一个站点的反照率测量数据是否能够直接与反照率产品比较,并将像元区域内异质性作为反照率产品各像元不确定性的评价指标之一。

CEOS/LPV(the Committee on Earth Observation Satellites/ Land Product Validation)针对定量遥感产品提出的第二阶段验证目标,利用广泛分布的站点对目标参数产品

验证。Cescatti 等(2012)基于 Román 等(2009)提出的半方差评价方法，从 FLUXNET 观测网络中筛选出 53 个具有代表性的站点，基于这些站点的评价结果表明 MODIS 反照率产品和地面测量的反照率数据之间相关性系数可到 0.82。对不同植被类型的季节变化特征分析，发现森林站点反照率的反演值与地表观测值匹配度很高。相反，非森林覆盖的站点(草地、热带稀树草原、农田)相对于地面测量值偏低。根据对高分辨率反照率统计得到的半方差参数分析，草地和农田的验证误差与场景的破碎程度有关。

无论是考虑像元内地表覆盖是否均一还是站点数据是否有代表性，都是为了克服地面站点观测的反照率和 MODIS 像元(500~1000m)反照率之间的尺度差异问题。Liang 等(2002)将高分辨率反照率数据作为地面测量反照率数据与陆表低分辨率反照率产品之间尺度转换的桥梁以降低尺度差异，使反照率在相近的尺度中逐级验证。通过地面实地测量的反照率对覆盖研究区的 ETM＋ 30m 分辨率的反照率产品进行纠正，并将 ETM＋反照率取均值聚合到 MODIS 像元尺度作为其验证值。基于多尺度验证的方法，焦子锑等(2005)利用机载多角度遥感数据反演得到反照率作为中间桥梁，基于地面气象台站实测反照率数据对 MODIS 反照率产品进行了验证。

Zhang 等(2010)基于高分辨率数据作为尺度转换桥梁的思想，提出了一套定量遥感产品真实性检验的理论与方法。由于验证工作中遥感参数绝对真值的不可获取性，定义了建立在相对均匀度上的相对真值。并提出"一检两恰"的真实性检验流程，即采用以地表反照率观测值直接验证待检验反照率产品的反演模型，对比分析验证星-机-地多级反照率产品尺度转换后的一致性，包括地面和航空的同面积同模型的一致性及航空和卫星的同面积同模型的一致性。

2. 交叉验证

交叉验证是利用已知精度的同类遥感产品对待检验遥感产品进行验证的方法(Nightingale et al. ,2008)。交叉验证有助于评价不同产品之间的一致性，在各种尺度反照率产品的验证中被广泛应用。与直接验证方法不同，交叉验证综合反映的是反照率产品的相对精度，验证中解决的关键问题是如何使验证数据与待验证产品在时间和空间尺度上相匹配。

Jin (2003)将 MODIS 反照率与 AVHRR 和 ERBE(earth radiation budget experiment observations)的反照率数据进行了比较，偏差分别为 0.016 和 0.034。Salomon 等(2006)在验证 Aqua 和 Terra 联合反演得到的反照率产品 MCD43B3 时，用 Terra 反照率数据与之做对比，二者之间的 RMSE 为 0.013，偏差约为 0.02。Hautecoeur 和 Roujean (2007)将 POLDER 反照率与多种反照率产品进行了比较，包括气候模型模拟的反照率和其他卫星反照率产品。结果表明，POLDER 反照率产品和 MODIS 反照率产品最为接近。Chen 等(2008)用 MODIS 反照率对 MISR 反照率进行了验证，除了在一些冰雪站点外，MISR 黑空反照率与 MODIS 黑空反照率均很接近。

对于更大尺度的 CERES(clouds and the earth's radiant energy system)反照率产品，Rutan 等(2009)将 MODIS 反照率基于点扩散函数进行升尺度后作为其验证的参考值，相对误差约为 MODIS 反照率值大小的 2.5%。

8.2.2 地表反照率真实性检验不确定性分析

在直接验证中,基于高分辨率数据的逐级验证是目前陆表反照率遥感产品真实性检验的主要方法,即利用地面观测数据验证高分辨率反照率,通过高分辨率反照率的尺度转换,聚合到与低分辨率反照率产品相当的空间尺度,得到与待检验产品对应的反照率像元真值。由于像元尺度相对真值的获取受地面测量、用作尺度转换桥梁的高分辨率反照率精度和几何配准误差等多种不确定性因素的影响,不可避免存在误差。因此通过分析地表反照率真实性检验中的不确定性,发展估算不确定性的方法并减小不确定性,是提高陆表反照率遥感产品真实性检验可信度的重要工作。

1. 不确定性主要来源

在基于不确定性最小原则的多尺度验证方法中,估计像元尺度验证值的不确定性是前提,不确定性主要来源于验证参考数据。图 8.2 表示了低分辨率反照率像元相对真值获取过程中,考虑了地面测量值的不确定性、高分辨率反照率值的不确定性、几何配准的不确定性及地形效应引起的不确定性,并在验证中试图减小这种不确定性。

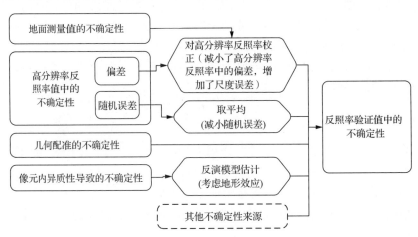

图 8.2 不确定性来源及对验证值不确定性的贡献
左侧方框表示验证中主要的不确定性来源,经过中间方框标示的处理流程后,
汇集到右侧方框表示的验证值中存在的不确定性

地面观测反照率与高分辨率反照率均具有不确定性。地面观测值中的不确定性受限于仪器的精度、测量中的操作误差与采样的代表性误差。当这几种误差源均得到有效控制时,地面观测中的不确定性最小。高分辨率反照率中的不确定性源自传感器的内在不确定性及后期处理过程:辐射校正、几何配准、大气校正与反演算法的误差。各种参考数据中的误差可从总体上分为系统偏差和随机误差。减少地面观测值系统偏差可通过使用前精确校正仪器与使用中合理操作并进行检查与校正,减少随机误差可通过重复测量。高分辨率反照率中的随机误差在升尺度(平均聚合)过程中可得到有效抑制,而偏差仍然存在。因此,需要通过地面观测值对高分辨率反照率产品中的偏差进行校正。

反照率升尺度中产生的不确定性主要由尺度效应和不同分辨率数据之间的几何配准

误差所导致。Wu 和 Li(2009)将尺度效应定义为"不同尺度数据间相同特征的差异性"。尺度效应主要取决于地表特征的异质性和反演算法的线性/非线性。

已有研究表明,反演模型的线性/非线性是决定尺度效应的关键因素之一。反照率通常基于线性模型反演得到。然而,即使是线性模型,在非均一光照(阴影或遮挡)或多次散射(光线与地表之间多次碰撞)的条件下,反射辐射也会发生变化。如复杂地形条件下,从 30m 到 1km 尺度转换中,地形是引起非均一光照和多次散射的主要原因。

与之不同的是,几何匹配误差所导致的不确定性独立于反演算法。几何匹配误差包括两种:一种是由几何配准中不正确的操作所致,不属于本书讨论范畴;另一种是几何匹配固有误差。由于遥感影像的基本单元是像元,在反照率产品生产中又经过多次重采样,因此低分辨率像元在亚像元尺度上的配准难以完全精确。这种不确定性会直接影响由高分辨率反照率获取的验证值精度。

2. 不确定性估计

综合考虑陆表反照率遥感产品真实性检验过程中不确定性来源,可以用一个公式抽象表达不确定性的总体估计,反映真实性检验过程中不确定性的大小。式(8.1)从概念上表示了验证值中不确定性的来源与组成,并给出了总体不确定性的估计方法。可以看出,估计的不确定性主要由四部分来源组成,即地面观测和利用地面观测验证高分辨率过程中的不确定性、高分辨率反照率升尺度到待检反照率产品的不确定性、高分辨率与待检反照率产品几何配准误差引起的不确定性和多种分辨率反照率尺度转换引起的不确定性:

$$\varepsilon_{tot}^2 = \varepsilon_{high}^2 + \frac{\eta_h^2}{m} + \varepsilon_{gm2}^2 + \varepsilon_{scale}^2 \tag{8.1}$$

$$\varepsilon_{high}^2 = b_{grd}^2 + \frac{\eta_{grd}^2 + \eta_h^2 + \varepsilon_{gm1}^2}{n} \tag{8.2}$$

$$\varepsilon_{scale}^2 = (t_1 \sigma_h^2 + t_2 \bar{a}^2) f_{topo} \tag{8.3}$$

式中,ε_{tot}^2 表示一个低分辨率像元反照率值总的不确定性。式(8.1)中第一项 ε_{high}^2 估计了高分辨率反照率经过地面观测值校正后仍存在的偏差;b_{grd}^2 指地面观测值中的偏差,在测量程序严格规范的情况下此项很小;η_{grd}^2 表示地面观测值中的随机误差;η_h^2 表示高分辨率反照率中的随机误差,在影像上基于多个地面样方与对应像元之间的平均偏差对高分辨率影像反照率校正时,对这部分误差进行第一次削弱,剩余部分可以通过经地面测量值校正后高分辨率反照率中仍存在的误差进行估计;ε_{gm1}^2 表示地面观测值与高分辨率反照率之间的几何匹配误差,大小取决于高分辨率影像几何校正精度与地面采样区的异质性;$\eta_{grd}^2 + \eta_h^2 + \varepsilon_{gm1}^2$ 表示利用地面测量值校正高分辨率反照率时引入的不确定性,大小随地面采样数目 n 的增加而减小。如果实际采样数目 n 较小,且高分辨率影像几何校正不够精确的话,ε_{gm1}^2 对整体不确定性的影响就不容忽视。

式(8.1)中第二项估计了高分辨率反照率中的随机误差在经过升尺度后对参考值总体不确定性的贡献。由于一个低分辨率像元中往往包含数百个高分辨率像元,经过升尺度中的平均聚合过程,对高分辨率反照率的随机误差进行第二次削弱,使这项误差减小到可忽略。

式(8.1)中第三项 ε_{gm2}^2 表示低分辨率反照率产品与高分辨率反照率之间几何匹配的

误差。遥感影像在几何校正前,其每个像元的瞬时视场可以通过中心位置和空间响应函数模拟。例如,MODIS level 1B 数据各像元的空间响应函数呈现三角形,给定的中心位置在垂直下视条件下误差小于 50m(Wolfe et al.,2002)。而几何校正后,受几何变换和重采样过程的影响,像元的空间响应关系复杂化。几何校正后影像上的一个像元,本质上是一个"名义像元",认为其中心位置对应像元格网中央。其信息来源于几何校正前的"原始像元",很可能并非规则的格网,中心响应位置也并不对应于"原始像元"的中心。因此,认为根据像元得到的信息实际对应地表位置和我们认为其对应的空间位置之间存在无法避免的偏移。例如,在几何校正中采用了最近邻重采样方法时,假如目标像元位于两个原始像元中间,则几何偏移量可高达 0.5 个像元。同时,在反照率反演中,常会在连续时间窗口内选择多天无云无雪反射率信息作为数据源,多次随机重采样过程的叠加使最终得到的反照率"名义像元"的空间响应函数难以进行正向模拟。因此,采用一种统计的方法对这种几何匹配的不确定性进行估计:用三种不同的空间响应函数(高斯、三角、矩形)模拟低分辨率反照率的空间响应函数特性(图 8.3),同时,将模板在上、下、左、右四个方向上均偏移半个像元模拟可能存在的几何偏移量,对所有 15 种模板和偏移量的组合分别利用高分辨率反照率计算出低分辨率反照率模拟值。计算这 15 个模拟值的标准差作为对几何偏差不确定性的估计值。

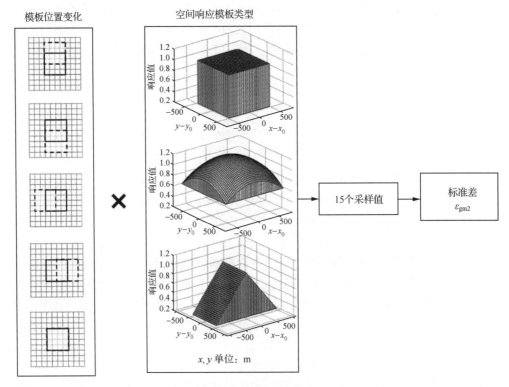

图 8.3　变换模板类型与空间位置估计几何不确定性

在左框中,实线方格代表 1km 反照率影像上各"名义像元"在标准坐标下的位置,虚线方格代表"原始像元"实际位置

　　式(8.1)中最后一项 ε_{scale}^2 是指尺度转换中存在的不确定性,可用半经验方法来估计。σ_h^2 反映低分辨率像元内部异质性,由包含高分辨率反照率的标准差估计。f_{topo} 是反映低分

辨率像元内地形特征的因子,定义为所有高分辨率像元坡度的平均值。非均一入射光的影响可用像元内反照率标准差(σ_h)与常系数 t_1 的乘积表达;多次散射效应可表达为高分辨率反照率平均值 $\bar{a}$ 和常系数 t_2 的乘积,t_1 和 t_2 可通过在模拟场景下回归获取;基于真实 DEM 构建研究区的模拟影像,大小、尺度、观测几何同于高分辨率影像。根据太阳位置和 DEM 可以计算出每个像元的实际太阳天顶角和方位角,根据 Wen 等(2009)提出的方法,可以估计出实际入射辐射。在地表类型已知反照率情况下,根据入射辐射与地表反射的乘积可以估计每个像元的实际出射辐射。考虑天空可视因子(Wen et al.,2009;Dozier and Frew,1990),将对应高分辨率像元的出射辐射聚合得到低分辨率像元尺度上的实际出射辐射,除以入射辐射可得到考虑地形影响的低分辨率反照率值。其与不考虑地形直接聚合得到的低分辨率反照率之间的差异被认为是尺度效应所造成的影响。当有足够数量的模拟值时,可根据式(8.3)回归得到 t_1 和 t_2。

3. 减小不确定性的方法

1)地面采样方法

在验证过程中,地面测量值主要用于校正研究区高分辨率反照率。而研究区至少覆盖 2×2 个低分辨率反照率像元,才能保证在像元几何配准精度为 0.5 像元时仍属于研究区范围内。

在每一个试验区内,布设多个样方以捕捉地表异质性。样方数目取决于实验区内地表的异质性。基本原则是需保证试验区每种地表类型至少包含一个样方,每一个样方至少覆盖 2×2 个高分辨率像元。在样方内进行多点重复采样,获取异质性的同时减小偶然误差的影响。

反照率随太阳天顶角而变化,采样策略的设计需在采样频率与观测时长之间达到一个平衡。在正午前后地表反照率相对平稳,是最佳的观测区间,因此尽可能在此期间完成测量。

2)高分辨率反照率的校正

高分辨率反照率相对于地面观测值的偏差取决于地面测量仪器的局限性及辐射校正、几何校正、大气校正与反演模型的误差。校正时,考虑到研究区内地面观测值的有限性与校正方法的稳定性,可采用零次方程,即单一偏移量对高分辨率像元进行校正。偏移量由整景高分辨率影像内所有地面观测对应像元统计获取,取地面观测反照率与高分辨率反演的真实反照率的平均偏差:

$$C = \frac{\sum\limits_{i=1}^{n}(\alpha_\mathrm{qt}(i) - \alpha_\mathrm{hq}(i))}{n} \tag{8.4}$$

式中,C 为校正所用的偏移量;a_qt 表示地面观测所得样方反照率;a_hq 表示对应的高分辨率像元反照率;n 指一个研究区内的样方数目。

3)基于不确定性的像元分级

在验证低分辨率反照率产品时,由于各像元的不确定性不同,对陆表反照率产品验证的精度也不同。因此,提出了像元分级的概念,即根据不确定的大小,将地面观测样区对应像元进行分级,分级验证陆表反照率遥感产品的精度。我们认为几何匹配不确定性 ε_{gm2} 与尺度转换不确定性 ε_{scale} 较小的像元更适于反照率产品的精度评价,将地面观测样区对应像元指定为 A 级像元。选择局部(3×3 个像元窗口)内 ε_{gm2} 最小且 ε_{scale} <3% 的像元组成 B 级像元,其余像元为 C 级像元。采用 A 级像元进行验证时,由于不确定性较小,真实性检验方法上可利用传统的直接验证方法,即将站点平均反照率与覆盖站点的低分辨率像元反照率进行比较。引入 B 级像元的目的在于保证验证精度可信性的同时将验证区域扩大到了站点以外的区域。C 级像元由于不确定性较大,尤其是没有考虑反照率升尺度中的非线性变化,不推荐用于反照率产品的精度评价。

根据 Liang 等(2002)的研究,在不确定性较小的情况下,将反照率从 30m 升尺度到 1km 呈线性关系。因此在升尺度时,采用了直接平均聚合的方法,将校正后的高分辨率反照率升尺度到 1km。在比较验证时,采用均方根误差 RMSE 与相关系数 R^2 评价低分辨率反照率产品的精度。

8.2.3 地表反照率观测

地表反照率一般通过辐射表测量短波辐射获取,即在地面的某一高度,用一个朝上的短波辐射表测量向下的太阳直接辐射和大气的天空漫散射(可用遮光环遮挡太阳直接辐射),用一个朝下的短波辐射表测量地面向上的半球反射辐射,两者之比即为当时的地表反照率。因此,辐射表的测量精度直接影响地表反照率的测量结果。在保证单点观测反照率的精度前提下,像元尺度的地表反照率观测,需要合理而有效地设计像元尺度上反照率的多点观测方案,通过数学关系将多点观测的反照率转换为像元尺度反照率的相对真值。在样点反照率测量规范基础上,提出像元尺度反照率测量的规范要求,提供移动测量反照率方法和基于无线传感器网络反照率测量方法。

1. 地表反照率单点测量

地表反照率单点测量,往往假定所选样区地表相对均一,用单点观测的反照率可以代表遥感反照率产品的像元尺度反照率。可将辐射表通过背向架设在离地面一定高度的三脚架或铁塔上进行观测,或者固定在一移动目标上,完成移动观测(图 8.4)。在测量过程中,需要保证测量区域的代表性,除对样点选择有要求外,对仪器的野外架设也有规范,通常要求满足以下几点:

图 8.4　反照率野外测量

（1）测量上行地表辐射与下行太阳辐射的辐射表分别安装在三脚架或铁塔的水平架两端或一端,保持水平架及辐射表水平;

（2）辐射表的架设高度与辐射表视场范围半径比约为 1:10,如图 8.5 所示;

（3）观测时间可从早晨 8 点开始到晚上 6 点结束,采集数据时间间隔可根据自身需要设置为 5s、10s、60s 等,并以自计设备自动记录;

（4）注意辐射表的温度使用范围;

（5）任何时候不可以触摸、拭擦辐射表的玻璃外壳;

（6）观测样地需地形平坦开阔,辐射表视场内无阴影遮挡。

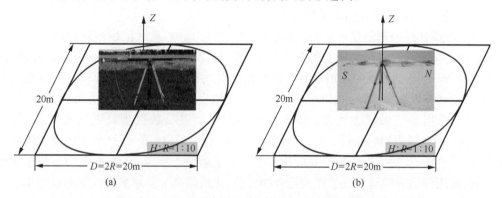

图 8.5　反照率测量装置的架设及其测量辐射表视场范围

目前验证中取自全球分布观测站网的反照率,如 FLUXNET、SURFRAD、BSRN、GC-Net 等反照率基本上是单点观测,这些网络相互之间有部分站点交叉,长期运行,可提供典型地表类型的反照率观测数据。

FLUXNET 是一个由分布于全球的通量塔组成的观测网络,综合世界各地通量观测站形成全球通量网络,包括美国的 AmeriFlux、欧洲的 CARBOEURO-FLUX、亚洲的 AsiaFlux、中国的 ChinaFlux、大洋洲的 OzNet 等。站点丰富,超过 500 个,覆盖了全球主要地表类型特征。FLUXNET 数据中部分站点可提供太阳短波辐射入射与出射的观测(每半小时的观测数据),可用于反照率产品的真实性检验。

SURFRAD(Surface Radiation Budget Observing Network)是美国的辐射平衡观测网,从1995 年起正式运行,由均匀分布于美国境内的六个代表性观测站点组成,代表了不同的气候区域。上下行太阳辐射是其主要观测参数之一,适用于遥感反照率产品的真实性检验。

BSRN(Baseline Surface Radiation Network)是以气候研究为主要目标的全球地表辐射通量数据网络,从 1992 年开始运行,现在站点超过 40 个。所提供数据中包括地球表面的短波波段辐射,时间分辨率为 1~3min。

GC-NET(Greenland Climate Network)是由 20 个分布于格陵兰岛的气象观测站点组成的观测网络,数据集从 1999 年起,提供一小时间隔的上行和下行短波辐射(基于 15s间隔的采样取平均),可用于冰雪地表的反照率产品验证。

2. 地表反照率多点采样

多点观测是获取异质性地表像元尺度反照率的重要手段。在许多大型试验中,选择面积 2×2 个像元大小的样方,通过优化的地表反照率采样方案,精细观测和准确度量像元尺度反照率相对真值。移动观测式反照率测量和无线传感器网络反照率测量是地表反照率多点采样的两种常用方式。移动观测式反照率测量是指利用 1 台反照率测量设备在预先设置好的样点上移动观测,达到获取像元反照率相对真值的目的,这种方式在测量所有样点时需要花费一定的时间,因此一般选择在反照率随时间变化相对较小的正午时刻观测。无线传感器网络反照率测量是指通过预先设定的样点上分别布设反照率测量设备,同步测量,达到获取像元尺度反照率相对真值的目的。这种方法虽然可以同步观测反照率,但由于仪器设备的不一致性,通常需要在测量实施前对所有观测设备统一标定。

1) 反照率地表移动式测量采样方案

移动观测式反照率测量一般要求在有限的观测样点内,最大限度地获取地表反照率的异质性特征。结合多尺度嵌套的观测方法,可引入高分辨率数据作为样点布设的中间尺度。以 MODIS 像元反照率产品真实性检验为例,引入较高分辨率的环境卫星(空间分辨率 30m)像元尺度反照率,在地面移动观测样点的设置上考虑以下几方面内容:对于均一区域,可采用系统采样方法,以 30m 分辨率的环境卫星数据为尺度转换的桥梁,在 2km×2km 的区域内均匀布设 3×3 个 60m×60m 的基本采样单元,每个采样单元内均匀采集 2×2 个样点,每个采样单元对应于 1 个环境卫星反照率像元(图 8.6(a));对于非均一区域,采用分层采样与系统采样相结合的方法,先根据高分辨率数据反演的反照率作为先验知识,基于直方图分布对区域内反照率进行分级,结合地表覆盖分类,在每一级各类地表中各设一个基本采样单元,采样单元内根据地块形状和可测量性综合确定布点规则(图 8.6(b))。在这些基本采样单元中,利用其中的一个单元进行自动化长时间观测,确定整个区域内所有样点观测过程中反照率是否随时间有明显变化。这种观测方式可以满足基于高分辨率数据的低分辨率反照率遥感产品的多尺度验证,亦可通过多点观测以某种数学关系升尺度至低分辨率像元进行直接验证。

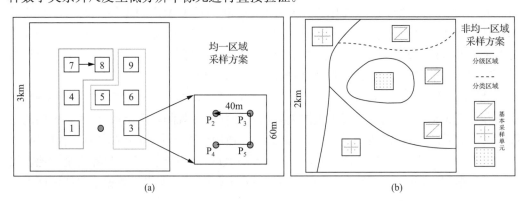

图 8.6　移动观测式反照率采样方案

2) 无线传感器网络反照率测量

无线传感器网络(wireless sensor network,WSN)集成了传感器技术、嵌入式计算、分布式信息处理与无线通信等技术,具有低成本、低能耗、数据自动获取与传输的特点,尤其适用于空间范围内多点、长时间序列的连续观测。传统的地表反照率测量,需要操作人员进入测量区域进行仪器的操作,成本高、效率低,无法满足长时间同步测量需求。基于无线传感器网络技术可以实现分布式的地表反照率的定量观测。

　　然而,考虑到仪器成本等问题,所谓地毯式的布点在实际应用中并不可行,通常需寻求最佳的反照率观测点数以尽可能满足异质性地表像元尺度反照率相对真值的观测,其中基于代表度的反照率观测样点布设方案是比较实用的。该方法利用高分辨率数据生产的时间序列高分辨率反照率影像作为先验知识,在研究区内选择具有局部均匀性的高分辨率像元作为候选点,评价各候选点对其余所有像元代表度的大小,选出代表度最高的点位作为观测点。在需要多个观测点时,后一个候选点代表度的计算考虑了已有点位的影响,减少了观测点相互之间的信息冗余,提高了观测仪器的利用率,保证了观测点之间的离散性。根据先验知识,建立代表点与像元尺度整体反照率之间的回归关系,经验证后可作为无线传感器网络观测向像元尺度反照率转换的关系,可保证像元尺度反照率获取的可靠性与实时性。

　　基于 WSN 观测验证千米级反照率产品,其优势在于易于获取长时间序列连续观测数据,观测数据处理快速简洁、实时性强。其问题在于点观测与面观测之间的尺度差异,常用的解决方法是用高分辨率反照率作为地面观测值与千米级反照率产品之间尺度转换的桥梁,然而在真实性检验业务化运行中,想要实时获取高分辨率反照率是难以实现的。希望能直接基于地面观测验证 1km 反照率产品,要解决的关键点是点观测对面观测的代表性。

　　高分辨率反照率影像各像元与地面观测尺度接近,在经过地面观测值验证后,足以提供千米级像元区域内反照率连续分布信息,选用恰当的代表性评价指标,可以从区域内所有高分辨率像元中优选出对整体反照率状况代表性最高的像元,在其覆盖范围内架设无线传感器保证具有代表性。以长时间历史高分辨率反照率序列影像为先验知识,建立所选点反照率值与整体反照率均值之间的线性回归关系,作为地面无线传感器点观测反照率到 1km 像元尺度反照率的尺度转换关系。

8.3　反照率遥感产品真实性检验试验

8.3.1　黑河试验

1. 试验设计

　　为了检验陆表遥感反照率产品精度验证方法的可行性和效果,遥感科学国家重点实验室遥感辐射传输研究室于 2011 年 7 月至 8 月在黑河流域设计并完成了一次像元尺度地表反照率观测试验。黑河流域是一个典型的中国西北地区的内陆河流域,地表景观以山地、森林、草原、绿洲和戈壁等为主。在流域的中下游选取 10 个以沙漠、绿洲、草地、戈壁和盐碱地覆盖为主的具有代表性的试验区域(图 8.7,表 8.3)进行研究,每个试验区域覆盖大约 3km×3km 的面积。在进行试验的 36 天中(图 8.8),除云雨等天气状况影响外,共有 10 天的晴天有效地面数据。通过设计合理有效的大尺度反照率观测试验,以 30m 尺度的环境卫星反照率为桥梁,尝试验证 1km 尺度的 MODIS 和 GLASS 反照率产品。

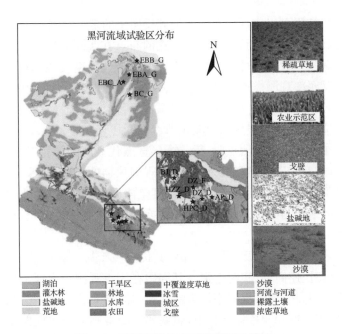

图 8.7 黑河流域地表反照率测量样区

左图显示了样区空间分布,右图显示了各地表类型实地拍摄照片

表 8.3 试验区列表

站点名称	站点 ID	经纬度	地表类型	测量日期/(月/日)
花寨子	HZZ_D	38.764°N,100.317°E	稀疏草地	7/29,8/27
党寨(A)	DZ_D	38.740°N,100.558°E	沙漠	7/31
党寨(B)	DZ_F	38.841°N,100.478°E	农业示范区	7/30
额济纳旗(A)	EBA_G	42.067°N,100.913°E	戈壁	8/2
额济纳旗(B)	EBB_G	42.377°N,101.148°E	戈壁	8/3
额济纳旗(C)	EBC_A	42.209°N,100.712°E	盐碱地	8/5
黑城	BC_G	41.608°N,100.920°E	戈壁	8/6
巴吉	BJ_D	38.925°N,100.260°E	稀疏草地	8/9
和平乡	HPC_D	38.715°N,100.472°E	稀疏草地	8/25
张掖机场	AP_D	38.751°N,100.701°E	稀疏荒漠	8/22,8/28

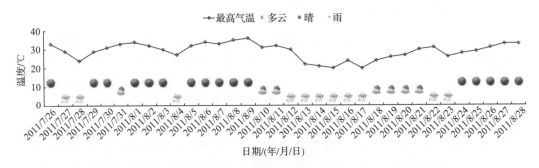

图 8.8 测量期间天气记录

在 10 个不同地表类型的试验区中,按 8.2.3 节阐述的移动观测式反照率采样方法观测

1km 像元尺度反照率,并同步观测大气的气溶胶光学厚度和水汽含量。在采样策略上充分考虑样区的地表异质性及当时的天气情况,部分站点采用图 8.6(a)所示样方位置选取 9 个样方进行采样,对于受环境限制的部分站点仅选取图 8.6(a)所示样方中的部分样方进行采样。其中,党寨沙漠相较其他站点更为均一,在 2011 年 7 月 31 日对其进行观测时选取了 6 个样方。2011 年 8 月 25 日在和平乡荒漠采样时,由于天空中云量较多,只在光照条件相对较好的有限时间内获取了 5 个样方的数据。在党寨农业示范区,由于区内分布有多种作物,为获取各植被类型的反照率信息,如图 8.6(b)所示,样方位置的设置依照地表类型分布。

每个样方的大小约为 $60m \times 60m$,是待验证的 30m 空间分辨率环境卫星反照率产品像元的 4 倍大小。每个样方内分布 4 个采样点(P2~P5),采样点间距为 40m,可以有效获取样方内的异质性信息。

地面观测中,用 Kipp&Zonen 公司的 CMP6 短波辐射计和 CNR4 净辐射计观测上下行辐射通量数据。仪器在每次观测前均调平以保证视场垂直向下,用两个 CMP6 型辐射计分别观测上下行辐射通量(图 8.9),单个 CNR4 净辐射计可同时观测上下行辐射通量(图 8.10)。在每个采样点的观测中,首次观测前等待约 20s 时间以使仪器内电流稳定。每个采样点重复观测 6 次以减小仪器观测偶然误差,将两个 CMP6 辐射计的位置上下调换后再重复观测 6 次以消除仪器间差异对反照率的影响。由于仪器对半球空间内的响应由视场角余弦决定,因此辐射计的高度决定其可观测地表范围。试验中,上行辐射通量观测中 90%的信息来源于以仪器为中心、直径为 8.7m 的圆形区域。由于地面观测尺度与环境卫星像元尺度间的差异较小,因此认为样方内 4 个采样点的反照率均值可作为对环境卫星反照率进行检验的地表反照率的真值。

图 8.9　CMP6 测量场景照片

用两组 CMP6 辐射计同步完成采样。在图 8.6(a)采样方案中,一组沿顺时针方向对样方 1、4、7、8 进行观测,另一组则顺序观测 3、6、9、5 四个样方。在样方 2 架设 CNR4 净辐射计进行持续观测以获取同步测量的反照率随太阳天顶角的变化特征。整个试验区域的观测以卫星过境时间为中心持续 3~4h。

2. 待验证产品

选择 MCD43B3 和 GLASS02A06 两种 1km 分辨率的反照率产品作为本次试验待检验的反照率遥感产品。其中,MCD43B3 是 MODLAND(MODIS Land)团队开发生产的

图 8.10　CNR4 测量场景照片

反照率产品,时间分辨率为 8 天,合成窗口为 16 天。

GLASS02A06 产品是由我国 863 计划支持的 GLASS 项目所研发的全球反照率产品。该产品以 Terra 和 Aqua 搭载的 MODIS 传感器数据为主要数据源,空间分辨率为 1km,时间分辨率为 8 天。产品的核心算法读者可参考本书第 5 章中关于基于二向反射先验知识的地表反照率遥感反演算法介绍。

环境卫星是我国自主研发的用于全天候持续动态监测环境和自然灾害的卫星。搭载的 CCD 相机可获得 30m 分辨率的红、绿、蓝三个可见光通道和一个近红外通道遥感影像,在轨运行的两颗卫星 A 和 B 联合获取 CCD 数据的重访周期小于 2 天。较高的时间和空间分辨率使 HJ/CCD 数据适于在验证中作为地面站点和 1km 分辨率产品间尺度转换的桥梁。对 HJ/CCD 数据进行大气和几何校正预处理,其中大气校正采用 6S 辐射传输模型,所需大气参数通过实地同步测量的太阳光度计数据获取;几何校正则是基于 WATER(watershed allied telemetry experimental research)试验数据库提供的精确匹配的 SPOT 影像校正完成。由于环境卫星 CCD 相机只能提供单一角度的反射率信息,所以用于反演 GLASS 反照率的 AB 算法对波段响应转换后也应用于 HJ 反照率的反演中。

3. 环境卫星反照率验证

图 8.11 显示了环境卫星反照率与各样方测量数据的比较结果。假设四天周期内地表状态在天气条件稳定的情况下不变,当天地面测量值缺失时可用相邻天数据对环境卫星反照率进行校正。比较结果显示基于 AB 算法反演的环境卫星反照率可以准确地反映地表反照率的变化情况,但在环境卫星反照率与地表反照率之间存在系统性偏差。

以地表观测的反照率数据作为环境卫星反照率的校正真值,根据 8.2.2 节中不确定性估计的方法去除偏差,校正环境卫星的反照率。图 8.12 显示了各样方环境卫星反照率与地面测量值之间的偏差与各样区内所有样方的平均偏差(实心菱形)。可知,多天内各样方反照率均值与环境卫星反照率间偏差的绝对值都小于 0.0206,经过校正后的环境卫星反照率(CHJ 反照率)更接近于地面反照率观测值(图 8.13)。

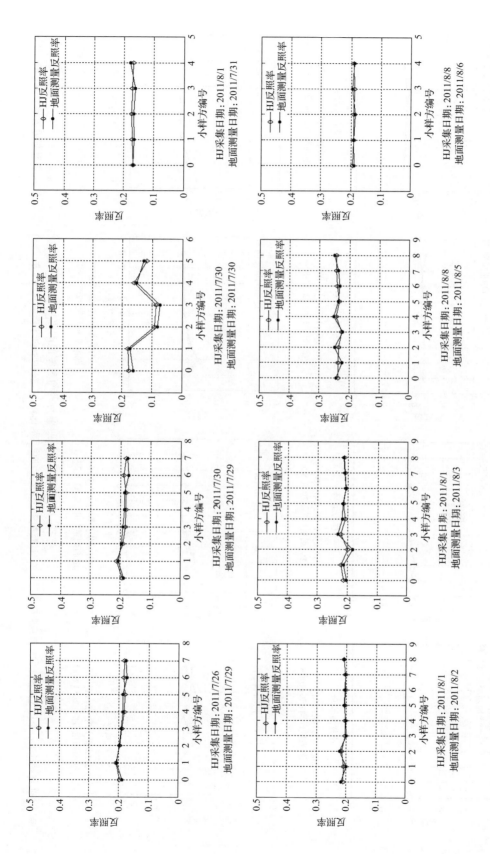

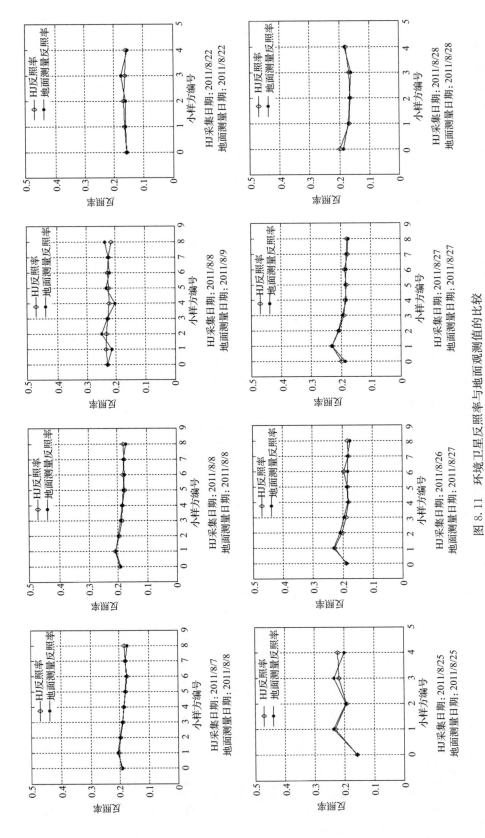

图 8.11 环境卫星反照率与地面观测值的比较

每一个折线图代表一个样区内各样方地面观测值与同一景 HJ 反照率的比较，对应日期标注于图下方。样方 0 表示 CNR4 样方，其他样方表示 CMP6 测量样方

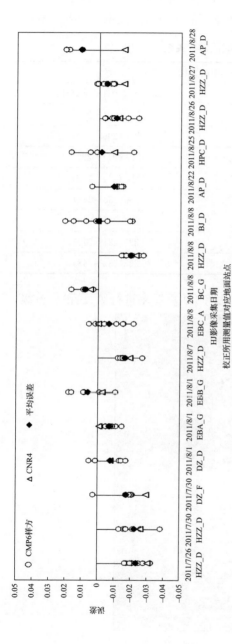

图 8.12 环境卫星反照率相较于地面测量反照率的误差

CMP6 样方是指用 CMP6 测量分四点均匀点均匀采样的样方，CNR4 样方是指用 CNR4 在中心点持续采样的样方。平均误差通过样区内所有误差取均值获取

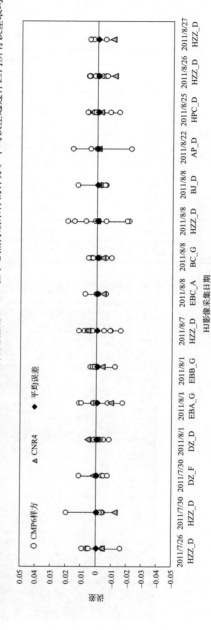

图 8.13 校正后环境卫星反照率相较于地面测量反照率误差

4. 低分辨率反照率验证

由于 GLASS、MODIS 反照率产品和环境卫星反照率的时间不严格一致,为了保证对比的有效性,选择 GLASS、MODIS 反照率产品 16 天合成周期中间一天的环境卫星反照率数据,采用的环境卫星反照率时间与待验证的反照率产品对应时间关系如表 8.4 所示。

表 8.4　反照率影像对比中的时间对应关系

景数	影像获取日期(一年中的第几天)		
	HJ	GLASS(起始日~结束日)	MCD(起始日~结束日)
1	210	207 (199~215)	201 (201~216)
2	211	211(203~219)	209 (209~224)
3	220	219(211~227)	217 (217~232)
4	220	220(212~228)	217 (217~232)
5	237	237(229~245)	233(233~248)
6	239	238(230~246)	233(233~248)
7	239	239(231~247)	233(233~248)
8	240	240(232~248)	233(233~248)

依据 8.2.2 节提出的基于不确定性像元分级方法将 HJ 反照率进行 A、B 和 C 分级,

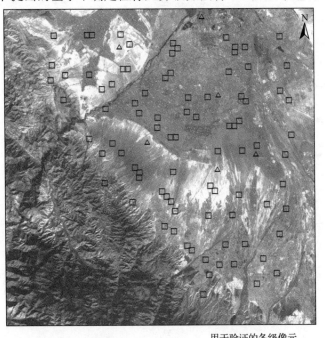

图 8.14　用于验证的各级像元分布
背景为 HJ 反照率影像

不同的级别具有不同的不确定性。以 2011 年 8 月 28 日(第 240 天)的验证结果为例,图 8.14 显示了 A 级像元分别覆盖了荒漠、农田、沙漠等,包含研究区内主要地表类型。B 级像元均匀分布在整个研究区内,可代表研究区的整体状况。B 级各像元与临近像元一致性较高,具有局部代表性,且其分布不在各地块边缘,避免了临近像元在辐射和几何配准上的干扰,同时也没有分布在山区,避免受到地形引起的尺度效应的影响。图 8.15 是研究区域内各像元的几何不确定性 ε_{gml} 和尺度不确定性 ε_{scale}。可见几何不确定性 ε_{gml} 较高的像元集中在不同地表覆盖类型的边界地区,尺度不确定性 ε_{scale} 较高的像元集中在西南部的山区。

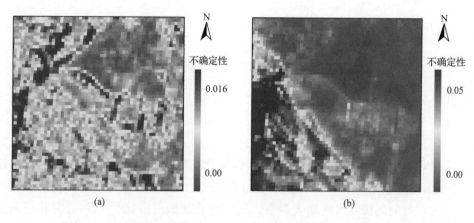

图 8.15　几何匹配不确定性 ε_{gml} (a)和尺度不确定性 ε_{scale} (b)的分布图

　　图 8.16 分别显示了各级反照率像元的验证精度,其中,A 级像元的校正后环境卫星反照率与 1km 分辨率的反照率最为一致,MCD43B3 和 GLASS02A06 的总均方根误差分

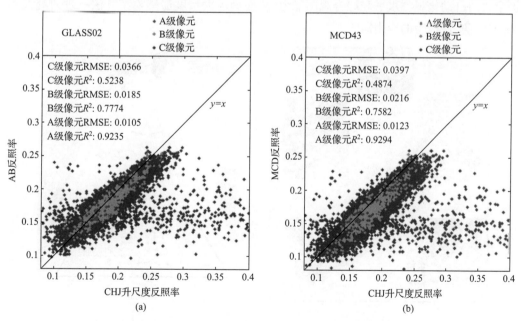

图 8.16　1km 反照率产品和升尺度后 CHJ 反照率的比较

别为 0.0123 和 0.0105。B 级像元验证的反照率均方根误差大于 A 级像元点,对 MCD43B3 和 GLASS02A06 的总均方根误差分别为 0.0216 和 0.0185。C 级像元验证的 反照率均方根误差最大,MCD43B3 和 GLASS02A06 的总均方根误差分别为 0.0397 和 0.0366。因此,各级像元的总验证精度具有明显的差异。这种差异源于不确定性的差异, 不确定性较小的像元通过多级验证方法可以提供更准确的验证参考值,不确定性较大的 像元所得的反照率参考值则可能具有较大偏差并夸大最终的验证误差。因此,在验证中 应该系统地估计各像元的不确定性,并将不确定性大小不同的像元区分验证,以保证验证 结果的科学有效。

8.3.2 河北怀来试验

1. 河北怀来遥感试验站关键地表参数无线传感器观测网络

河北怀来遥感试验站像元尺度关键参数无线传感器网络是在遥感科学国家重点实验 室重大仪器专项的支持下,在河北怀来试验站及其周边 2km×2km 范围内(有关该站的 情况,读者可阅读 3.7.1 节中关于河北怀来遥感试验站的介绍),以无线传感器网络为主 要观测手段,综合集成试验站周边像元尺度内优化布局的地表反照率、叶面积指数、地表 温度、土壤温湿度及气象参数观测项目,建立起的自动化的、智能化的、时空协同的、各观 测节点可远程控制的像元尺度地表参数无线传感器观测网络(图 8.17)。河北怀来遥感 试验站像元尺度关键参数无线传感器网络通过优化的地面采样方案,一方面精细观测和 准确度量像元尺度内空间异质性较强的关键地表参数的时空动态过程、时空变异性和不 确定性,另一方面研究基于星载的遥感真实性检验地面传感器布局,提高像元尺度地表关 键参数的自动化观测水平和综合观测能力,从而满足大尺度遥感模型算法机理研究及遥 感产品真实性检验的应用需求。

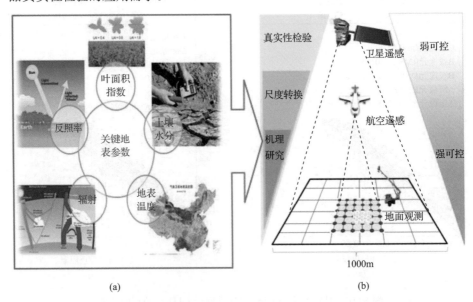

(a)   (b)

图 8.17 像元尺度参数无线传感器网络的应用需求

基于像元尺度的无线传感器网络观测设备(图 8.18)包含土壤含水量设备 21 套(6 个重叠于辐射、2 个重叠于叶面积指数)、辐射设备 6 套(1 个重叠于叶面积指数、6 个重叠于土壤含水量)、叶面积指数设备 6 套(1 个重叠辐射)。具备网格土壤含水量、优化采样的多波段(PAR 波段、短波波段、长波波段和红外波段)辐射和叶面积指数观测能力。

(a) 辐射观测仪器

(b) 叶面积观测仪器

(c) 土壤水分观测仪器

图 8.18　无线传感器网络设备

2. 反照率观测样点布设

采用基于代表度的选点方法,在试验站周边 2km×2km 区域内选择最优的地表反照率观测的样点及分布位置。反照率无线传感器网络代表度选点方法的具体流程如图 8.19 所示。

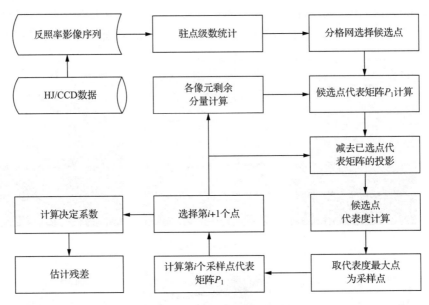

图 8.19 采样方案总体流程图

1）选择候选点

单一传感器的观测值可作为与其观测尺度相近的高分辨率像元的验证值。在传感器观测值与高分辨率卫星数据直接比较时，一个主要的不确定性来源是空间定位的不确定性。在异质性明显的区域，这种不确定性带来的误差更为显著。因此，在选择观测点时，首先要尽可能选择与周围地表一致性较高的点。定义驻点级数来评价一个像元周边区域在所研究属性上的均一性，用像元周边与该像元具有一致性的像元范围大小表示。张颢等（2002）定义了驻点，表征升尺度后像元值保持不变所形成的新像元。本节定义驻点级数 δ 的概念，当以某一像元为中心，在 $(2n+1)\times(2n+1)$ 大小的邻域内升尺度后像元值大小不变，则原像元的驻点级数 δ 大小为 n。在各区域内先选择出 $\delta \geqslant 1$ 的点作为候选点。

2）评价候选点的代表度，依次选点

假定混合像元是若干子像元构成，混合像元反照率相对真值是子像元反照率的均值，并根据标准差进行尺度修正：

$$A = \frac{1}{m}\sum_{j=1}^{m} a_j + c\sigma \tag{8.5}$$

式中，A 是低分辨率像元反照率；m 是子像元个数；a_j 是子像元反照率；σ 是子像元反照率的标准差；c 是尺度效应纠正因子，在平坦区域，c 可为 0。从中挑取若干个作为无线传感器观测的样点，并通过这些样点准确估算混合像元的反照率相对真值。现从 a_j 中挑取若干个作为无线传感器观测 β_i，通过这 n 个观测尽可能准确的估算混合像元的反照率真值 A。这里的 a_j、β_i 实际上都是随机变量，计算中，我们用时间序列作为一种近似。

为了选择最优的无线网络样点位置，最直接的方法是在所有候选点中穷举 n 个点的组合,然后每种组合都与混合像元真值建立回归预测关系,并求其残差,最后找到残差最小的一个组合。这种方法理论上是最优的,但是在实际操作中,一般能够获取作为先验知识的时间序列较短,不能在统计意义上获得可靠的结论。

从式(8.5)可以看出,推导权重系数的关键在于求取观测矢量或者其分量与混合像元反照率相对真值的内积,因此可以基于这个原理定义子像元代表度因子:

当 $n=1$ 时

$$r_{i,j}^1 = \frac{|\langle a_j \cdot \beta_i \rangle|}{\text{sqrt}(\langle a_j \cdot a_j \rangle) \cdot \text{sqrt}(\langle \beta_i \cdot \beta_i \rangle)} \tag{8.6}$$

式中,r 的上标 1 表示挑选第 1 个无线传感器(即循环的第 1 次)观测样点,下标 j 代表第 j 个子像元,下标 i 代表第 i 个候选的传感器;$|\cdot|$ 表示绝对值;sqrt($\cdot$)表示平方根。这样就对每一个候选传感器都有一幅代表度图像。

则第 1 次循环中无线传感器网络对混合像元的总体代表度等于所有子像元代表度的平均:

$$r_j^1 = \frac{1}{m} \sum_{i=1}^m r_{i,j}^1 \tag{8.7}$$

在挑选第 1 个无线传感器时,只需挑选 r_j^1 中最大的一个即可。

当 $n=2$ 时,如前所述,把无线传感器观测 β_i 都减去与第一个传感器观测正交的分量后成为 β_i',混合像元反照率 A 减去与第一个传感器观测正交的分量后成为 $\varepsilon^1(A)$,相应的,所有子像元反照率 a_j 是减去与第一个传感器观测正交的分量后成为 $\varepsilon^1(a_j)$。然后可以定义第 2 次循环的代表度因子:

$$r_{i,j}^2 = \frac{|\langle \varepsilon^1(a_j) \cdot \beta_i' \rangle|}{\text{sqrt}(\langle \varepsilon^1(a_j) \cdot \varepsilon^1(a_j) \rangle) \cdot \text{sqrt}(\langle \beta_i' \cdot \beta_i' \rangle)} \tag{8.8}$$

相应的,第 2 次循环中无线传感器对混合像元残余分量的总体代表度等于所有子像元代表度的平均:

$$r_i^2 = \frac{1}{m} \sum_{i=1}^m (r_{i,j}^2 \cdot \text{sqrt}(\langle \varepsilon^1(a_j) \cdot \varepsilon^1(a_j) \rangle)) \tag{8.9}$$

在挑选第 2 个无线传感器时,只需挑选其中最大的一个即可。

以此类推,直到估算的残余分量足够小为止。这种选点方法的优势在于,随着传感器个数的增加,对整个像元的代表度递增,这样,所有已有点都已形成当前最优布局,而每一个新增加的点都是基于已有点的贡献再考虑选点,而不会带来随着点数的增加而导致重新布设已有点位的问题。根据代表度方法,在河北怀来试验站周边,依次选择了如图 8.20 所示的 6 个无线传感器网络节点。

3. 像元尺度 WSN 观测反照率的获取

图 8.21 显示了 2 号节点传感器观测反照率的时间序列(2013 年 7 月 18 日~2014 年 7 月 31 日)。从观测的数据可以看出,无线传感器网络观测的反照率能够很好地捕捉地面反照率的变化。在第 190~270 天这段时间,是玉米逐渐封垄时期,反照率逐渐降低。

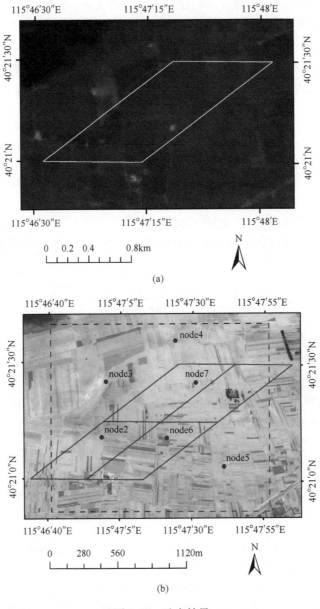

(a)

(b)

图 8.20 选点结果

之后随着玉米逐渐成熟,部分叶片变黄,反照率逐渐增加。在第 350 天左右,有秸秆焚烧现象,地面留有灰烬,使地表反照率突降。在冬季反照率相对稳定。

依据代表度选点方法,利用有效的无线传感器网络节点观测的反照率计算像元尺度反照率的相对真值时,各节点观测的反照率对像元尺度反照率的权重贡献不一样。我们以 2010~2012 年三年的环境卫星反照率产品为基础,采用最小二乘法回归无线传感器节点反照率的不同组合对 1km 像元尺度反照率的贡献权重,以此作为无线传感器网络估计 1km 像元尺度反照率的经验预测模型。考虑到天气或仪器本身故障,部分传感器数据会出现缺失,为了尽可能充分利用已有观测数据,可建立所有有效节点不同组合的预测模型。

图 8.21　点观测反照率的时间序列

为了评价预测模型，我们首先还以环境卫星反照率作为样本数据，但选择的时间是 2013～2014 年，以说明利用基于先验知识统计的无线传感器网络各节点的权重系数加权平均环境卫星反照率是否具有较好的时间外延性。以 MODIS 的 1km 像元尺度为例，计算 MODIS 像元内无线传感器网络节点对应的环境卫星反照率经权重系数加权平均的反照率，和 MODIS 像元内所有环境卫星反照率经 MODIS 传感器空间响应函数（point spread function，PSF，描述成像系统对点源或点物体的响应）聚合到 1km 的反照率。通过对比两种反照率，可以看出所选点节点组合估计得到的 1km 像元尺度反照率与环境卫星反照率平均聚合得到 1km 反照率一致性很高，表明所选的样点较好地捕捉了地表的异质性特征，统计回归的各节点权重系数具有较好的时间代表性。

由于图 8.22 显示的是用环境卫星反照率来替代无线传感器网络节点观测的反照率，

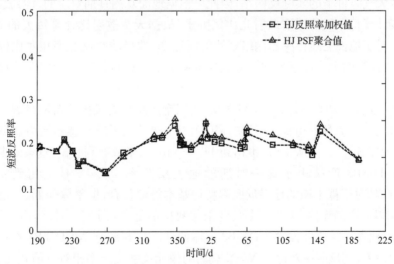

图 8.22　MODIS 像元内 WSN 节点对应的环境卫星反照率加权的反照率
与所有环境卫星反照率平均的反照率对比

因此,和环境卫星像元平均聚合的反照率之间相比,无偏差影响,但至少说明了统计回归的权重系数可以在环境卫星反照率上适用。为了进一步说明无线传感器网络节点观测的反照率利用权重系数加权可以代表像元 1km 尺度上的反照率相对真值,还需要利用无线传感器网络节点的实际观测反照率。我们仍以 MODIS 像元内所有环境卫星反照率经 MODIS 传感器空间响应函数聚合到 1km 的反照率作为参考值,计算 MODIS 像元内无线传感器网络节点观测的反照率经权重系数加权平均的反照率,发现两者仍然具有较好的一致性(图 8.23),均方根误差仅为 0.013,相关系数为 0.79。至此我们认为有限的无线传感器网络节点观测的反照率加权平均可以获取像元尺度的地面反照率相对真值。

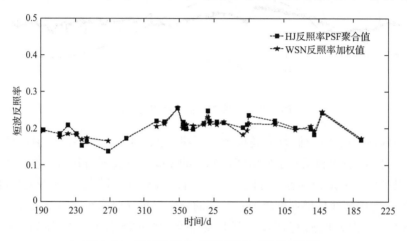

图 8.23　像元尺度地面"真值"的时间序列评价

4. MODIS 反照率产品验证

由于 MODIS 的 MCD43B3 反照率产品只提供了黑白空的反照率,但地面实测的数据是在一定大气条件下的实际反照率,因此可根据地面观测日期对应的气溶胶利用 6S 模拟的查找表计算每一天的天空散射光比例因子,根据天空散射比计算每天的 MODIS 实际反照率。对于地面无线传感器网络观测的反照率,选择晴空反照率相对比较稳定的正午前后,利用计算的无线传感器网络节点权重系数加权即可得到每天的像元尺度反照率相对真值。

图 8.24 显示了 2013～2014 年 MODIS 反照率产品与无线传感器网络观测的像元尺度反照率对比。在 7 月中旬到 10 月初,MCD43B3 产品和无线传感器网络观测的像元尺度反照率一致性较高。而从 10 月中旬到 11 月下旬,玉米成熟到收割,这段时期反照率逐渐上升,MCD43B3 产品小于这一时期的地表反照率。从 12 月上旬到 1 月上旬,MCD43B3 产品对于裸土期的地表反照率特征基本能够拟合,但整体偏低。1 月中旬到 2 月低,MCD43B3 产品无值,主要是多角度采样数据不足。4 月到 5 月底,由于地表灌溉、农作物播种,地表的异质性强,MCD43B3 整体偏低。总的来说,MCD43B3 在这种异质性相对较强的地表,其反照率产品与 WSN 观测的像元尺度反照率相对真值相比,全反演算法和备份算法的均方根误差分别为 0.025 和 0.019。显然,这里备份算法的精度相对较高,主要原因是此时期为裸土期,地表均一性较高。

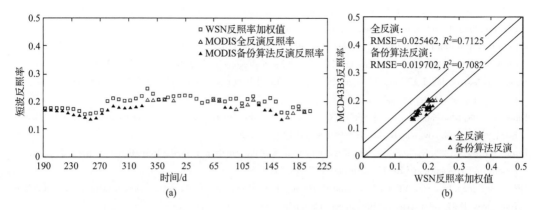

图 8.24　MCD43B3 反照率产品与 WSN 观测的像元尺度反照率对比

8.4　小　　结

　　虽然陆表反照率产品的生成和真实性检验研究已经取得了较大的进展,但仍然存在着诸多需要解决的问题,如地表反照率产品的真实性检验缺少统一验证规范,验证数据以单一的通量塔观测为主,观测数据的尺度与低分辨率遥感像元尺度相差较大等,导致在反照率产品验证中引入了很大的不确定性。近年来有学者尝试研究了各个站点的反照率对于低分辨率像元尺度的反照率代表性分析,以寻求代表性较高的站点来直接验证反照率产品精度,或引入高分辨率数据的反照率作为桥梁进行多尺度验证,但是并未真正解决遥感反照率产品中的尺度问题。本章我们提出了多点移动观测和无线传感器网络观测两种低分辨率像元反照率相对真值的获取技术,为异质性像元尺度反照率产品的真实性检验提供了重要的方法。但即便如此,对于山区这种异质性地表的反照率产品的精度评价与验证还尚不够成熟,一直以来被认为是反照率产品真实性检验中的难点。因此,这些问题的解决需要我们继续在地表像元尺度反照率相对真值获取试验技术发展方面做进一步深入细致的研究。

参 考 文 献

焦子锑,王锦地,谢里欧,等. 2005. 地面和机载多角度观测数据的反照率反演及对 MODIS 反照率产品的初步验证. 遥感学报,9(1):64-72

刘强,瞿瑛,王立钊,等. 2010. GLASS 地表反照率产品算法 GLASS-Global Land Surface Broadband Albedo Product: Algorithm Theoretical Basis Document Version 1. 0

吴小丹,闻建光,肖青,等. 2015. 关键陆表参数遥感产品真实性检验方法研究进展. 遥感学报,19(1):75-92

张颢,焦子锑,杨华,等. 2002. 直方图尺度效应研究. 中国科学(D 辑),32(4):307-316

Barnsley M, Hobson P, Hyman A, et al. 2000. Characterizing the spatial variability of broadband albedo in a semidesert environment for MODIS validation. Remote Sensing of Environment,74(1):58-68

Carroll S S, Cressie N. 1996. A comparison of geostatistical methodologies used to estimate snow water equivalent. Journal of the American Water Resources Association,32(2):267-278

Cescatti A, Marcolla B, Santhana Vannan S K, et al. 2012. Intercomparison of MODIS albedo retrievals and in situ measurements across the global FLUXNET network. Remote Sensing of Environment,121:323-334

Chen Y M, Liang S, Wang J, et al. 2008. Validation of MISR land surface broadband albedo. International Journal of Remote Sensing,29(23):6971-6983

Cui Y, Mitomi Y, Takamura T. 2009. An empirical anisotropy correction model for estimating land surface albedo for radiation budget studies. Remote Sensing of Environment, 113(1):24-39

Curran P J, Atkinson P M. 1998. Geostatistics and remote sensing. Progress in Physical Geography, 22(1):61-78

Davis J C, Sampson R J. 1986. Statistics and Data Analysis in Geology. 2nd ed. New York: John Wiley & Sons

Diner D J, Martonchik J V, Borel C, et al. 1999. MISR-Level 2 Surface Retrieval Algorithm Theoretical Basis, JPL D-11401, Revision E Jet Propulsion Laboratory

Diner D. 1999. Multi-angle imaging SpectroRadiometer (MISR) experiment overview. Document ID: 20060034480. http://ntrs. nasa. gov/search. jsp? R=20060034480[2014-05-20]

Dozier J, Frew J. 1990. Rapid calculation of terrain parameters for radiation modeling from digital elevation data. Transactions on Geoscience and Remote Sensing, IEEE, 28(5):963-969

Geiger B, Samain O. 2004. ATBD: Algorithm theoretical basis document albedo determination. http://postel. mediasfrance. org/IMG/pdf/CYCL_ATBD-Albedo_I2. 0. pdf[2014-07-20]

Hautecoeur O, Roujean J L. 2007. Validation of POLDER surface albedo products based on a review of other satellites and climate databases. Geoscience and Remote Sensing Symposium, IEEE International

Henderson-Sellers A, Wilson M. 1983. Surface albedo data for climatic modeling. Reviews of Geophysics, 21(8):1743-1778

Isaaks E H, Srivastava R M. 1989. Applied Geostatistics. Oxford: Oxford University Press

Jin Y. 2003. Consistency of MODIS surface bidirectional reflectance distribution function and albedo retrievals: 2. Validation. Journal of Geophysical Research, 108(D5). DOI: 10. 1029/2002JD002804

Lacaze R, Maignan F. 2006. POLDER-3 / PARASOL Land Surface Algorithms Description (3. 0). http://smsc. cnes. fr//PARASOL/PARASOL_TE_AlgorithmDescription_l3. 00. pdf[2014-08-20]

Lacaze R. 2002. CSP-Algorithm theoretical basis document (ATBD) WP 8312-Customisation for LAI, fAPAR, fcover and albedo. http://postel. obs-mip. fr/IMG/pdf/CSP-0350-ATBD CustomizedLAI FAPAR FCover Albedo-l1. 00. pdf[2014-8-21]

Lacaze R. 2006. POLDER-2 Land Surface Level-3 Products User Manual Algorithm Description and Product validation (1. 41). http://postel. obs-mip. fr/IMG/pdf/P2-TE3-UserManual-l1. 41. pdf[2014-03-21]

Lacaze R. 2011. BioPar Methods Compendium Albedo SPOT/VEGETATION (BP-05)(1. 20). http://web. vgt. vito. be/documents/BioPar/g2-BP-RP-BP038-ATBD AlbedoVGT-l1. 20. pdf[2014-08-20]

Liang S, Fang H, Chen M, et al. 2002. Validating MODIS land surface reflectance and albedo products: Methods and preliminary results. Remote Sensing of Environment, 83(1-2):149-162

Liang S, Stroeve J, Box J E. 2005. Mapping daily snow/ice shortwave broadband albedo from moderate resolution imaging spectroradiometer (MODIS): The improved direct retrieval algorithm and validation with Greenland in situ measurement. Journal of Geophysical Research: Atmospheres (1984-2012), 110(D10). DOI: 10. 1029/2004JD005493

Liang S. 2003. A direct algorithm for estimating land surface broadband albedos from MODIS imagery. Transactions on Geoscience and Remote Sensing, IEEE, 41(1):136-145

Lucht W, Hyman A H, Strahler A H, et al. 2000. A comparison of satellite-derived spectral albedos to ground-based broadband albedo measurements modeled to satellite spatial scale for a semidesert landscape. Remote Sensing of Environment, 74(1):85-98

Lucht W, Hyman A H, Strahler A H, et al. 2000. A comparison of satellite-derived spectral albedos to ground-based broadband albedo measurements modeled to satellite spatial scale for a semidesert landscape. Remote Sensing of Environment, 74(1):85-98

Lucht W, Schaaf C, Strahler A. 2002. An algorithm for the retrieval of albedo from space using semiempirical BRDF models. Transactions on Geoscience and Remote Sensing, IEEE, 38(2):977-998

Matheron G. 1963. Principles of geostatistics. Economic Geology, 58(8):1246-1266

Muller J P, Preusker R, Fischer J, et al. 2007. Albedo map: MERIS land surface albedo retrieval using data fusion with MODIS BRDF and its validation using contemporaneous EO and in situ data products. Geoscience and Remote Sensing Symposium, IEEE International, IEEE

Nightingale J, Nickeson J, Justice C, et al. 2008. Global validation of EOS land products, lessons learned and future challenges: A MODIS case study. Available from. In: Proceedings of 33rd International Symposium on Remote Sensing of Environment: Sustaining the Millennium Development Goals, Stresa, Italy. http://landval.gsfc.nasa.gov/pdf/ISRSE_Nightingale.pdf[2014-08-20]

Pinty B, Roveda F, Verstraete M M, et al. 1998. METEOSAT surface albedo retrieval algorithm theoretical basis document JRC Publication No. EUR 18130 EN, (1.0). http://bookshop.europa.eu/et/meteosat-surface-albedo-retrieval-pbCLNA18130/downloads/CL-NA-18-130-EN-C/CLNA18130ENC 001.pdf; pgid = y8dlS7GUWMdSR0EAIMEUUsWb0000A3lsP7Ae; sid = 98LABtz7qwfAH49oeYxeob7eVQG8VpGY6bA =? FileName = CLNA18130ENC 001.pdf&SKU = CLNA18130ENC PDF&Catalogue Number=CL-NA-18-130-EN-C[2014-08-20]

Pinty B, Roveda F, Verstraete M M, et al. 2000. Surface albedo retrieval from Meteosat-part 1: Theoty. Journal of Geophysical Research: Atmospheres, 105: 18099-18112

Qu Y, Liu Q, Liang S, et al. 2013. Direct-estimation algorithm for mapping daily land-surface broadband albedo from MODIS data. IEEE Transactions on Geosciences and Remote Sensing, 52(2): 907-919

Román M O, Schaaf C B, Woodcock C E, et al. 2009. The MODIS (collection V005) BRDF/albedo product: Assessment of spatial representativeness over forested landscapes. Remote Sensing of Environment, 113(11): 2476-2498

Russell M, Nunez M, Chladil M, et al. 1997. Conversion of nadir, narrowband reflectance in red and near-infrared channels to hemispherical surface albedo. Remote Sensing of Environment, 61(1): 16-23

Rutan D, Rose F, Roman M, et al. 2009. Development and assessment of broadband surface albedo from clouds and the earth's radiant energy system clouds and radiation swath data product. Journal of Geophysical Research, 114(D8). DOI: 10.1029/2008JDD10669

Salomon J G, Schaaf C B, Strahler A H, et al. 2006. Validation of the MODIS bidirectional reflectance distribution function and albedo retrievals using combined observations from the aqua and terra platforms. Transactions on Geoscience and Remote Sensing, IEEE, 44(6): 1555-1565

Schaaf C, Gao F, Strahler A, et al. 2002. First operational BRDF, albedo nadir reflectance products from MODIS. Remote Sensing of Environment, 83(1-2): 135-148

Schaaf C, Martonchik J, Pinty B, et al. 2008. Retrieval of surface albedo from satellite sensors. Advances in Land Remote Sensing: System, Modelling, Inversion and Application. Netherlands: Springer, 219-243

Sellers P J. 1993. Remote sensing of the land surface for studies of global change. In: NASA/GSFC International Satellite Land Surface Climatology Project report, NASA Goddard Flight Space Cent., Greenbelt, Md

Strahler A H, Muller J, Lucht W, et al. 1999. MODIS BRDF/albedo product: Algorithm theoretical basis document version 5.0. MODIS documentation

Susaki J, Yasuoka Y, Kajiwara K, et al. 2007. Validation of MODIS albedo products of paddy fields in Japan. Transactions on Geoscience and Remote Sensing, IEEE, 45(1): 206-217

Wen J, Liu Q, Xiao Q, et al. 2009. Scale effect and scale correction of land-surface albedo in rugged terrain. International Journal of Remote Sensing, 30(20): 5397-5420

Wolfe R E, Nishihama M, Fleig A J, et al. 2002. Achieving sub-pixel geolocation accuracy in support of MODIS land science. Remote Sensing of Environment, 83(1-2): 31-49

Wu H, Li Z L. 2009. Scale issues in remote sensing: A review on analysis, processing and modeling. Sensors, 9(3): 1768-1793

Zhang R, Tian J, Li Z, et al. 2010. Principles and methods for the validation of quantitative remote sensing products. Science China Earth Sciences, 53(5): 741-751

索　引